高水平地方高校试点建设项目——上海海洋大学资助

| 海洋与环境社会学文库 | 文库主编　崔　凤 |

THE CHINESE BLUE INDEX
Construction and Application
about Comprehensive Appraisal Index System
for Oceanic Development of Coastal Areas

蓝色指数

沿海地区海洋发展综合评价指标体系的构建与应用

崔　凤　张一　著

社会科学文献出版社
SOCIAL SCIENCES ACADEMIC PRESS (CHINA)

前 言 ⁘····

　　进入 21 世纪第二个 10 年，特别是党的十八大之后，中国步入海洋强国时代，海洋实践活动空前高涨，海洋发展极为迅速。中央精神和现实考量均要求沿海地区重新审视海洋发展的时代内涵，定位海洋发展的基本情况，探寻海洋发展规律。从总体上看，亟待向纵深挺进的沿海地区海洋发展始终面临两个方面的瓶颈：一是作为一种全新发展理念，沿海地区能不能完整地描述海洋发展系统结构？二是作为一场深刻的蓝色变革，沿海地区能不能适时而动态地刻画本地区海洋发展的进程？因此，需要探索出一套切实可行的沿海地区海洋发展的施工方案和验收标准，标识沿海地区海洋发展建设方向的路线图和刻画沿海地区海洋发展建设进程的考评卷。也就是说，为了全面衡量沿海地区海洋发展水平、发展活力、发展潜力，准确把握海洋发展内涵，开展沿海地区海洋发展综合评价研究适逢其时，而基于沿海地区海洋发展内涵理解及由此所形成的评价框架和综合指标体系的构建与应用是十分必要的。

　　立足沿海地区社会变迁的视角，从内涵维度和地区视野方面开展沿海地区海洋发展综合评价指标体系研究，尚无范例可循。本书的研究聚焦三个方面：一是在追溯沿海地区海洋发展思想渊源的基础上，综合时间、领域和影响三个维度，探讨海洋发展内涵，为综合评价提供理论支持；二是基于对海洋发展内涵的理解，将由此所形成的评价框架和相关指标体系的构建作为测度的核心问题，研究尺度更广泛、更宏观；三是提出蓝色指数等一系列概念及其理论内涵，采用动态分析与结构分析的方法，从时空两个维度进行指数测算的全方位分析。

　　本书将海洋发展置于我国社会发展的整体性框架中加以考察，以挖掘沿海地区海洋发展内涵为基础、以分析构建指标体系的时代价值为出发点、以明确构建指标体系的基本原则与方法为导向，进而基于概念操作化确定综合评价的分析框架，通过对沿海地区海洋发展的要素分解，最终构建能够准确评价沿海地区海洋发展水平的综合指标体系，以评价结果为立足点，以"蓝色指数报告——沿海地区海洋发展综合评价与分析"的形式，客观测度与评价沿海地区海洋发展水平，明晰海洋发展的优劣势、机遇和挑战，勾勒沿海地区海洋发展演变的机制与规律，探明沿海地区海洋发展的阶段性进程。

目 录
contents

3

第一章 引言

一 研究背景

在"海洋强国"战略与"一带一路"倡议框架下构建人海和谐的发展格局是目前面临的重大课题之一。海洋发展作为概括人海互动关系的一个综合性范畴，是具有鲜明地域性的复合型概念，具有显著的系统性、动态性的特点，具有一定的历史必然性和规律，它受到特定社会变迁阶段和社会结构的制约。中央精神和现实考量均要求沿海地区重新审视海洋发展的时代内涵，定位海洋发展的基本情况，探寻海洋发展的规律。从总体上看，亟待向纵深挺进的沿海地区海洋发展始终面临两个方面的瓶颈：一是作为一种全新的海洋发展理念，沿海地区能不能完整地描述海洋发展的系统结构？二是作为一场深刻的社会变革，沿海地区能不能适时而动态地刻画本地区海洋发展的建设进程？要回答这两个问题，就需要探索出一套切实可行的沿海地区海洋发展的施工方案和验收标准，描述和分析沿海地区海洋发展的方向和建设进程。也就是说，为了全面衡量沿海地区海洋发展水平、发展活力、发展潜力，准确把握海洋发展内涵，开展沿海地区海洋发展综合评价研究适逢其时，而基于沿海地区海洋发展内涵理解及由此所形成的评价框架和综合指标体系的构建与应用是十分必要的。

沿海地区海洋发展必须以准确的区域评价为前提，开展沿海地区海洋发展评价研究，形成系统理论和支撑体系，是沿海地区海洋发展中不可回避的基础性问题。考核沿海地区海洋发展水平的有效方式是指标体系的构建与应用，它是实施沿海地区海洋发展规划的重要组成部分，也是度量一个地区、一个部门海洋发展进程的重要手段。它通过对沿海地区海洋发展的状态、水平、程度、方向进行监测、诊断、预警和调控，真正把制定海洋发展规划和进行海洋强国战略及政策研究置于科学的基础之上。

二　研究意义

通过构建沿海地区海洋发展综合评价指标体系并对沿海地区海洋发展综合评价进行理论与应用研究，有助于沿海地区各级政府改变单纯追求海洋 GDP 的观念，以便落实好十八届三中全会决定中关于"完善发展成果考核评价体系，纠正单纯以经济增长速度评定政绩的偏向"的要求。同时，还可全面反映沿海各地历年海洋发展的客观、动态进程，以利于从宏观上、空间上和时间上更科学地规划、促进与海洋发展相关的一系列建设。

截至目前，从内涵维度和地区视野方面开展沿海地区海洋发展综合评价指标体系研究，尚无范例可循。由于沿海地区海洋发展作为客观的一个复杂系统工程，它"不仅是一个内在关系极其复杂的现实系统，同时也必然是一个理论含量十分丰富的逻辑体系"。[①] 我国海洋发展评价相关研究尚处于起步阶段，存在一些不足，如指标体系内容与层次较多、因果关系难以厘清、部分指标可获得性不强、实际操作存在困难等。因此，要针对这样一个极其复杂的客观现实系统，除从制度建设上加以规范外，也需建立起一个科学指标体系，从综合层面对沿海地区海洋发展进行较为客观的评价研究。这对于揭示沿海地区在海洋发展中所处的地位以及未来发展趋势，反映海洋发展过程中所面临的矛盾和问题及其成因，并据此提出有效的调控对策，均具有重要的理论意义、现实意义和科学的指导意义。

第一，有利于深化沿海地区对海洋发展内涵的认识。构建综合评价指标体系是一个从理论到实践再到理论的过程。这个过程就是有针对性地对海洋发展的不同领域建立相应的指标，用统计数据来直观解释海洋发展中存在的客观现象，进而总结特定时间段沿海地区海洋发展的过程、成效与影响因素，反映沿海地区海洋发展的演变逻辑。一般而言，发展价值是最重要的驱动目标。沿海地区如果延续运行传统发展模式，所面临的矛盾和问题将不断增加，而构建沿海地区海洋发展综合评价指标体系有极为深刻的理论渊源，海洋强国战略、"五位一体"的发展新理念及"五个用海"的

---

① 杨河清、吴江：《区域人才竞争力评价指标体系构建的几点思考》，《人口与经济》2006 年第 7 期。

总体要求的提出，打造了沿海地区海洋发展的科学新模式。基于此，构建综合评价指标体系，可以为沿海地区海洋发展是否符合科学发展理念提供评价依据。同时，随着国内外的交融性增强，通过对不同地区、不同国家的海洋发展评价进行对比，可以吸收、借鉴其他地区或国家的成功做法，这有利于加深和丰富对海洋发展本质、特点和趋势的认识，不断地丰富和完善海洋发展理论。

第二，有利于科学把握决策依据和方向。沿海地区海洋发展的综合评价是为海洋发展做出决策、付诸行动、提供咨询和服务的过程，其出发点应当是通过综合评价使沿海地区海洋发展持续改进、不断完善。一般来说，推动沿海地区海洋发展是一项政府行为，需要科学管理和决策，而这种科学管理和决策需要以科学准确的信息和数据为依托。很多沿海地区至今对于海洋发展管理和考核还缺乏科学合理、可操作性强的规范体系，常规性的数据统计工作还不规范，不利于海洋发展过程中资源有效配置的实现，也难以调动各方的积极性。因此，对沿海地区海洋发展进行规范和实证分析，再对采集的评价信息进行分析处理，可以帮助决策部门分析和明确优势及不足，为沿海地区海洋发展提供目标和依据。

第三，有利于沿海地区横向间的比较借鉴。评价的功能之一在于，通过比较可以对评价对象有一个清晰的认识。沿海地区海洋发展的评价亦是如此，既有纵向时间维度上的比较认识，也有横向地区维度上的比较认识。由于海洋发展具有自身发展长期性的特点，加之长期以来，我们的思维习惯于对各地区在纵向时间维度上进行比较，而对沿海地区之间的横向比较则较少。评价可以帮助我们将沿海地区海洋发展放在国内视野、国际背景中加以认识，使沿海地区能够精准确定其海洋发展的地位和排名，有利于各地相互借鉴与学习。沿海地区海洋发展的评价不是一次性的价值判断，而是对海洋发展的认识过程，也是各地区自我剖析的过程，更是对评价对象的干预过程。海洋发展的差异性在沿海地区客观存在，不同沿海地区海洋发展又具备自身优势和潜力。沿海地区追求和谐发展，而海洋发展的各子系统建设不可能齐头并进，应根据自身的实际阶段有所侧重。当前，一些沿海地区在海洋发展过程中，建设重点要素不突出，复合要素推进措施不力，不能发挥好优势要素的带动作用，必须借鉴某些发达沿海地区建设的成功做法，合理利用优势要素资源。为此，首先需要科学、辩证地找准自身定位，明确当前的建设状况和水平，充分考虑各地的独特性和差异性。在实证研究中，主要以省级行政区为样本选取方式，通过对我国沿海省域的海洋发展进行全方位、多层次的综合对比分析并进行指数评分，明晰所处位置，从而促进沿海地区之间的横向比较，提升竞争意识、增强发展活力。

第四，有利于重新审视以往海洋发展评价研究。从已有的研究来看，对沿海地区海洋发展评价的研究还比较分散，沿海地区海洋发展综合评价没有规范或固定框架可循，大多是根据对沿海地区海洋发展的不同理解进行指标的任意组合。问题主要是评价指标体系研究理论支撑不足，对沿海地区海洋发展的内涵、本质、内容以及各子系统关系的挖掘比较欠缺，缺乏全面和一致的认识。不同学者从自身的理解出发，主要以经济学和自然科学为框架，重点关注沿海地区海洋发展的一个或几个方面，建立了一系列有明显学科偏好的评价模型和指标体系。不同的内涵会导致不同的构建指标和不同的评估结果，导致对沿海地区海洋发展测评没有统一标准，无法对沿海地区海洋发展进行统一综合评价。既有的海洋发展评价研究主要是在宏观上给予很多评价启示和指导，缺乏对海洋发展评价的应用研究，致使海洋发展综合程度在表述上缺乏有力的数据衡量。因此，以新时期海洋发展理论为背景的沿海地区海洋发展综合评价指标体系研究就存在许多有待深入和拓展的空间。可以说，构建沿海地区海洋发展综合评价体系正是为了解决这一评价难题，构建基于多维的沿海地区海洋发展综合评价指标体系框架是相关研究的一大创新。

三　研究方法

本书拟采取由面到点，再由点到面，点面结合的技术路线。以海洋发展内涵的理论研究为基础，以构建指标体系为导向，从实证应用中得出客观结论，即理论分析——指导依归，确定依据——构建指标体系，数据分析——现实应用、实践检验。

首先，通过吸收、借鉴国内外相关研究成果，系统学习与梳理国家及沿海地区关于海洋发展的重要论述及政策规章，针对沿海地区海洋发展的实际状况，深入研究海洋发展的基本内涵，定位构建沿海地区海洋发展综合评价指标体系的重要意义，科学规范构建综合评价体系的基本原则和方法。

其次，鉴于已成形的比较成熟的测度方法，在衡量比较众多评价方法后，综合运用理论分析法、频度统计法、德尔菲法及层次分析法，确定沿海地区海洋发展评价的层次指标、层次结构和评价因素的从属关系等，最终获得量化综合评价结果。具体而言，一是分层初建。通过理论分析和频度统计法，列举出尽可能多而全的影响沿海地区海洋发展的预评价指标，将预评价指标划分为 4 个大类 50 个小项，建立目标和影响因素之间的层次框架。二是指标体系确定。运用德尔菲，向专家发放调查问卷和结构化访谈，进行两轮专家调查，共咨询了 15 位相关领域的学术研究人员和实践工作者，大于群决策需 4~6 人的要求，并且回收问卷全部有效。第一轮专家调查的目的是从预评价指标中筛选出专家认为相对重要的评价指标，并对指标内涵进行详细述评。第二轮专家调查的目的是通过进行评价指标两两比较矩阵调查表调查问卷，让专家判定指标体系简表中各个指标之间的相对重要性。三是建立评价模型。通过调查问卷，就各指标的重要程度打分，运用层次分析法，获得基于指标体系的赋权值，对赋权结果进行群决策加权平均获得最终的权重，得出清晰的指标体系权重表。四是设计指数。对指标层指标评价指数标准的最佳值进行详细的阐述，并构建出百分制的评价指数标准表，依此得出评价计算公式。为了方便进行各层次指数的比较分析，将采用加权求和法计算各层次指数。根据指标体系各个指标的标准化结果及其权重，采用加权求和法计算获得海洋发展综合评价值，即蓝色指数。具体来说，目标层指数计算由 4 个准则层指数综合反映，准则层指数计算则由要素层指数反映，要素层指数计算由指标层具体指数来反映。

最后，评价指标选取适当精简。从指标数据可获取性和准确性出发，确保数据收集和加工处理的有效性和代表性。所有指标数据均来自权威机构发布的有统计意义的数据，如年鉴、统计公报、各省（区、市）海洋管理机构公布的数据等。

四　研究内容和主要观点

本书以挖掘沿海地区海洋发展内涵为基础，以分析构建指标体系的时代价值为出发点，以明确构建指标体系的基本原则与方法为导向，进而基于内涵理解而确定综合评价的分析框架，通过对沿海地区海洋发展的要素分解，最终构建能够准确评价沿海地区海洋发展水平的综合指标体系，以评价结果为立足点，采用动态分析和结构分析的方法，以"蓝色指数报告——沿海地区海洋发展综合评价与分析"的形式，客观测度与评价沿海地区海洋发展水平，明晰海洋发展的优劣势、机遇和挑战，勾勒沿海地区海洋发展演变的机制与规律，探明沿海地区海洋发展的阶段性进程。

全书共分为十章，内容遵循理念再造（海洋发展基本内涵，第二章）→经验再造（构建指标体系的重要意义、基本原则与方法，第三～四章）→依据再造（构建指标体系框架和确定具体指标，第五章）→应用再造（重点突出、分析深入，第六～十章）的思路展开。

（一）海洋发展的内涵及其演变

这部分内容是本书的关键点和难点。构建指标体系的基础是对海洋发展内涵和本质属性的准确把握，以便科学划分沿海地区海洋发展内部各子系统及相互协同关系。这部分内容以反思传统海洋发展模式的不可持续性为依据，系统学习党中央、国务院指导海洋发展的宏观论述，系统总结社会发展理论、海洋发展理论的优秀成果，系统梳理国家海洋局及沿海地区关于海洋发展的政策规章，进而界定海洋发展的概念及时代背景，阐明海洋发展的基本内涵，包括实质、核心要义、理论依据，明晰海洋发展的基本阐释，包括海洋发展的基本特征、基本原则、基本观点。

这部分内容所形成的重要观点有三个方面。第一，追寻海洋发展的共性演进逻辑是界定内涵的基础视角。需注重把握时代特性，要综合时间、领域和影响三个维度，应将海洋发展置于我国社会发展的整体性框架中加以考察，将基本建设阶段性演变同我国发展模式转型相结合，使其具备时代意蕴。第二，海洋发展内涵的演进规律，本质是人类社会与海洋关系的变迁，是对海洋价值与利用方式的再认识。海洋发展的实质是指人类有目的地开发、利用和保护海洋等社会实践活动，使海洋各生产要素实现合理配置、科学利用，最终促进社会全面进步的过程和结果。海洋发展同样可以算作以人的思想行为为主导、自然环境为依托、资源流动为命脉、社会体制为经络的复杂系统。第三，海洋发展的逻辑应是沿着走向海洋—开发海洋—保护海洋—和谐海洋的顺序而展开。既是对传统海洋发展模式的转型，又是通往海洋强国的重要载体，其内涵已超越单纯的海洋经济发展的含义，向着要素集成与协同的复合系统工程方向延伸，需综合运用技术逻辑、资本逻辑、政治逻辑、社会逻辑、文化逻辑、生态逻辑等，达到陆海统筹、人海和谐的理想状态。

（二）构建指标体系的重要意义、基本原则与方法

1. 构建指标体系的重要意义

这部分内容以沿海地区海洋发展的基本内涵为指导，以反思以往海洋发展评价研究为依据，阐明构建指标体系的重要意义，重点要解释沿海地区海洋发展需要综合评价指标体系来完成怎样的工作，进而界定指标体系的基本规定性，包括基本内涵、基本思路、基本要求等。

这部分内容所形成的重要观点包括三个方面。第一，构建指标体系的基本内涵。沿海地区海洋发展综合评价，是对沿海地区海洋开发、海洋管理、海洋保护等人海互动过程中所显现的综合程度的测度。它涵盖的内容既体现当前沿海地区海洋发展的过程与取得的成就，又顾及整个沿海地区的经济社会现状及未来的发展趋势，应是用来描述沿海地区海洋发展水平、监测沿海地区海洋发展中的矛盾和问题的一套指标体系。第二，构建指标体系的基本思路。所探讨的评价研究即发展度，通过测算沿海地区海洋发展指数，从而全方位反映沿海地区海洋发展的态势。所谓蓝色指数，是指在准确定位沿海地区海洋发展内涵的基础上，借鉴相关指数测算的基本原理和方法，对指标体系各级指数进行计算，从而得到反映沿海地区海洋发展程度的指数。从中也可透出协调度、持续度的韵味。考察沿海地区海洋发展协调度，可以通过科学地设置指标体系各级指标权重，准确反映海洋发展各要素之间内在联系的规律。考察沿海地区海洋发展持续度，可以在时间纵向变量上，用两个相近特定时段的发展水平进行相互比较分析，从中得出海洋发展持续性的变化趋势；在空间横向变量上，可以对沿海不同地区的海洋发展的持续性进行比较分析，同时，还可对系统各要素的持续性单独进行分析和比较。第三，构建指标体系的基本要求。为使评价更准确、更科学，构建指标体系中的评价维度设置与评价指标选取应把握海洋发展时代内涵，在强调沿海地区海洋发展协调性的同时更强调人的发展。基于此，海洋发展评价应是一部小百科全书，构建指标体系是对影响沿海地区海洋实践活动诸要素的综合分析，包含人海互动活动的整个生存空间，完全摆脱了以往仅限于经营活动的空间范围，其根本目的是通过对沿海地区海洋发展水平的要素分解，即对海洋发展综合系统拆分成若干个互相紧密联系的子系统，并分别选取反映评价对象的指标，综合进行评价，充分发挥指标体系的描述、评价、预测功能。这样的评价说服力更强，是对于海洋发展理论的又一贡献。

2. 构建指标体系的基本原则与方法

为了准确评价沿海地区海洋发展水平，必须明晰一套科学的原则、程序和方法，用以指导选取和构建指标体系。本书重在破解以往研究中对海洋发展内涵挖掘比较欠缺，过于注重数理分析，致使指导原则缺乏全面和一致的认识，导致的指标应用中存在的种种问题。据此，应以海洋发展内涵、系统构成及作用机制、综合评价理论为基础，通过指标体系检验、结果测算及结论分析，从特征及影响因素两方面进行深入研究。具体而言，应分为基础原则与方法、指标体系框架设计原则与方法、指标相关选取原则与方法三个方面。

这部分内容所形成的重要观点包括三个方面。第一，基础原则与方法。要体现指标体系的宏观性和统领性，基础原则取决于海洋发展的基本阐释，构建指标体系应符合最新的发展理念，满足海洋发展基本原则，能够体现建设中国特色现代化发展的阶段性要求，尤其是指标体系的构建应能充分体现"以人为本、协调发展、人海和谐"的理念。第二，指标体系框架设计原则与方法。海洋发展是由各子系统构成的一个复杂的有机整体运作的结果，在运用理论分析法对海洋发展内涵进行分析的基础上，选择重要的发展特征要素，由此构成指标体系的基本框架。指标体系框架设计需体现基于全面的系统性原则和基于层次的科学性原则，以此达到内容涵盖全面、重点突出、结构清晰合理的目的，避免单纯运用经济可持续发展衡量海洋发展的片面性。第三，指标相关选取原则与方法。指标处于指标体系的最底层，每个指标都应是反映本质特征的综合信息因子，通过各个指标的具体数值直接反映出各个要素的基本状况。筛选的指标需要能够全面、简洁反映海洋发展的内涵。指标选取应体现客观性和简单性，应具有可比性和可测性，尤其要注重简明清晰，评价指标并非多多益善，关键在于其在评价过程中所起作用的大小。为使指标体系具有可操作性，需进一步考虑被评价区域的自然环境特点和社会经济发展等状况，充分考虑指标数据的可得性，并征询专家意见，得到具体指标。

（三）指标体系设计

首先根据科学方法构建和阐释沿海地区海洋发展的框架模型，然后在此基础上结合所研究问题的特点，合理有效地选取指标，设计权重。

通过指标体系分析海洋发展态势和"以人为本、协调发展、人海和谐"发展目标的实现情况是指标体系构建的重要方针。本书将"沿海地区海洋发展度"的评价作为目标层，海洋发展主要需要把握人与海洋的和谐发展、人与人的和谐发展，要实现两方面的和谐发展，在政治、经济、文化、生态、社会等方面都要实现协调发展。海洋文化发展相关因素取决于沿海地区的历史资源禀赋，且海洋文化背景悬殊，因此在构建评价基本框架时，未考虑海洋文化的评价，最终确定了以经济发展子系统、社会进步子系统、政治建设子系统以及生态建设子系统为沿海地区海洋发展综合评价的基本框架，以此反映新时期海洋发展的要求，其中生态建设子系统是基础，经济发展子系统是条件，政治建设子系统是动力，社会进步子系统是目的。这个基本框架体现了经济发展是海洋发展的前提，强调了政治建设对海洋发展的保障作用，彰显了社会进步是海洋发展的目标，突出了生态建设对海洋发展的影响。构建指标体系的基本思路如下。首先，能够反映经济、社会、生态和政治四者的协调发展状况，本质是四者和谐共生与海洋发展之间存在的内在逻辑联系。其次，以全面体现其复合系统特点为原则确立指标层次。评价指标体系的层次设计必须体现基于系统结构特征的海洋发展现状，同时还必须使指标能够反映海洋发展对经济、政治、生态和社会等方面的影响。最后，以统计数据为基础选取指标，采用普遍认可且具有可测性的指标体现海洋发展具体要素。目前相关指标体系的评价客体和方式存在差异，不能采取拿来主义，但是现有评价体系采用的部分指标已经成为普遍共识，可以用来作为指标确定的主要依据。

本书以期通过层次结构划分，实现指标体系的条理化和具体化，初步定为四层，即目标层、准则层、要素层、指标层，逐层支撑搭建而成。具体而言，指标体系分为四层，包括 1 个目标层、4 个准则层、11 个要素层、22 个指标层。目标层是沿海地区海洋发展度，即"沿海地区海洋发展蓝色指数"，体现指标体系的综合性，为最高层，是复合系统各要素综合作用的结果，也是准则层、要素层和指标层发展水平的综合反映。准则层主要体现海洋发展的内容和结构特征。指标体系通过准则层的各个子目标进行分类，来反映总体目标要求，使层次更加分明，结构更加合理。设置"经济发展指数、社会进步指数、政治建设指数、生态建设指数" 4 个准则层，主要考虑海洋发展水平结果，不考虑任何间接影响因素，以此体现新时期海洋发展要求的评价效果。该准则层的设计特点是研究目标明确，不易和其他海洋发展相关指标体系混淆，且能够更好地突出海洋发展的结构特征和建设重点。要素层反映指标体系的综合目标和准则层目标，是具体指标选取的依据。"经济发展指数""社会进步指数""政治建设指数"3个准则层各自包括3个要素层,"生态建设指数"包括2个要素层,设置的相关要素层均直接反映相关领域的总量和效率的结果,通过要素层的不同设置,既突出了4个子系统发展的结果,也防止完全依赖结果而导致的偏差。指标层是考察和评价要素层的具体因子,反映要素层的要求。如何选择具有代表性的指标组成综合评价体系,这要求指标具备对经济、社会、政治、生态发展规模、速度、趋势、布局、结构、功能水平等的描述能力。应充分考虑海洋发展活动的真实性和鲜活性,考虑数据的可获得性,选取能够反映各考察领域发展水平的若干具体指标。

(四)沿海地区海洋发展综合评价指标体系的应用

构建指标体系的最终目的是以一种清晰明确的方式表现出沿海地区海洋发展的水平,必须充分依托现有权威统计数据,以保证指标体系能够尽快被应用。在理论研究的基础上,在对沿海地区各准则层、各要素层指数进行分析评价的基础上,对沿海地区海洋发展水平进行综合评价,测算出沿海地区海洋发展蓝色指数。

每部分内容均从动态与静态、分类与综合的角度,以定量分析、模型评价为主,以定性分析为辅,对沿海地区海洋发展水平进行细致分析,具体而言,对2010~2014年5年间沿海11个省(区、市)海洋发展状况进行实证分析,分析内容包括三个方面。第一,重点发挥指标体系的比较功能。以横向比较与纵向比较兼有的形式,分别明确各区域海洋发展蓝色指数、各准则层指数及各要素层指数所处的地位及排名,比较不同地区海洋发展水平的差异,确定各地区海洋发展所处的阶段,助其正确选择发展重点领域。第二,发挥指标体系的测量功能。客观、科学、动态反映沿海11个省(区、市)海洋发展整体、各子系统及具体指标领域的发展水平,并结合各省(区、市)数据,进行典型案例分析,对沿海地区海洋发展有一个条理化、精确化的认识。第三,发挥指标体系预警功能。对沿海地区海洋发展做出预测,总结沿海地区海洋发展的演变规律和特点,识别工作开展与预定目标之间的差距,分析产生偏差的原因,提出沿海地区海洋发展对策建议,以利于政府决策的正确性和高效性。

当前沿海地区海洋发展呈现顶层设计初步完成、制度创新扎实推进、自主建设成效显著的基本特征。信息革命的深入、经济发展进入新常态、顶层设计的巨大推动和海洋生态文明示范区带来的辐射延展,以及海洋经济发展转型升级任务艰巨、制度建设整体性欠缺、海洋生态文明意识不强与沿海地区海洋发展的矛盾，为沿海地区海洋发展带来了新机遇和新挑战。基于此，海洋发展的优化路径是以海洋发展基本内涵理解为基础，针对现实的考量和回应，准确把握阶段性特征，深入分析海洋发展的机遇和挑战而得出的。当前，海洋发展具有鲜明的系统性和综合性，需构建"以制定建设规划为主体推动经济建设内容调整，以创新制度体系为主体推动海洋管理机制完善，以营造海洋生态文化氛围为主体推动社会生产、生活方式转变，以注重分享公平为海洋发展丰富内涵"① 的框架，给海洋发展带来新的活力。

五 研究的创新点与局限

（一）研究的重点与难点

研究的重点与难点主要有三个。一是基于沿海地区海洋发展的实际情况，准确定位沿海地区海洋发展的基本内涵，科学划分沿海地区海洋发展内部各子系统及相互协同关系。二是评价指标权重的确定，直接影响到综合评价值的计算。为此，需要对各评价指标权重的确定方法先期予以明确，将综合运用德尔菲法和层次分析法来确定评价指标的权重，一方面借助专家咨询法就各指标的重要程度打分，另一方面采用层次分析法确定每一个指标的权重。三是为使指标体系具有可操作性，注重考虑被评价区域的自然环境特点和社会经济发展等状况，充分考虑指标数据的可得性、统计口径的变化、可量化性及保密性，并充分征询专家意见，简明清晰地构建具体指标体系。

（二）研究的创新点

第一，研究成果创新。基于海洋发展内涵理解及由此所形成的评价框架和相关指标体系的构建与应用研究，在国内的理论研究与应用研究鲜有尝试。从理论与应用方面做出了三个方面的研究贡献和创新性成果。一是首次设计了包括 1 个目标层、4 个准则层、11 个要素层、22 个指标层具体指标的用于衡量沿海地区海洋发展水平的综合指标体系，填补了相关领域

---

① 张一：《海洋生态文明示范区建设：内涵、问题及优化路径》，《中国海洋大学学报》（社会科学版）2016 年第 4 期。

研究"简约而不简单"的空白。二是首次提出了蓝色指数等一系列概念及其理论内涵，并采用动态分析与结构分析的方法，从时空两个维度进行了指数测算的全方位分析。三是首次界定了"海洋发展"的内涵和外延，这种分类与界定有助于涉海工作者和相关研究者能真正理解时代赋予海洋发展的核心要义，还可以化解学者、政府、企业、社会从不同角度对海洋发展认知的各种争议。

第二，研究选题创新。纵观现有研究成果，关于沿海地区海洋发展类各指标体系的研究没有规范或固定框架可循，将其理论构建和实践应用联系起来的研究成果较少，导向功能不足。而直接将沿海地区海洋发展蓝色指标体系构建和应用作为独立的研究对象，进行多方位考察，以期形成全面和一致的认识，意义重大。沿海地区海洋发展本身是一个庞大的体系建设，依照循序渐进过程开展，为使评价结果能及时反映海洋发展水平，指标数据均来自近几年的沿海地区海洋发展实际，可以如实反映海洋发展情况。

第三，研究思路创新。鉴于在测度方面已形成成熟的研究方法，对沿海地区海洋发展进行蓝色指数测算，方法已不再是关键问题。本书在追溯沿海地区海洋发展的思想渊源的基础上，综合时间、领域和影响三个维度，探讨了海洋发展的内涵，为相关蓝色指数测算提供理论支持，使基于其内涵理解及由此所形成的评价框架和相关指标体系的构建成为测度的核心问题，研究尺度更广泛、更宏观。该指标体系的构建是进行海洋发展定量化研究的前提，在构建评价指标体系过程中，各指标紧紧围绕"以人为本、协调发展、人海和谐"这一内核，力图涵盖经济、社会、政治、生态等各个方面，使其形成有序联系的指标体系，从多方面较为系统地反映海洋发展的情况。在选取指标时，特别注重选取代表性强、易于获取、便于收集和计算分析、可度量性强的指标，不求面面俱到，但要避免指标体系的繁杂和评价操作失灵。

第四，研究应用创新。评价的关键是数据的可获得性及能否长期开展评价，构建指标体系的最终目的是以一种清晰明确的方式表现出沿海地区海洋发展的水平。本书重在破解以往研究中具体指标数目过多、概念生涩、计算复杂等原因，导致的指标应用中存在的种种问题。为使指标体系具有可操作性，注重考察被评价区域的自然环境特点和社会经济发展状况，考虑指标数据的可得性、统计口径的变化、可量化性及保密性，并充分征询专家意见，简明清晰地构建具体指标体系。计划每年发布"沿海地区海洋发展蓝色指数报告"，以展现研究成果，对沿海地区海洋发展有切实、有效的促进作用，用高效通用的海洋发展模型来指导政策的制定，因此，基于海洋发展内涵为背景的海洋发展综合评价研究存在许多有待深入和拓展的空间，也会伴随着海洋发展的深入认识而日趋成熟。动态监测将减少沿海地区海洋发展的弯路，通过沿海地区海洋发展的动态监测将大幅度地提高海洋发展的效率。

（三）研究局限

既要承认指标体系的重要考核评价功能和促进作用，同时，也应清醒地认识到指标体系设置本身就具有一定局限性；既不能过分夸大其功用，也不能以偏概全；依照对某项具体指标的评价，判定沿海地区是否实现可持续发展或者达到海洋生态文明标准，但指标体系仅能表明沿海地区海洋发展是偏离还是顺着基本内涵方向进行的。指标体系具有导向功能，对于所选用的考核与评价指标，旨在提醒重视这些指标的建设。但也应清醒地认识到指标再怎么详尽，也不可能那么全面，所以，也不应放弃未入选指标的建设，否则，会影响海洋发展的全面性。

首先，指标的难以取得。在构建指标体系过程中，指标的难以取得性表现在：由于一些指标缺少统计资料或统计资料不可查询等原因，只能选用相似或其他指标替代。如在定量评价生态建设时所选用的一些数据可以通过查阅相关统计资料获得，如统计年鉴，但是有部分数据无法得到，因此只能采用前年的数据，使得数据在时效性上有一定缺陷。

其次，构建指标体系是一个动态发展的演变过程。这主要表现在社会发展和生态建设具有长期性、复杂性的影响。因此，未选取目前在国内外还没有统一的计算标准，也有没展开统计的指标，如群众幸福感指数、重大决策论证率等指标，但它们基本能代表未来的发展方向和趋势。在蓝色指数中采用的方法在海洋发展不同阶段需要适当调整。

最后，沿海地区海洋发展具有非均衡性。对于某一特定指标，不同省份的发展存在差异，即便是省份内部的不同城市也会有差异，这种非均衡性要求海洋发展理论，特别是方法既要有普遍性又要有特殊性，在这些方面的灵活性上有一定的局限性。

第二章 海洋发展的内涵及其演变

　　构建沿海地区海洋发展综合评价指标体系的基础是对海洋发展内涵和本质属性的把握。指标体系是对客观现实系统的主观抽象，客观系统本身就是以某种逻辑架构存在的，因此建立任何一种指标体系都必须有科学理论上的依据，并以其为指导。海洋发展亦如此，其每一方面的内容都涉及众多的因素和变量，它不仅是一个内在关系极其复杂的现实系统，同时也必然是一个理论含量十分丰富的逻辑体系。因此，只有把握住海洋发展的内涵，才能了解海洋发展的系统特性，而这是构建沿海地区海洋发展综合评价指标体系的最有效途径。

一　海洋发展的概念提出及时代背景

　　理解海洋发展，需综合时间、领域和影响三个维度，应将海洋发展置于我国社会发展的整体框架中加以考察，将阶段性演变同我国发展模式转型相结合，使其具备时代意蕴。

（一）海洋发展的概念提出

　　海洋发展是在海洋开发这个概念的基础上提出的。从人海互动的历史看，所谓的海洋开发就是"人类在一定的海洋观的指导下运用特定的工具与技术开发、利用和保护海洋的实践活动"。[①] 在以往研究中，大多从经济视角把海洋发展界定为对海洋的开发、利用和保护。海洋开发通常指海洋资源开发和利用以及产业的形成，而对海洋的保护一般指海洋环境的保护。也就是说，海洋开发的本质一般是指海洋经济活动，是从经济地位上来探

---

① 崔凤：《海洋发展对沿海社会变迁的影响——一个研究框架》，《中国海洋大学学报》（社会科学版）2009 年第 3 期。

讨海洋是人类的重要生存资源和发展空间。基于上述认识，特别是随着20世纪海洋地缘战略思想的发展，沿海国家自觉或不自觉地都对海洋开发有着全局性举措，积极寻找和选择海洋开发的新定位及发展指向。至今，海洋开发的广度、深度和密度日益扩展，绝不仅仅是专属经济区的开发、大陆架资源的开发，更是全球海洋的大开发，在充分利用滨海和近海经济带开发优势的同时，努力加大对中远海的开发力度，其海洋开发取得的经济效益日益增多和开发潜力日益增大。

然而，"海洋开发又是一项特殊的人类实践活动，因为开发、利用和保护的对象——海洋环境与资源不同于陆地，所以海洋开发需要特定的生产方式以及形成特定的生产关系和社会文化"。① 因此，海洋开发的经济维度只是人海关系的一个方面，人海关系从一开始就超出了经济范畴。人类出于经济利益考虑在对海洋开发、利用的同时，引发了在政治权力上对海洋的控制和在军事上对海洋的争夺，同时，海洋活动又创造了海洋国家和海洋社会，孕育了灿烂的海洋文化。基于上述思考，可以认为海洋开发的内涵和外延未体现出人海关系的广泛性，海洋开发作为一个衍生出许多变量的综合范畴，除海洋经济外，海洋权益、海洋文化、海洋社会、海洋生态、海洋管理和海洋科技等都应是海洋开发范畴中的重要变量。在我国海洋开发战略的有关研究中，由于对相关变量没有给予应有的重视，海洋开发战略的建构缺少综合性的视野而成为局部小战略。

人类的涉海行为是丰富且复杂的，需要用一个范畴对其进行概括。为此，应把海洋发展作为概括人海互动关系的一个综合性范畴。海洋发展作为一个学术概念，使用的时间很短，有学者曾对海洋发展的内涵下过一个简短的阐释："海洋发展的历程是，人与海洋的关系从和谐到紧张再到和谐不断协调适应的过程，也是人类社会个体、群体、区域社会、国家之间，围绕海洋开发、利用和保护，以及海洋权益分割、分享，从竞争到合作，从冲突到共处，从无序到有序的反复协调适应的过程。"②

海洋发展作为一个全新的研究领域，具有显著的综合性、系统性、多

15

---

① 崔凤：《海洋发展对沿海社会变迁的影响——一个研究框架》，《中国海洋大学学报》（社会科学版）2009年第3期。

② 崔凤：《海洋发展对沿海社会变迁的影响——一个研究框架》，《中国海洋大学学报》（社会科学版）2009年第3期。

学科交叉的特点，它涉及经济、管理、政治、法律、历史、社会、科技等多个研究领域。从海洋发展与海洋开发的相互关系，可以对海洋发展的概念做如下扩展：海洋发展是指人类通过开发、利用和保护海洋等社会实践活动促进社会全面进步的过程和结果。关于海洋发展还可以做如下理解："首先，海洋发展以海洋开发为基础，如果没有人类通过开发、利用和保护海洋等社会实践活动所取得的巨大成就，也就谈不上所谓的海洋发展，因此，海洋发展与海洋开发密切相关，正是在这个意义上我们可以将海洋发展与海洋开发等同使用。其次，虽然海洋发展与海洋开发密切相关、海洋发展要以海洋开发为基础，但二者还是存在一定的差别的，海洋开发重点在于关注人类开发、利用和保护海洋的直接过程和直接结果，如海洋产业的形成、海洋经济效益的体现、海洋环境的改善等，而海洋发展不仅关注人类开发、利用和保护海洋的直接过程和直接结果，而且重点关注人类开发、利用和保护海洋的成果是如何促进社会进步的，因此，海洋开发体现的是人类与海洋的关系，表现为人类与海洋打交道，而海洋发展则是通过海洋开发即通过人与海洋的关系来探讨人与人的关系，也即人、海洋与社会的关系，将海洋开发看作促进社会进步的重要因素。最后，海洋发展既是一个过程，也是一种结果，海洋发展不仅关注人类开发、利用和保护海洋的过程，而且关注每个过程所取得的成果及其对社会进步的影响，只有将海洋发展既看作一个过程，也看作一种结果，才能避免海洋开发的短期效益，注重长期效益，注重战略性的海洋发展。"①

（二）海洋发展的时代背景

高度关注海洋发展进程和注重把握时代感，进而追寻海洋发展的演进逻辑是界定海洋发展内涵的基础视角。论及海洋发展的演进逻辑，不可离开两个基本前提：一是国外海洋发展的趋势，二是我国顶层设计的选择。

1. 国外海洋发展的趋势

进入 21 世纪，纵观世界，发达国家如美国、日本、澳大利亚等都非常重视海洋发展战略，不断开拓海洋开发的新领域。总体来看，国外海洋发展有如下六条基本态势。

第一，海洋意识普遍增强。通过对世界强国的历史系统考察表明，世

---

① 崔凤：《海洋发展对沿海社会变迁的影响———一个研究框架》，《中国海洋大学学报》（社会科学版）2009 年第 3 期。

界海权的争夺出现了由海洋霸权向海洋权力政治转化的历史趋势，其共同经验是高度重视海洋，加强对海洋的控制力，发达国家把海洋发展作为国家战略加以实施，形成了新的海洋观。"随着《联合国海洋法公约》的生效，世界经济政治格局发生重大变化。国际组织和世界各国对海洋越来越重视。自 1997 年起，联合国秘书长每年都向联大提交一份《海洋和海洋法》报告。"① 自 21 世纪以来，世界主要国家先后制定了新的海洋战略和政策。如美国立足控制全球海洋的战略目标，于 2004 年制定了《21 世纪海洋蓝图》和《美国海洋行动计划》，2010 年美国总统签署了《关于海洋、我们的海岸与大湖区管理的行政令》，出台了新时期国家海洋政策。日本分别于 2005 年和 2006 年制定了《海洋与日本：21 世纪海洋政策建议》和《海洋政策大纲——寻求新的海洋立国》，树立了海洋立国思想。为全面开发、利用海洋资源和空间，沿海国家竞相制定海洋产业发展战略。据相关统计，目前世界上有 100 多个沿海国家已经或正在制定海洋发展战略。

第二，维护海洋权益是海洋发展战略的核心任务。世界各国的海洋战略利益日趋多元化，包括扩大管辖海域以拓展发展空间、利用海洋资源以发展海洋经济、发展海洋科技以保持竞争优势等，并通过政治外交、经济开发、科技合作等多种手段来实现国家海洋利益。同时，各国之于海洋的博弈，也由过去以争夺具有战略意义的海区和战略通道为主，转向争夺岛屿、海域和海洋资源。美国在新时期国家海洋政策中明确指出，建立全球性的对海观测网络，根据适用的国际法行使权利和管辖权，在国际范围内进行合作并发挥领导作用。日本在《海洋与日本：21 世纪海洋政策建议》中明确提出，要加强对包括大陆架和专属经济区在内的海洋"国土"管理，积极参与和引导国际事务，透露出浓厚的"扩疆争利"色彩。韩国明确提出了要全面利用海洋资源、能源和空间的战略举措，高度重视保护和拓展海洋权益。

第三，海洋发展方式向高层次转变。海洋发展方式正由传统的单向发展向现代的综合发展转变；发展领域从领海、毗邻区向专属经济区、公海推进；发展内容由资源的低端利用向精深加工领域拓展，海洋产业结构从"二三一"正在向"三二一"发展。尽管世界各国的海洋发展各具特点，但起关键作用的是海洋科技，尤其是海洋产业本身所蕴含的技术密集、资金

① 张莉：《国外海洋开发态势及对中国的启示》，《国际技术经济研究》2006 年第 4 期。

密集和人才密集特性，对科学技术有强烈的依赖性，其对最新技术的使用之多、应用之广，是陆域经济所难以比拟的。如日本不断加大海洋科技投入，明确提出在海洋科技领域要起领军作用；韩国制订了海洋科技开发综合计划，发展海洋调查与预报技术、海洋资源开发技术、海洋能源与空间利用技术、下一代造船技术、海洋交通安全技术等；马来西亚也提出致力于发展世界一流的海洋科技。

第四，可持续发展是海洋发展战略的根本依归。世界各国的海洋发展战略都强调对海洋的可持续利用，以保障其长远的海洋利益。对海洋的观念，已基本从过去的一味索取向可持续发展转变。在开发、利用海洋的同时，越来越认识到应把海洋作为生命保障系统加以保护，"维护海洋健康"正成为 21 世纪海洋发展的主题。如"美国高度重视生态保护和海洋可持续利用，明确把实现可持续发展、保护海洋生物多样性和以生态系统为基础的管理作为其制定国家海洋政策的指导原则之一，并在国家海洋政策中提出保护、保持和恢复海洋、海岸与大湖区的生态系统和资源的健康，以及生物多样性；支持对海洋、海岸与大湖区进行可持续、安全和高生产力的开发利用"①，并为全球树立榜样。韩国则明确将可持续利用海洋资源作为海洋事业发展的基础目标。

第五，海洋管理制度体系不断完善。鉴于海洋发展的整体性和综合性，世界各国都进一步建立和完善国家的海洋管理制度，管理内容正由各种海洋开发、利用活动拓展到海洋环境保护相关领域，管理方式在强调利用法律手段的同时，更多地使用培训和宣传教育等柔性手段。为有效实施综合管理，世界各国纷纷设立专门的行政管理部门，负责海洋战略的制定实施，统筹解决涉海事务中的相关问题。如美国国家海洋委员会、俄罗斯联邦政府海洋委员会、日本内阁综合海洋政策本部、菲律宾海洋事务委员会等专门性组织机构的建立与完善，有力推进了海洋资源的可持续利用与海洋生态环境的科学保护，也极大地提高了海洋发展的综合效率。

第六，海洋发展作用开始全方位凸显。2001 年，联合国正式文件首次提出了"21 世纪是海洋世纪"，有的学者称之为立体海洋时代。利用海洋资源发展海洋经济，一直是国家海洋发展战略的重要内容，是有效实现国家海洋利益最为积极稳妥的手段。如韩国将大力建设知识型和创新型海洋产

---

① 石莉：《美国对沿海及海洋进行空间规划管理》，《国土资源情报》2011 年第 12 期。

业体系作为海洋发展的基础目标，提出了大力发展高附加值海洋产业、努力打造世界一流的海洋服务产业和建立可持续发展的海洋渔业等战略举措。越南明确强调发展海洋经济，推动开展国家和区域合作。而海洋发展也使沿海区域社会发展迅猛，引领了世界现代化潮流。"沿海国家和区域发展速度超过了内陆国家和地区，尤其是近半个世纪以来，沿海国家和地区迅速崛起，以其得天独厚的临海和港口优势，成为世界最有实力的区域社会。现在，整个世界处于向海洋靠拢之势，各国经济中心都开始向沿海移动，沿海区域的城市化进程加快，世界人口趋海移动加快，现在的世界人口约40%集中在沿海地区。"① 传统海洋人文在发展中得到改造，其优秀部分在继承的基础上又有新的发展。据预测，未来几年，沿海人口将大量增加，沿海地区将成为一个国家开放的窗口和联结国际相互贸易的纽带和桥梁。

2. 我国顶层设计的选择

海洋发展需要一定的政治环境，政治环境指的是政府作用力和海洋发展的态势，政府的作用力在于审时度势，制定准确的政策和宏观策略。在对外开放不断深化、国际经济不断融合的背景下，海洋及其资源对我国的重要性不断显现。党的十八大报告在"大力推进生态文明建设"部分明确提出，我国应"提高海洋资源开发能力，发展海洋经济，保护海洋生态环境，坚决维护国家海洋权益，建设海洋强国"，这是我国首次正式提出建设海洋强国的国家战略目标，吹响了我国在新形势下向海洋进军的号角，唤醒了全民族的海洋意识，正在努力实现把我国从海洋大国建设成海洋强国的中国梦。十九大报告又提出了"坚持陆海统筹，加快建设海洋强国"。海洋强国建设已成为中国的战略目标之一。

2013 年 7 月 30 日，十八届中共中央政治局就建设海洋强国进行集体学习。习近平指出，21 世纪，人类进入了大规模开发、利用海洋的时期，提出要进一步关心海洋、认识海洋、经略海洋。习近平在主持学习时强调，建设海洋强国是中国特色社会主义事业的重要组成部分。党的十八大做出了建设海洋强国的重大部署。实施这一重大部署，对推动经济持续健康发展，对维护国家主权、安全、发展利益，对实现全面建成小康社会目标，进而实现中华民族伟大复兴都具有重大而深远的意义。推进海洋强国建设，必须提高海洋资源开发能力，保护海洋生态环境，发展海洋科学技术，维

① 楼锡淳、里弼东：《海洋发现史简述》，《海洋测绘》1999 年第 2 期。

护国家海洋权益。2018 年的全国两会期间，习近平在参加山东代表团审议时指出，海洋是高质量发展战略要地，要加快建设世界一流的海洋港口、完善的现代海洋产业体系、绿色可持续的海洋生态环境，为海洋强国建设做出贡献。

国家决策和国家动员是各地各部门判断中央领导集体施政方针和工作重点的重要依据，对做好未来工作意义重大。这成为 30 多年来国家主导发展模式的一种常态，从设立经济特区、浦东开发、振兴东北老工业基地、西部大开发和打造蓝色经济区，一直到各地的城市建设，无不是国家通过协调现有资源，将政治决定施及整个治域的现实执行力的杰出成果。从党的十八大报告针对建设海洋强国的内容可以看出，"国家推进海洋强国建设的具体路径是发展海洋经济，手段及措施是不断提高海洋资源开发能力，这是发展海洋经济的保障，前提是急需解决我国面临的重大海洋问题（例如，东海问题、南海问题），以坚决维护国家主权和领土完整及海洋权益，并保障实施海洋及其资源开发的安全环境，从而实现保护海洋生态环境及建设海洋强国目标"[1]。党的十八大报告提出的建设海洋强国的战略目标，是党中央应对海洋问题的举措，是结合当前国际国内形势发展，特别是海洋发展态势提出的一项具有政治属性的重要任务，是国家层面的重大战略。建设海洋强国战略是 21 世纪以来对海洋发展战略的深化和提升，具有连续性及一贯性。党中央早在十六大报告中就提出了"实施海洋开发"的任务。在 2004 年的《政府工作报告》中亦提出了"应重视海洋资源开发与保护"。在《中华人民共和国国民经济和社会发展第十一个五年规划纲要》（2006年）中提出了我国应"促进海洋经济发展"的要求。在 2009 年的《政府工作报告》中又强调了"合理开发利用海洋资源"的重要性。《中华人民共和国国民经济和社会发展第十二个五年规划纲要》（2012 年）第十四章"推进海洋经济发展"指出，我国要坚持陆海统筹，制定和实施海洋发展战略，提高海洋开发、控制、综合管理能力。《中共中央关于制定国民经济和社会发展第十三个五年规划的建议》提出了"拓展蓝色经济空间"的要求，明确指出需"坚持陆海统筹，壮大海洋经济，科学开发海洋资源，保护海洋生态环境，维护我国海洋权益，建设海洋强国"。这些内容无疑为我国推进海洋发展，特别是建设海洋强国提供了重要的政治保障，海洋发展的政治

---

[1]　金永明：《论中国海洋强国战略的内涵与法律制度》，《南洋问题研究》2014 年第 1 期。

条件已经具备。

我国沿海地区积极响应国家建设海洋强国战略和融入"一带一路"倡议框架中，紧扣海洋发展的主题，纷纷提出利用和开发海洋的宏伟计划，改革所积储的巨大潜力，被充分调动起来，这是"海洋世纪"赋予我国的最佳选择，也是我国上下的共识。"十三五"是我国海洋发展的关键时期。"国际金融危机的影响和世界范围内力量对比的变化，为中国海洋发展提供了新的机遇和挑战；中国综合国力不断增强，国际地位迅速提高，为海洋加快发展奠定了良好的基础条件；中国和平崛起'走出去'战略的实施、国家利益的扩展使海洋战略的地位和重要作用更加突出；沿海产业布局的进一步拓展，海洋经济结构调整步伐的加快，为海洋发展提供了支撑；科学发展观的贯彻落实，为有序开发利用海洋资源、保护海洋生态环境提供了保障，已经初步具备了经略海洋的基础和条件。"[①] 因此，实施海洋强国战略不仅是一种必然，而且完全有可能。在迄今为止的人类社会发展中，海洋发展产生了重大的历史作用，尤其是在我国的未来发展中，人海关系更加密切，只有全面走向海洋，才能找到发展的立体出路。从战略高度认识海洋发展的重要作用，对于增强全民海洋意识，推动我国海洋的全面发展具有重要意义。

二 海洋发展的内涵

（一）海洋发展的实质

海洋发展是一个具有鲜明地域性的复合型概念，不是简单的海洋与发展之和。海洋发展不仅是一个专属名词，而且是概括了影响海洋发展因素的各种变量的一个理论范畴。海洋发展的内涵极为丰富，"从发展空间看，它不仅指海洋本身的大气、海面和海底，即'内太空'，还包括以海岸带、领辖海域的岛屿甚至内陆腹地的'海内发展'，以海外国家、地区为对象的'海外发展'；从发展的组织行为而言，它不仅指发展生产力的海洋产业和海洋科技，还包括向海洋用力的政治、经济、外交、军事、教育等社会系统及其运作所结成的种种关系，以至海洋政策、理论、战略、观念、心理

---

① 李双建、徐丛春：《论海洋的战略地位和现代海洋发展观》，《经济研究导刊》2012 年第 27 期。

等人文素质，由此构成海洋经济、海洋社会、海洋人文三个层面。海洋发展的模式，就是海洋经济、海洋社会、海洋人文互动组合的方式"①。

海洋发展作为一个核心范畴，可以根据人海互动的全面性，对海洋发展的内涵和外延进行重新的界定，海洋发展就是人类依靠海洋的全面发展，它涵盖了人类依靠海洋发展的全部活动。海洋发展的内涵是人类在经济、政治、军事、社会、文化、生态等方面利用和控制海洋的各种实践活动的总和。海洋发展的外延是，人类通过对海洋的研究、开发、利用、管理以及海权建设能力的提升和海洋社会与文化的进步，以促进人类全面发展的过程。

海洋发展，实质上是人类有目的地开发、利用海洋资源与环境的过程，使海洋各生产要素实现合理配置、科学利用的过程。海洋发展同样可以算作"以人的思想行为为主导、自然环境为依托、资源流动为命脉、社会体制为经络的复杂系统"②。海洋发展内涵的演进规律，实质是人海互动关系的变迁，是对海洋价值与利用方式的再认识，为此要综合时间、领域和影响三个维度，着重把握时代特性，沿着走向海洋—开发海洋—保护海洋—和谐海洋的逻辑发展，既是对传统海洋发展模式的转型，也是通往海洋强国的重要载体，其内涵已超越单纯的海洋经济可持续发展的含义，向着要素集成与协同的复合系统工程方向延伸，需综合运用技术逻辑、资本逻辑、政治逻辑、社会逻辑、生态逻辑、文化逻辑等，在时代价值追求中达到陆海统筹、人海和谐的理想状态。

（二）海洋发展的核心要义

海洋发展的核心要义是人的全面发展。坚持以人的发展为中心，海洋发展亟待解决的一切问题实质上最终都可以归结为人的问题。海洋发展是以促进海洋资源可持续利用和沿海地区科学发展为宗旨，核心内容是探索海洋经济、社会、政治、文化和生态全面、协调、可持续发展模式，最终目的是构建人海和谐的良好发展局面，共同耦合成"人类－海洋－社会"的良性运行体系。

---

① 崔凤：《海洋发展对沿海社会变迁的影响——一个研究框架》，《中国海洋大学学报》（社会科学版）2009年第3期。

② 曾刚：《我国生态文明建设的理论与方法初探——以上海崇明生态岛建设为例》，《中国城市研究》2014年第12期。

首先，海洋发展的优先事项是发展。海洋发展主要包括三个方面。一是海洋经济发展。海洋发展的所有活动都是围绕海洋经济这一主题产生、形成和拓展起来的。就海洋经济发展而言，不仅要重视海洋经济增长数量，而且要追求发展质量，要力求使海洋资源得到优化配置，要将海洋环境成本作为重要的经济成本来考虑，取得经济效益、社会效益和生态效益的统一。二是海洋社会发展。基于人类海洋开发实践活动所形成的海洋社会群体、海洋社会组织总是处于海岛、港口、沿海区域等与海洋较为接近的空间中，是以海洋资源开发、利用与保护为主要生产活动方式的。海洋社会发展的本质是在人们纷纷趋海而动，进而逐利海洋、经略海洋、索取海洋的过程中，消除贫困，改善生活条件，提高健康水平，增强海洋意识，创造一个保障社会公平的社会环境。三是海洋环境资源可持续发展。传统海洋发展理论往往是将海洋经济增长作为发展的目的，忽视了资源的有限性和对环境的破坏，完全立足于市场而发展，这种发展模式使海洋资源和环境承受着前所未有的压力而不断恶化。就海洋环境资源可持续发展而言，环境问题不是孤立的，需要把环境保护同经济增长与发展的要求结合起来，在发展的过程中加以解决。

其次，海洋发展的关键是协调。海洋发展的最终目的是构建人海和谐的良好发展局面，共同耦合成"人类－海洋－社会"的良性运行体系，这就要求海洋生态充满生气、经济高度发达、社会充满活力，因此这个系统工程涉及了经济、政治、文化、社会、生态等诸多要素的协调作用。海洋发展过程中的协调归纳起来表现为要处理好以下几个方面的关系：一是人海关系的协调，表现出需求的可支持性与人的活动对海洋进化的可引导性的同步；二是人与人的协调，人类应不断地、自觉地调整自身需求和价值观，不断约束自身的行为，这样才能避免海洋发展中的各种矛盾；三是海洋经济与社会的协调，有利于保证海洋经济的持续稳定向前，有利于实现区域社会结构的优化；四是海洋经济与自然的协调，发展的最终指向都是人，经济为人服务，而不是相反，人的实践和人的发展的本质要求把经济和自然有机地结合起来。上述各类关系将最终统一于宏观关系大系统之中，综合的协调发展是海洋发展的必然选择。

最后，海洋发展是国家发展的重要组成部分。任何区域都是国家系统中的特定组成部分，一个区域的活动与它所推行的政策都会在不同程度上影响其他区域。海洋发展也会在不同程度上受到全国、全球经济社会活动

23

的影响，尤其是科学技术的发展已极大地增强了对海洋的影响能力，表现为从局部扩展到区域甚至全球，其影响程度日益广泛深远。所以，就一国而言，海洋发展的内涵必须与全国发展战略的大目标保持一致，只有在保证全国总体目标顺利实现的前提下，海洋发展目标的实现才有意义。所以海洋发展既要满足海洋社会的需要，又不能危害全国的需要。

（三）海洋发展的理论基础

不同时期的技术和管理思想将自然地应用于不同时期的海洋发展中来。在加快推进海洋强国战略的新时代，以全面学习党中央、国务院指导海洋发展的宏观论述，系统总结社会发展理论、海洋发展理论等优秀理论成果为基础，以世界海洋发展和经济社会发展呈现的新气象、新问题为依据，针对我国海洋发展面临的挑战与机遇，需要更加深入地探索海洋发展的新理念、新宗旨、新策略、新模式，即支撑海洋发展的理论基础。

1. 社会变迁理论是海洋发展的重要研究视角

"任何一种社会现象只有放在社会变迁的过程中考察，才能做出更到位的描述和解释，也才能更准确地预测它的未来走向。从社会变迁视角出发，重新审视海洋发展的内涵就会发现，事实上，海洋发展的内涵具有很强的历史性，海洋发展在社会经济发展的不同阶段，其目的、对象都在发生着变化，其中起主导作用的是海洋价值观的转变，以及人类对海洋的功能与作用认识的不断深化。"[1] 把海洋发展作为影响社会变迁的一个综合变量，从人海互动中去探究海洋对人类社会变迁的影响，可以为我们认识海洋与人类社会发展的关系展开一个新的研究视角，也为社会变迁研究找到了一个新的维度。海洋社会变迁主要涉及海洋社会的人口结构、产业结构、就业结构、城乡结构等领域，主要关注人类海洋开发实践活动的发展是如何影响海洋社会结构相应发生变化的。

在人类历史的变迁中，人海关系是一个重要主题。"人类的涉海活动极大地影响着人类社会的变迁，人类海洋开发实践活动带来的不仅是海洋社会的产业化、经济的现代化、科学技术的进步，更促使海洋社会的城市化取得了很大进步、全球化处于领先地位，也使海洋社会的文化日益凸显海

---

① 崔凤、张一：《沿海地区海洋发展综合评价指标体构建意义及其定位》，《湘潭大学学报》（哲学社会科学版）2015 年第 5 期。

洋特色,给海洋环境带来了严峻的挑战。"① 海洋发展具有一定的历史必然性和规律性,受到特定社会变迁阶段和社会结构的制约,充分表明了海洋对于人类生存和发展的重要作用。当前,一场以开发海洋资源、保护海洋权益为标志的蓝色革命正在兴起,海洋已成为全球关注的焦点。处在这样的历史阶段,我们应该有全新的海洋意识,以便抓住机遇,当前我国提出海洋强国战略,绝不仅仅是为了应对几个涉及海洋的热点问题,更是基于我国国家建设发展到特定阶段的必然需要,也是自改革开放以来我国社会结构变化所产生的内在需求。因此,要正确、科学地应对"海洋发展"这个问题,就必须从社会变迁视角审视海洋发展的内涵,必须从海洋国家尤其是海洋大国的发展历史中,从我国总体发展目标以及改革开放30多年以来的社会转型过程中寻找答案,有利于从战略高度认识海洋发展的作用。

2. "五个发展理念"是海洋发展的思想精髓

党的十八大以来,力求在改革中推进我国发展观念的更新和人类文明的进步,提出了包括创新、协调、绿色、开放、共享在内的新的发展理念,全方位地涵盖了"经济建设、政治建设、文化建设、社会建设、生态文明建设"五位一体复杂系统的运行规则和辩证关系,并将此类规则与关系在不同时段或不同区域的差异表达包含在整个时代演化的共性趋势之中,更加强调均衡、可持续和以人为本的发展理念。但是,在我国沿海地区海洋发展的过程中,受到经济、科技、人才各方面因素的制约,盲目发展、粗放经营成为沿海地区长期以来的基本模式,特别是在许多方面存在传统工业乃至工业化初级阶段的陈旧观念,使我国海洋发展烙有较深的传统工业化印迹。这都需要我们按照科学发展观,特别是系统学习党中央、国务院指导海洋发展的宏观论述,统筹兼顾,促进我国沿海地区跨越式发展和可持续发展。

3. 后工业社会理论是海洋发展的重要理念

后工业社会即"后工业化时代",是以高新技术产业为支撑的时代。其主要特征是"社会进入知识化经济时代,人类生产、生活乃至社会发展更加理性化、智能化,服务型经济成为主导经济;社会和谐程度发展达到相当高的程度,尊重知识,尊重人才已形成社会氛围,知识劳动者占从业者

---

① 崔凤、张一:《沿海地区海洋发展综合评价指标体系构建意义及其定位》,《湘潭大学学报》(哲学社会科学版)2015年第5期。

总数的主导地位；资源利用智力化，资产投入无形化，知识利用产业化，高科技产业支柱化，经济发展可持续化；在社会劳动关系上，知识和技术成为社会和政府的社会政策，随着高技术产业的快速成长，劳资关系实现由以往的资本雇佣劳动向资本为劳动服务方向转变，从业者持股十分普遍，从业者也是管理者，从而带来产权特征的多样化，反映在劳资关系上主要是有限的合作形式等"①。当前，我国海洋发展正处在工业化初期向中期发展的过渡阶段。在实施工业化发展的初级阶段，未达到足够的知识和治理水平，缺乏对自然规律的认识，一方面，由于盲目发展，虽然沿海地区没有一些内陆地区污染严重，但环境污染也对生态环境和沿海人民生产、生活造成了严重影响；另一方面，由于社会治理和政府决策的低水平化，人与自然、人与社会发展的不和谐，传统工业化粗放经营乃至武断决策的管理机制，均给我国海洋发展带来了重大矛盾和挑战。所以说，与其他海洋国家的差距势必会激发我们的危机感、紧迫感和责任感，使原来未能充分发挥的比较优势凸显出来，后发优势巨大，发展潜力巨大，需要有后工业社会理论的先进理念引领，是实现我国海洋发展，缩短与世界发达国家海洋发展差距的重要理论基础。

4. 新技术革命是海洋发展的重要支撑

始于 20 世纪 40~50 年代的新技术革命，对世界发展和人类进步产生了巨大作用。新技术革命的内容包括信息技术、生物技术、新材料技术、空间技术和海洋技术等，其中信息技术占主导地位，推动了 20 世纪以来的信息化经济的迅猛发展。"从长远看，只有催生新的技术革命，才能从根本上使经济和社会发展形成一个新局面。"② 在新一轮经济危机下，许多国家纷纷出台了以推动新一轮技术革命为主的经济救助措施：欧盟委员会公布了总额高达 35 亿欧元的能源投资计划，英国制订了 23 亿英镑的汽车业扶持计划，而美国总统奥巴马提出了高达 8190 亿美元的经济刺激计划，力图通过大规模鼓励新能源、新技术在各行业的应用刺激经济复苏。当前，新技术革命尤其在生物技术和海洋技术上有新的突破。海洋技术包括进行海洋调查和科学研究、海洋资源开发和海洋空间利用，涉及许多学科和技术领域，主要包括海底石油和天然气开发技术、海洋生物资源的开发和利用、海水

---

① 张朕：《论知识经济环境下企业人力资源培训的新理念》，《中国国际财经》2017 年第 6 期。
② 王宏广：《创造新技术革命机遇》，《瞭望》2009 年第 1 期。

淡化技术、海洋能发电技术等方面,海洋技术将是大有发展潜力的高新技术。山东将"科技兴海"作为"海上山东"建设的一项重要措施,通过实施"科技兴海"战略,在发展和巩固传统海洋产业的基础上,海洋新兴产业增长迅速,海水综合利用、海洋化工、海洋药物、海洋工程建筑等产业迅猛发展,成果丰硕,科技转化率高,发展势头良好,开创了山东经济发展的新局面。但是,目前沿海地区海洋发展在许多方面缺乏新科学、新技术的支撑,严重束缚了海洋发展和沿海地区的跨越式发展。

三 海洋发展的基本阐释

当前,海洋发展问题不仅是海洋本身的问题,而且成了农业问题、水利问题、环境问题、经济问题、社会问题、外交问题,最终成了关系到人类生存与发展的根本问题。海洋发展实质上已成为包括自然环境、经济基础、社会条件等综合要素在内的一个极其特殊的集成系统。海洋发展的主题与整个海洋环境及其发展问题和机会的方方面面密切相关,海洋在国家发展战略中起着举足轻重的作用。

(一)海洋发展的基本特征

21世纪是海洋意识、科学意识和以人为本意识显著增强的时代,对于海洋发展的定位要有明显的先进性。重点表现在"对于海洋资源的综合开发利用,对于海洋环境与资源的保护和恢复有更加强烈的意识及采取行之有效的措施,为沿海地区人民生活营造更加舒适、宽松、优美的生态环境,提供清洁、环保、技术密集型的就业条件,发展符合沿海资源禀赋和符合世界先进技术的发展方向的工业化产业"[①]。海洋发展是在特定的资源环境基础上,以海洋开发和促进社会进步构成相互融合的框架,是人类开发海洋资源活动、干预海洋生态系统自然运行的结果,具有不同于陆域发展的一些基本特征。

第一,人工开发性。海洋发展是以海洋资源开发、利用与保护为主要生产活动方式的。海洋发展不仅仅依靠海洋自然条件来实现,更要依靠对海洋资源的人工选择来维持。人类为使海洋资源更好地满足生存与发展需

---

① 张名亮、古龙高、张振克:《浅论江苏新海洋型工业理论基本特征》,《海洋开发与管理》2011年第1期。

要，必须对其进行改造，进而建立起海洋经济系统、海洋社会系统、海洋规范系统、海洋文化系统，也必须依赖不间断的生产更新来维持运行。人类需要的各种海洋产品只有在海洋里获得各种条件才能产生与存在下去，其中一些海洋产品种类必须像温室里的植物那样得到人类的精心管理，才能培养出来。可见，海洋发展作为人类在自然环境中所创造出来的人为系统，必须通过人来维持、改良。

第二，结构复杂性。海洋发展是一个具有独特发展特征与功能的复合体，是自然系统与经济、社会系统耦合而成的整体，各子系统内部及复合系统与外部环境之间存在复杂的非线性相互作用关系，涉及要素较多，组成结构复杂，其物质循环、能量流转、信息传播、价值创造活动丰富。海洋发展核心内涵是人的发展，也就是海洋发展的总体目标是"在维持并提高生态子系统供给的前提下，生产数量多、质量优、种类全的海洋产品，满足人类生存发展和国民经济日益增长的需要，同时增加相关劳动者收入，不断增加海洋经济效益和社会效益，以实现海洋生态、经济、社会效益的最大化统一"[1]。可见，海洋发展承担着实现多元化目标及效益的使命。同时，海洋发展始终处于动态发展中，经济社会发展的长期性和周期性与海洋的运动形式一样，会出现波浪起伏，但决不会停止，这也决定了海洋发展系统内部各子系统需不断进行磨合，促进系统协调发展，系统的整体演替在渐进中处于复杂上升态势。

第三，经济目的性。海洋自然生态系统不能满足人类对各类海产品及海洋服务的需要，为满足日益增长的物质与文化需要，进行海洋资源开发、利用以及海洋生态环境改造活动具有明显的经济目的性，如开发一片海域进行人工养殖，不是为了与自然作对，而是利用自然规律获取更多用以维持生存的水产品。当今我国已不再拥有纯粹的海洋自然生态系统，全部海域几乎都已被看作经济资源而成为生产资料。可见，经济目的性是利用与改造海洋的原动力，以海洋经济发展为主体，实质上依托于人类为满足自身各种需要对海洋自然生态系统进行逐步深入的开发与改造活动，其运行的根本目的是为人类需要所服务。

第四，发展可塑性。海洋发展的可塑性是"指人类通过有目的、有计

---

[1] 高乐华：《我国海洋生态经济系统协调发展测度优化机制及研究》，博士学位论文，中国海洋大学，2012。

划的经济或社会行为可将一种海洋发展形态改变为另一种海洋发展形态的特性"①。如海洋经济增长、社会进步引发的环境污染、资源短缺等一系列生态问题，对海洋经济与社会的可持续发展构成了负面形式的约束机制，但海洋经济增长、社会进步又为解决海洋生态问题提供了技术、资金、设备等物质基础，反倒能够促进海洋生态环境的改善以及海洋经济、社会的可持续发展。正是海洋发展存在的彼此联系、交流与影响机制，使海洋发展随着人类对海洋及其资源特征的认识加深而逐步深入和扩展，但这种可塑性必须在条件许可的情况下才能实现，海洋发展的生产力水平制约着海洋发展的整体水平。

第五，发展开放性。理论上讲，海洋发展是一个开放的复合系统。人类通过认识、总结与利用自然、经济、社会客观规律，重新组织与改造海洋发展内部结构，促使海洋功能不断完善与升级。因此，必须不断与系统外界联系，用系统外的物质弥补海洋发展输出的物质损耗来维持物质流通与循环。海洋发展的开放性还表现出海陆一体化特征，具体表现为沿海不同地域海洋发展系统之间的相互联系、作用及影响，也体现为海洋发展与人类长期生存、生活的陆地空间有必然的联系，海洋发展的海陆一体化进程也在不断推进。从"海上丝绸之路建设""山东半岛蓝色经济区"等国家级战略的规划思路来看，政策制定者显然意识到，蓝色经济的发展不能只依靠某些特定的沿海城市及地区，应实施真正意义上的海陆一体化规划。

第六，发展差异性。首先，海洋发展多数时间表现为一个非协调过程。海洋发展涉及的各种物质、信息、人才、资金、技术等要素在各产业之间、各区域之间以及各时期之间的分布、供给、需求、消费等存在不均衡性。其次，海洋发展的差异性也是指海域地理条件的不同而产生的海洋发展类型的地域性。由于地理区位、生态环境、经济基础、社会形态差异较大，具有不同的特色，其发展水平、发展趋势、发展潜力也各不相同，呈现显著的地域差异特征。如渤海与黄海、东海与南海相比，较为封闭，纳污能力有限，尽管素有"鱼仓"的美誉，但近年来由于海域环境污染严重，生态系统持续恶化，滨海湿地丧失严重，渔业资源已趋于衰竭，而由于该海域的生态极度脆弱性，其海洋经济与社会发展水平较之其他沿海省市相对

① 高乐华：《我国海洋生态经济系统协调发展测度优化机制及研究》，博士学位论文，中国海洋大学，2012。

落后。因此，我国海洋发展也需经由一定时间的生态、经济与社会综合发展与进化，才能使结构与功能逐步完善。这便要求国家及沿海省市针对海洋的规划需尊重海洋遵循时间发展的连续性规律，对已形成的有利于发展的各种生态、经济与社会功能的因素加以保护，为海洋进一步协调发展创造必要条件。

（二）海洋发展的基本原则

第一，公平性原则。主要包括三个方面。一是人海公平。人与海洋作为构成海洋发展的主客体，人不能把自己凌驾于海洋之上，人的主体只表明了一种人海关系之于人的重要，并不说明人类具有主宰、支配的特殊地位。二是人与人之间的公平。包括两层意思。一个是当代的横向公平。海洋发展要满足沿海地区全体人民的基本需求并给全体人民机会以满足他们要求美好生活的愿望，这就要求海洋发展的实践活动不应带来或造成环境资源破坏的社会不经济性，即"一些人的生产、交往、消费等实践活动对环境资源方面的影响不应该是对没有参与这些活动的人产生有害影响"[①]。另一个是代际的纵向公平性。当代人在满足自己需要的过程中，不能损害后代人满足其生存和发展需要的基本条件。三是地区与地区之间的公平。尽管海洋发展水平存在地区差异，但不能任由该差异不断扩大，必须重视消除地区发展水平绝对差异的必要性，这是实现海洋强国战略的重要出发点。特别是在海洋环境问题上，一个区域不得向其他区域转嫁环境污染，不能用侵害其他区域利益的方式求得发展，要加强地区间的合作与支持，发达地区应向落后地区提供更多帮助，促进落后地区的发展。

第二，持续性原则。海洋发展必须遵循两条基本原则：一是有利于海洋经济系统、海洋社会系统可持续运行与发展的原则；二是有利于人类所依赖的海洋生态系统可持续存在与演进的原则。第一条原则是当代人在寻求自身生存及发展空间的同时，必须为后代人留下充足的海洋资源和良好的发展空间，而且应注意消除代内已存在的地区差异，实现海洋时空协调发展。第二条原则是当代人在谋求海洋经济社会发展时，应负起保护海洋生态系统不受损害的责任，促进人与海洋协调演进。在对海洋资源进行开发、利用时，应充分认识海洋生态系统对海洋经济、社会系统的限制作用，

---

① 孙吉亭：《论我国海洋资源可持续利用的基本内涵与意义》，《海洋开发与管理》2000 年第 4 期。

根据海洋生态系统的平衡机能和限制条件调节开发力度。同时，在重新树立和统一道德标准的基础上，恰当调节人类的消费模式与生活方式，减少对海洋资源的无谓需求和浪费。

第三，需求性原则。"需求是人的生命存在、发展和延续的直接反映，是人体机能的综合要求，是自然界生命物质和社会历史长期进化的产物。"①纵观历史，人类在海洋发展过程中，从未忘记过寻找满足自己需要的最优途径。海洋发展的需求性原则就是要立足于人的合理需求而发展，强调人对区域资源和环境无害的需求，而不是一味地追求市场利益，目的是向所有人提供实现美好生活愿望的机会。也就意味着，海洋发展的需求不仅仅是根据海洋经济生产率来衡量，更是根据人们基本需求所满足的程度来衡量，是海洋发展的综合需求。

（三）我国海洋发展的基本观念

"海洋观是人类通过海洋实践活动所获得的对海洋本质属性和地位作用的认识，包括海洋价值观、海洋政治观、海洋权益观、海洋国土观等。"②海洋观的价值取向反映出人类对海洋的认识和理解，决定着国家对海洋的战略意图。中华民族要实现 21 世纪的伟大复兴的中国梦，成为世界海洋强国，就必须重塑现代海洋观。具体包括以下几个方面。

第一，树立人海和谐的海洋观。实现我国海洋的合理开发、和谐发展，实际上是以五大发展理念统筹推进"五位一体"总体布局的具体体现。当前，海洋发展显示出强劲的增长潜力，但不能否认，在海洋 GDP 增长的背后有相当一部分是靠牺牲海洋资源、环境获得的。"构建和谐海洋社会"的议题已被提上议事日程，更需要我们正确认识海洋经济对海洋发展的贡献及其影响，从而做到可持续利用海洋资源、科学地认识和分享海洋利益，实现人海和谐共处。在社会关系上，人海和谐的海洋观要体现相互尊重的关系，不仅要体现人与海洋的相互尊重，也要特别体现在人与人、产业与产业、地区与地区的相互尊重的关系。人们从对海洋的尊重中，学会了人与人、产业与产业间的相互尊重，从而推进地区与地区间的和谐发展。人海和谐的海洋观，应该把短期目标与长远目标相结合，不仅对当代海洋开发、

---

① 刘保强：《马克思人的需要本质思想再探索》，《学理论》2017 年第 2 期。
② 李双建、徐丛春：《论海洋的战略地位和现代海洋发展观》，《经济研究导刊》2012 年第 27 期。

利用进行规范协调，而且重视现在和未来海洋开发的衔接。因此，在战略目标上，要明确保证以不超越海洋资源和环境承受能力基础上的持久利用。

第二，树立协调发展的海洋观。一是确立陆海统筹的战略思维，改变长期以来"重陆轻海"的倾向，把沿海地区海洋开发与内陆省份发展、"一带一路"倡议结合起来。二是确立内部协调的战略思维。海洋发展必然依赖一定的生态条件和经济社会基础，并受自然规律、经济社会规律的双重约束。海洋发展各子系统及其构成要素的"协同"作用，将使海洋发展转为均衡有序状态，从而推动向更高阶段发展，这是海洋生态演变规律、海洋经济发展规律与海洋社会发展规律的辩证统一。三是确立外部合作的战略思维。海洋发展必须建立起自组织行为与人为组织行为之间的合作机制，为海洋发展创造出机会和条件。在推进海洋事业发展时，应当把握合适力度，外部合作机制的实质是强化针对海洋发展的整体规划与宏观调控，制定有利于整体协调发展的政策措施，充分发挥理念、科技、制度等人类社会能动性的作用，促进海洋发展自组织机能的形成与良性发挥。如"要把海洋发展与海洋国防建设结合起来，要加强涉海部门在协调处理各类海洋事务中的统筹能力，处理好海域和海岛管理、海洋环境保护、海上交通运输、海洋渔业、海洋防灾减灾、深海勘探、海洋维权执法等海洋工作，力争在海洋事务高层协调机制方面有所突破，形成海洋工作的合力"[1]。

第三，树立全球发展的海洋观。"中国海洋发展不仅仅体现在 300 万平方公里的管辖海域，更是面向世界大洋和南北两极。要实施海洋走出去战略，积极参与国际海洋事务和国际海洋组织活动，尽力去争取国际海域的权益，拓展中国的海外利益。"[2] 目前，"沿海地区发展规划是以沿海陆域开发为重点，特别是以实现大港口建设，发展现代化物流业为基础，发展沿海重大工业为支柱，对海洋的开发利用主要以传统的交通运输和临海工业为重心"[3]。全球发展的海洋观，要实现由沿海向海洋的跨越，实施海洋综合性开发，其内涵不仅突破了沿海开发的定义，而且意味着将参与世界性

① 李双建、徐丛春：《论海洋的战略地位和现代海洋发展观》，《经济研究导刊》2012 年第 27 期。

② 李双建、徐丛春：《论海洋的战略地位和现代海洋发展观》，《经济研究导刊》2012 年第 27 期。

③ 张名亮、古龙高、张振克：《浅论江苏新海洋型工业理论基本特征》，《海洋开发与管理》2011 年第 1 期。

的海洋开发。要积极开拓新的海上通道，加强海上航线建设，保障一些重要海峡和关键海域的通道安全，加强对世界主要大洋的认知力，努力拓展海洋发展空间。从这个意义上讲，更有利于我国实现海陆联动，加快海洋发展的步伐。

第四，树立共同发展的海洋观。对内来讲，海洋并不是 11 个沿海省（区、市）的海洋，海洋不仅仅要为东部率先发展提供资源和空间保障，更要为中西部地区预留海洋发展空间，积极发挥海洋发展上下游的辐射作用，促进中西部地区发展；对外来讲，坚持和平崛起的国家战略，树立负责任大国的形象，大力推动与周边国家的海洋共同发展，努力实现双赢和共赢。当然，也要有自己的底线，当涉及国家领土完整和主权权益问题时要坚持原则，决不动摇。

第三章 构建指标体系的重要意义

海洋发展研究不仅是一个理论性的学术问题，而且是实践性很强的现实问题。而为客观、科学评价沿海地区海洋发展水平，为沿海地区海洋发展理论与实践研究提供科学依据，需要制定完整及能够从多层次反映沿海地区海洋发展水平的综合评价指标体系。本章以沿海地区海洋发展的基本内涵为指导，以反思以往海洋发展评价指标体系为依据，阐明构建综合评价指标体系的重要意义，进而界定"沿海地区海洋发展综合评价指标体系"的基本规定性，包括目的、作用、功能等。

一 相关概念界定

（一）沿海地区

区域是一个非常广泛的概念，人类的任何生产、生活活动都离不开一定的区域。但不同的学科、不同的研究领域对其有不同的理解和侧重。"社会学中认为区域是具有人类某种相同社会特征的聚居社区；政治学中一般把区域看作国家实施行政管理的行政单元，即国家、省、州、市、县等行政区划所确定的区域；地理学中则认为区域是地球表面上占有一定空间的、以不同的物质客体为对象的、客观存在的地域结构形式；从经济学角度定义区域，即把区域视为人类经济活动及其必需的生产要素存在和依赖的'载体'——地域空间。"① 在概念的内涵上，综合社会学、政治学、地理学、经济学关于区域的理解，认为区域是发展的地域载体，具有某种相同的社会特征。在实证研究中，则主要以行政区划如省、市、县等行政区为样本。

---

① 王海萍：《区域社会发展质量评价与时空分异特征研究》，博士学位论文，南昌大学，2012。

沿海地区是指拥有海岸线（大陆岸线和岛屿岸线）的地理区域，为了操作的方便，往往以行政区划来定义沿海地区。在中国，如果以行政区划来定义沿海地区的话，可以将沿海地区划分为三个层次。第一个层次即广义的沿海地区，是指拥有海岸线的省（区、市），包括辽宁、河北、天津、山东、江苏、上海、浙江、福建、广东、广西和海南 11 个省（区、市），这 11 个沿海省（区、市）又可以进一步划分为五个沿海地区，即环渤海地区，包括辽宁、河北、天津、山东三省一市；长三角地区，包括江苏、上海、浙江两省一市；海峡西岸地区，包括福建一省；珠三角地区，只含广东一省；北部湾地区，包括广西和海南一省一区。第二个层次是拥有海岸线的城市，即沿海城市（包括其下属的全部区、县和县级市），全国拥有海岸线的城市共有 51 个（不含天津和上海两个直辖市）。第三个层次即狭义的沿海地区，是指拥有海岸线的区、县、县级市，全国共有 244 个。如果我们将海洋发展解释为沿海地区海洋发展的话，考虑到各层次沿海地区的海洋发展水平的不同，可以将沿海地区界定为沿海省（区、市）层面，主要作为宏观层面来整体描述海洋发展的过程与取得的成就。

（二）沿海地区海洋发展

关于区域发展，它一直是区域经济学及经济地理学的重点研究内容，在对区域发展内涵的理解上，很多学者将区域发展等同于区域经济发展来研究。艾肯斯和马科斯尼弗认为"区域发展是一个包括道德、经济、生态和社会政治四个方面的复合概念，并依此提出了区域发展的四面体分析框架"[①]。四维发展范式的启示是，区域发展既要合乎生态规律以实现可持续发展，又要合乎社会伦理道德以实现人本发展的最终目标。区域发展是在一定地域载体上的一个动态变化过程。区域发展涉及的对象和目标，从根本上讲不仅仅是经济的发展，更为重要的是人的发展，它包括物质、文化生活水平的提高，人的价值取向的实现，凡是一切有利于人的发展的事物且与空间有联系的过程均应属于区域发展的内容。可以说，"区域发展的最终目标是以人为本的发展，满足人的需求、实现人的价值应是区域发展的指南。而在不同的文化背景和历史传统下，人们生活、行为的价值观很不相同，因此，对区域发展的理解，在不同国家和民族范围内，差别是

35

---

① 伊恩·莫法特：《可持续发展——原则、分析和政策》，宋国君译，经济科学出版社，2002。

很大的"[1]。

　　基于区域发展的理解与对海洋发展内涵的阐述，沿海地区海洋发展是一个系统的概念，沿海地区海洋发展是一个沿海省（区、市）在海洋方面的政治、经济、科技、文化、教育、资源、生态等要素相互联系、相互作用的综合体。它的内涵非常丰富，既包含自然的和社会的，也包含物质的和精神的。沿海地区海洋发展应从区域内协调发展和区域间协调发展两个层面综合理解。区域内协调发展主要是指区域经济发展要与生态环境相协调，各项社会事业的发展要与经济发展相协调，人的发展要与经济、社会、生态相协调。区域间协调发展是指区域间经济发展差距的缩小，沿海地区海洋发展貌似独立性很强，不同区域对海洋发展的影响因素不尽相同，致使不同区域的优势和弊端也不同，但是有些沿海地区行政区域与自然辐射区域的不吻合会造成"各扫门前雪"的乱象，以致出现各自为政、重复建设，造成资源浪费严重的现象。要想真正达成海洋发展的目标，需要加强沿海各区域协同发展体系，打通区域合作与交流的渠道。因此，不同区域之间应根据本地的经济社会发展特点、区域经济关联度、资源禀赋等特点，促进区域间生态建设、环境保护、资源节约、社会服务与管理等方面的合作与交流，深化合作框架、合作体制等。因此，沿海地区海洋发展即协调好特定区域内社会、经济、政治、文化、生态与发展之间的关系与行为，使区域保持和谐、高效、有序、长期的发展能力。沿海地区海洋发展研究以沿海地区海洋发展的协调度、发展度、可持续度为研究对象，以人海社会关系为研究线索，以系统科学、技术科学、社会科学为基本研究方法，以协调与可持续发展为研究目标，它既有极强的理论性，又有很高的应用价值，是一门综合性很强的关于发展的理论。沿海地区海洋发展需依赖于发展水平来衡量，即在某一特定时期，沿海地区为了开发、保护辖区内的海洋资源、合理利用海洋空间，有力地促进当地经济社会的发展，在海洋开发、保护、管理过程中表现出来的综合发展水平，该发展水平是动态的，甚至个别地区会发生剧烈的变化，是衡量沿海地区海洋经济、社会、科技、资源、环境、人文发展的综合性指标。沿海地区海洋发展水平的表现形式和涵盖的内容既体现沿海地区当前的发展现状，又顾及未来的发展潜力，

---

① 　王海萍：《区域社会发展质量评价与时空分异特征研究》，博士学位论文，南昌大学，2012。

是对一个地区发展水平的完整衡量。[①]

客观上，海洋发展都是在一定的地域上进行的，叠加"沿海地区"后，海洋发展的含义变得更加具体，沿海地区海洋发展反映出我国海洋强国建设的潜力与后劲。我国沿海地区海洋发展除具有海域差异性外，还具有时间连续性。纵观我国沿海地区，有的已有几千年历史，有的仅有几百年历史，但不管这些地区的历史有多长，海洋发展都是历史上海洋生态系统、经济系统与社会系统综合发展的结果，尤其是在人类进入 21 世纪的头十年里，人口趋海的形式变得更加明显。通观世界，全世界的沿海区域分布着最发达的都市群，聚集着全世界 70% 的工业资本和 70% 的人口。海洋开发与利用大大地促进了沿海地区的发展，使沿海地区成为人口集中、城市化程度高、经济发达的地区，我国许多沿海城市已经成为重要的海港和物流中心，如上海、青岛、深圳等沿海城市，我国的京津唐地区、长三角和珠三角区域城市化发展已具备大都市的轮廓。沿海地区海洋发展，在交通条件的改善、经济水平的提高、历史人文的传承和社会生活的发展等方面发挥越来越重要的作用。而随着沿海地区的不断发展，资源短缺、环境破坏等问题日渐突出，它迫使沿海地区开始对自己的生产与生活方式、价值观念和生存空间进行深刻反思，传统的发展原理、原则和方法等方面必须拓展提高，为适应这些变化，要求沿海地区海洋发展聚焦新理念，这为我国海洋发展的创新实践奠定了基础。

（三）沿海地区海洋发展综合评价指标体系

从总体上看，亟待向纵深挺进的沿海地区海洋发展始终面临如下两个方面的瓶颈。一是作为一种全新的海洋强国理念，沿海地区能不能完整地描述海洋发展的系统结构，正在着力建设的海洋强国究竟是什么样子？二是作为一场深刻的时代变革，我们还不能适时而动态地刻画海洋发展的建设进程，不断逼近海洋强国目标的沿海地区建设目前到了什么地步？也就是说，在当前的中国，我们需要拿出一套切实可行的沿海地区海洋发展的施工方案和验收标准，标识沿海地区海洋发展建设方向的路线图和刻画沿海地区海洋发展建设进程的考评卷。这都是需要借助一定形式的，既可以采取以定性分析为主的规划形式，也可以选择以定量分析为主的计量模型

[①] 崔凤、张一：《沿海地区海洋发展综合评价指标体系构建意义及其定位》，《湘潭大学学报》（哲学社会科学版）2015 年第 5 期。

形式。不过，客观系统本身就是以某种逻辑体系存在的，人们为揭示客观系统的这种逻辑体系建立了种种理论，因此建立任何一种测量和评估客观现实系统的形式都必须以科学理论为指导，将理论、方法和实践有机结合起来，才能有效地反映评估对象的内在联系。考虑到沿海地区海洋发展毕竟是一个由诸多子系统构成的复杂的系统工程，每一方面的内容都涉及众多的因素和变量，所以它不仅是一个内在关系极其复杂的现实系统，同时也必然是一个理论含量十分丰富的逻辑体系。因此，要针对这样一个极其复杂的客观现实系统，需以海洋发展内涵为基本依据，运用综合评价技术，建立起一个科学的综合评价指标体系。

指标体系是对客观现实系统的主观抽象和模拟。指标体系是指测量客观概念的一组可观察到的事物，客观概念是抽象的，而指标体系是具体的，是客观存在的事物，是可以观察和辨认的。可以通过操作化，把抽象的概念转化为可观察的具体指标体系，从而获得具体的数据，定量测量成效。可以说，考核沿海地区海洋发展成效的有效方式就是构建指标体系。沿海地区海洋发展的评价涉及面很广，评价指标的确定过程也是相当复杂和综合性的，为使每项指标都符合最新的海洋发展理念，仅仅用一两个指标是远远不够的。为体现建设有中国特色海洋发展的阶段性要求，为了使评价更加科学合理，必须运用系统论的观点，必须突出地把沿海地区海洋发展作为一个复合生态系统，把所涵盖的各个方面作为相应的各个子系统，然后，综合和分解评价指标。进而，将沿海地区海洋发展看作一个完整体，依据沿海地区海洋发展的功能、结构、协调度等进行构建评价指标，分析和研究沿海地区海洋发展水平，力图提出良性发展的对策。

沿海地区作为海洋发展的重要载体，探究的热点便是如何更好地制定海洋发展规划，怎样使用新发展理念去指导海洋发展。海洋发展不仅包括生态保护、环境治理、资源节约，而且要求物质文明、政治文明和精神文明达到较高水平，所以它不仅是一项涉及经济、政治、文化、社会、生态的系统工程，而且是各级沿海地区政府贯彻落实新发展理念的重要举措，是建设创新型政府、服务型政府的重要内容。沿海地区海洋发展取得实效的关键是客观地衡量和评价沿海地区在海洋发展方面的绩效。为此，"沿海地区海洋发展综合评价指标体系是一种用来描述沿海地区海洋发展水平、监测沿海地区海洋发展中的矛盾和问题、评价沿海地区海洋发展态势的一套指标系统。它是政府制定海洋发展规划和进行海洋强国战略及政策研究，对沿海地区海洋发展的现状和未来做出评价从而进行科学决策必不可少的工具和手段"①。尤其是当今中国海洋发展处在方兴未艾的阶段，除从制度建设上加以规范外，最及时的可能还是海洋发展评价指标体系的构建。

二 发展及海洋发展评价研究简述

发展对于人类社会来说是永恒的话题，发展的程度、发展的路径、发展的结果如何是需要判断和评价的。发展评价是判断发展是否符合当时社会状况，是否符合长远发展要求的必然过程。对发展的认识是一个不断深入和进化的过程，随着人类社会的发展，对发展评价的方法、评价的标准也是在不断演进和完善的。发展评价理论大致从发展阶段评价、发展成就评价和发展能力评价三个方面开展评价研究。一是发展阶段评价。从根本上主要是指对经济发展情况进行的分析和评价。主要从两个方面进行发展阶段评价，一方面，根据结构差异这一特征而进行发展阶段评价，运用这种方法进行评价的代表人物主要有钱纳里；另一方面，以库兹涅茨和丹尼森为代表的发展理论，重点考虑的是以要素贡献为出发点来分析的发展阶段评价。二是发展成就评价。主要是指通过发展成就来评价经济社会的发展状况和发展层次，这种方法是目前被研究者广泛运用并测算的发展评价方法，运用这一方法的代表研究主要包括联合国研究报告中提出的人文发展指数、世界银行撰写并发表的发展报告、中国学者撰写并发表的现代化报告和市场化指数等。三是发展能力评价。主要代表是以世界经济论坛与瑞士洛桑国际管理开发学院合作研究开发的国际竞争力评价体系，这一体系开发不久，便被研究者广泛应用于一国或地区发展能力方面的评价。20世纪90年代以来，可持续发展观得到世界各国的广泛认同，对可持续发展能力评价的研究进入新的阶段，发展研究领域的专家学者对可持续发展评价理论和实践进行了大量的卓有成效的研究，建立了诸多可持续发展的评价指标体系和评价方法。指标体系的构建是可持续发展评价的基础和前提，比较具有代表性的是由联合国可持续发展委员会研究并开发提出的评价指标体系、联合国统计局研究并开发提出的可持续发展指标体系、以综合指

39

①　崔凤、张一：《沿海地区海洋发展综合评价指标体系构建意义及其定位》，《湘潭大学学报》（哲学社会科学版）2015年第5期。

数为重点的可持续发展指标体系、世界银行研究并开发提出的新国家财富指标体系、以能源理论为指导的指标体系、联合国开发署研究并开发提出的人文发展指数以及环境问题科学委员会研究并开发提出的可持续发展指标体系等。但是就目前的研究进度而言，各个具体指标与可持续发展总体目标之间的相互联系、各个具体指标的分类与层级的建立、指标权重的赋值以及综合评价方法一直是评价的核心和难点。如基于"驱动力－状态－响应"概念模型构建的联合国可持续发展委员会研究并开发提出的可持续发展指标体系，是目前较有影响且得到研究者广泛应用的可持续发展评价方法，这种指标体系的优点主要是它重点强调了环境压力和环境污染准则层与可持续发展目标层之间的联系，不过也存在一定的缺陷，就是它对于社会和经济指标考虑得不够，各个具体指标在划分上没有考虑地区和城市的差别，涵盖的指标较多且指标之间的重复性较大，导致指标体系过于庞大，层次粗细分解不够合理，压力指标和状态指标之间的差异没有明确定位和划分，指标权重没有得到清晰的界定。①

自科学发展观在中国提出以后，研究者就致力于建立基于科学发展观的发展评价指标体系方面的研究和探索，提出了一些各具特色的指标体系和评价体系。然而在众多的研究中，能够深入构建指标体系及其应用的研究成果并不多见，而且在仅有的一些指标体系研究成果中，理论依据充分并具有理论支撑的基本框架的指标体系就更为鲜见了。近十年，对于海洋领域评价的指标体系、评价方法、评价体系方面的研究成果可算丰富，有关学者从不同角度、不同价值观开发出不同规模、层次，各具特色的海洋领域指标体系，但沿海地区海洋发展综合评价指标体系的构建研究少之又少，实际应用仍处于空白状态，至今仍是海洋发展研究领域的薄弱环节，亟须进一步研究探讨。

关于沿海地区海洋发展类评价研究有以下几个方面。第一，从评价对象看，既有研究基本上可以归为以下两类：依据尺度大小不同可以分为国家尺度、区域尺度、地方尺度，依据海洋发展资源类型不同又分为社会、经济、环境、生态、科技、管理和能源等。总体上看，现有研究仍集中在沿海地区海洋经济及基于某一产业部门上，从有效运行和可持续发展的角度出发，依据不同因素在沿海地区经济发展中的不同作用对指标评价体系

---

① 参见栾金昶《城市经济社会发展评价体系研究》，博士学位论文，大连理工大学，2009。

进行了解读，突出反映沿海地区海洋经济发展的协调性和有机性，以及竞争力效果，如王泽宇等对 2010 年我国海洋产业结构优化水平进行的综合评价[①]、周井娟对我国沿海地区渔业现代化的发展现状进行的客观评价[②]。有的研究从可持续发展的角度，认为沿海地区海洋经济应与社会、生态、人口等协调发展，尤其注重与生态环境协调性的研究，而在省域范围内开始出现了综合性较强、指标体系涵盖面较广的研究，如殷克东和王晓玲以广义经济为内涵定位，对沿海地区海洋强省（市）综合实力开展评估[③]。但已有的研究，在指标体系设计上只是对各个方面、各个层次的指标进行综合、汇总，只能从一个重要的侧面反映海洋发展各领域的基本态势，忽视指标体系的关联互动性，常出现经济指标偏多、经济评价指标权重偏大等问题，并不能完全具备普遍性。第二，从指标构建看，基本是根据自身学科属性，在界定沿海地区海洋发展相关研究领域及各子系统概念、特征的基础上，依据一定原则，借鉴国内外已有研究成果，构建指标体系。主要呈现如下三个特点。首先，主线明确。现有相关评价指标体系都贯穿一个主线，并以此层层展开。如路文海等学者，"从海洋生态健康的内涵出发，将生态文明纳入生态健康评价体系，从产出效率、功能多样、生态文明和压力胁迫四个方面共 14 项指标构建沿海地区海洋生态健康评价指标体系"[④]。其次，层次分明。一般由"主题层、目标层、指标层"三层指标所构成，每层指标间内在逻辑联系较强。如殷克东和王晓玲的研究，通过对沿海地区海洋经济水平的现状分析，确定了海洋经济发展水平评价指标体系，共包含海洋经济总量水平等二级指标 3 个，下设三级指标 19 个。[⑤] 最后，目标明确。在各类海洋发展评价指标体系设计过程中被广泛认可的是，科学性原则是评价指标设计的基本要求，其他原则则从不同方面反映了评价指标设计中的可操作性与指标的应用性。但指标选取的科学性和可操作性问题有待进

41

① 王泽宇、孙然、韩增林：《我国沿海地区海洋产业结构优化水平综合评价》，《海洋开发与管理》2014 年第 2 期。
② 周井娟：《沿海地区渔业现代化水平评价指标体系研究》，《渔业经济研究》2008 年第 2 期。
③ 殷克东、王晓玲：《中国海洋产业竞争力评价的联合决策测度模型》，《经济研究参考》2010 年第 28 期。
④ 路文海、曾容、向先全：《沿海地区海洋生态健康评价研究》，《海洋通报》2013 年第 5 期。
⑤ 殷克东、王晓玲：《中国海洋产业竞争力评价的联合决策测度模型》，《经济研究参考》2010 年第 28 期。

一步深入研究，现有研究主体是高等院校，一般从学术研究的角度出发，由于过于追求完美，具体指标数目过多、概念生涩、计算复杂，不利于指标体系在实践中的推广和应用。而重客观指标、轻主观指标是普遍现象，往往选取一些客观的易于测度的显性指标，而对于一些主观的难以量化的非显性指标重视不够，如经济发展类指标体系中都集中在投入、产出和经济效果等方面，而沿海地区的海洋意识对于海洋发展至关重要，但至今尚未有一套指标体系对其进行测度。第三，从研究方法看，研究方法已日渐成熟。研究方法的使用主要体现在数据的标准化和指标权重的确定上。在评价体系模型的构建中，一般有三个步骤，首先，对指标进行无量纲化处理，通常采用阈值法；其次，进行指标权重的设定，一般有客观赋权、专家咨询、层次分析等方法；最后，进行综合评价，主要有常规综合分析、模糊分析、综合因子分析等。当前，越来越多的研究，采用专家咨询与层次分析相结合的模糊综合评价，奠定了研究方法的基础。第四，从数据来源看，所开展的相关评价研究数据大都来自统计年鉴、政府统计公报、政府网站等，具有一定的可靠性和权威性。但受目前统计条件限制，数据的查询基本集中在省一级，部分只能具体到地市一级，数据更新较慢，影响了部分评价体系的准确性，还没有出现专门性、专业性的调查统计数据和技术资料。第五，从评价体系功能看，综观现有的研究成果，指标体系研究多侧重于构建，但缺乏或者没有得到应用，将理论和实践联系起来的研究成果较少，基于发展实践的不断反馈而变动的评价指标体系的系列研究还未见到，导向功能不足。具体应用案例中，基本是基于水平的综合评价，不同区域横向水平比较的较多，区域自身纵向水平比较的较少，未表现在对海洋发展过程及各子系统的监测和预测上，少数的如殷克东和王晓玲构建的系列指标体系进行了相关领域纵向水平的测度①。

综上，沿海地区海洋发展类各指标体系没有规范或固定框架可循，且在海洋发展各个领域同经济领域相当的具有影响力的指标体系还没形成，多是根据对"沿海地区海洋发展"的不同理解进行指标的组合。存在的主要问题是构建指标体系理论研究支撑不足，只是简单说明了海洋发展的含义，对"沿海地区海洋发展"的内涵、本质、内容以及各子系统关系的挖

---

① 殷克东、王晓玲：《中国海洋产业竞争力评价的联合决策测度模型》，《经济研究参考》2010年第 28 期。

掘比较欠缺，缺乏全面和一致的认识。不同学者基本从自身理解出发，主要以经济学和自然科学为框架，重点关注沿海地区海洋发展的一个或几个方面，建立了一系列有明显学科偏好的评价模型和指标体系。不同的内涵会导致不同的构建指标和不同的评估结果，导致对沿海地区海洋发展测评没有统一标准，无法对沿海地区海洋发展进行统一综合评价，而评价大多也仅是理论层面，没有很强的指导性。未来研究应注意以下两个方面：一是要加深对沿海地区海洋发展内涵的理解，综合时间、领域和影响三个方面，构架基于多维的沿海地区海洋发展综合评价指标体系框架是此类研究的一大趋势；二是要采取科学的方法将对评价的海洋发展综合系统拆分成若干个互相紧密联系的子系统，并分别选取反映评价对象的指标，再进行综合评价。

三 构建指标体系的意义

沿海地区海洋发展是提升沿海地区实力和影响力的重要标尺，是推进海洋强国战略的重要组成部分。中央精神和现实考量都要求沿海地区重新审视海洋发展的基本内涵，定位海洋发展的基本情况，探寻海洋发展的规律。因此，从内涵高度和地区视野方面开展关于沿海地区海洋发展综合评价指标体系研究，形成系统理论和支撑体系，是沿海地区海洋发展研究中不可回避的基础性问题。从综合层面出发对沿海地区海洋发展进行较为全面、客观的评价研究，对于揭示沿海各地区在海洋发展中所处的地位以及未来发展趋势，反映海洋发展过程中所面临的矛盾和问题，分析其成因，并据此提出有效的调控对策，从而为地区管理者和建设者提供科学的决策依据，提高沿海地区海洋发展水平，具有重要的理论和现实意义。

（一）有利于深化沿海地区对海洋发展内涵的认识

构建指标体系是对海洋发展内涵进行简单化和形象化的处理，对海洋发展的理念、内涵、作用会有更好的理解和感受。国内外的研究表明，一套科学、合理、实用的指标体系是衡量、评价客观事物的价值、范围、功能、作用以及相关方面的重要工具。沿海地区海洋发展需要进行发展水平的定量描述，一般而言，海洋发展价值是管理和决策中最重要的驱动目标，沿海地区在海洋经济社会发展的责任和功能日益重要，如果延续传统工业文明的发展模式，那么沿海地区所面临的矛盾将不断加剧，问题将不断增多。沿海地区必须对自己的生产方式、生存空间和价值观念进行深刻反思，认清地区的优势和不足，找寻符合地方经济发展与社会进步的海洋发展途径。可以说，构建指标体系有着极为深刻的理论渊源，海洋强国战略、"五位一体"总体布局、五大发展理念及"五个用海"的总体要求的提出，使沿海地区在思想认识上得到了飞跃，尤其是海洋生态文明建设，注重海洋发展的整体性，使生态文明建设与社会经济发展二者在辩证关系的认识上得到了升华，也使沿海地区海洋发展有了科学发展的新任务。而构建指标体系，可以为沿海地区海洋发展是否符合科学发展理念的要求提供评价依据，可以引导沿海地区海洋发展符合科学发展要求的目标，要想使海洋强国战略及"五位一体"的总体布局得到真正落实，科学合理的综合评价指标体系的建立是必然前提。

当前，沿海地区海洋发展许多内容还有待深化，相关理论还有待导入。如探讨海洋发展对沿海社会变迁的影响，"发展社会学与环境社会学在关于社会变迁的影响因素方面，有着共同的地方，即二者都认为自然环境是影响社会变迁的重要因素，这是探讨海洋发展对沿海社会变迁到底产生何种影响时的重要指导理论。在发展社会学与环境社会学的相关理论的指导下，开展海洋发展对沿海社会变迁的影响研究就是研究海洋环境因素及其开发、利用对沿海社会结构变迁产生的影响"[①]。可以说，建立具有可操作性的综合评价指标体系是一个从理论到实践的过程，有针对性地对海洋发展的不同领域构建相应的指标，来描述海洋发展的基本现状，用统计数据来直观解释海洋发展中存在的客观问题，监测海洋发展状况走势，评价实施效果，进而总结沿海地区海洋发展的过程、成效与影响因素，反映沿海地区海洋发展演变逻辑。同时随着沿海地区的不断进步，国内的流动性加大、国际的交融性增强，通过对不同地区、不同国家的海洋发展指标进行对比，可以吸收、借鉴其他地区、其他国家好的政策、引导理念等。同时可以发现问题、分析问题、解决问题，有利于加深和丰富对海洋发展本质、特点和趋势的认识，不断地丰富和完善海洋发展理论，而且这些指标体系也能对配合国家总体发展起到一定的推动作用。

[①] 崔凤：《海洋发展对沿海社会变迁的影响——一个研究框架》，《中国海洋大学学报》（社会科学版）2009年第3期。

（二） 有利于科学把握决策依据和方向

在构建指标体系时，出发点应当是通过评价指标体系的设计解决沿海地区海洋发展过程中面临的现实问题，帮助沿海地区海洋发展达成使命。沿海地区海洋发展综合评价系统的结构复杂，需要多个相互联系的子系统综合作用。评价指标体系的不断深入、完善和扩展，为沿海地区海洋发展提供了量化的标准，使社会、经济、文化、政治以及生态的协调发展得到了全面、系统的指导，不偏离海洋发展的本质，使发展过程中的问题得到解决，可加快海洋发展各个层面的改造进程。因此，构建指标体系不仅可以让海洋发展在操作层面上得到决策者和市民的理解，而且可以使决策导向人海和谐，使社会意愿得以实现。

沿海地区海洋发展的综合评价，不仅仅是一个价值判断的过程，更是为海洋发展做出决策依据、为付诸行动提供咨询和服务的过程。推动海洋发展是一项政府行为，需要制定规划，并组织实施，需要制定相关的政策和法规加以引导，需要科学管理和决策，而这种科学决策和管理需要科学准确的信息和数据，需要定量和定性分析。沿海地区海洋发展规划是一项庞大的系统工程，仅凭领导个人的知识、经验、智慧与胆识，决策难免会出现失误。为此，构建完善的指标体系，有利于沿海地区海洋发展的科学规范管理与考核，也是检验沿海地区海洋发展建设成效的有力手段，亦可为沿海地区建设提供行为准则，对于提高建设效率，调动建设者的积极性，从而实现最佳的资源配置，意义非凡。沿海地区至今对于海洋发展管理和考核还不成体系，这些现象的产生不利于海洋发展过程中资源有效配置的实现，也难以调动各方参与者的积极性，更难以实现海洋发展效率的提高。所以，建立具有可操作性的综合评价指标体系，对沿海地区海洋发展进行规范和实证分析，即在对采集的评估信息进行分析处理时，对影响和制约海洋发展的各因素进行详细、科学的分析，可以帮助决策部门明确优势与不足，找出差距，分析原因，巩固优势，为沿海地区的改革和发展提供目标和依据，有针对性地提出沿海地区海洋发展提升的途径和方法。具体表现为以下几个方面。首先，使沿海地区海洋发展良性化。这是构建指标体系的基本功能，综合评价指标体系通过一系列的描述、解释、监督、评价、预测功能来了解海洋发展的状况和趋势，为海洋发展的良性运行提供数据支持。其次，使沿海地区海洋发展不断得到优化。认识和了解海洋发展不是最终目的，只是达到目的的一种手段，通过指标体系对海洋发展进行认识和了解，可以让相关部门在制定相关政策、拟定发展规划、对海洋发展的各项成果进行定量考核、提供发展服务时更有据可依。同时，海洋管理工作以指标体系的数据作为参考，不断调整、完善原来的政策规划以使工作开展得更井井有条，不但增强了工作的科学性、针对性，而且使工作更具效率性。最后，使海洋发展研究工作深化。在沿海地区海洋发展过程中，结合实际情况将评价指标不断完善，最终形成系统化、动态化的指标体系。这样一方面体现沿海地区海洋发展研究工作的日臻成熟；另一方面指标体系也反过来会促进理论愈加完善，以更好地指导沿海地区工作的开展。

（三）有利于沿海地区横向间的比较借鉴

评价效果的关键在于对评价对象有一个清晰的认识，沿海地区海洋发展的评价也是如此。由于海洋发展具有自身发展长期性的特点，加之长期以来，我们的思维习惯于对各地区在纵向时间维度上进行比较，而对沿海地区各省（区、市）之间的横向比较较少。评价可以帮助我们将沿海地区海洋发展水平放在国内视野、国际背景中加以认识，使沿海各省（区、市）能够精准确定其海洋发展水平的地位和排名，有利于各地相互借鉴学习，通过与发达地区的比较，找到自身的优势与差距，可起到问题诊断的作用。

科学、辩证地认识沿海地区各省（区、市）海洋发展所处的地位，不是一次性的价值判断，而是对海洋发展水平的认识过程，也是各地区自我剖析的过程，更是对评价对象的干预过程，是一个以评促建、以评促改、评建结合、重在建设的有机过程。我国作为一个新兴的海洋大国，海洋发展水平差距在沿海地区客观存在，不同沿海地区海洋发展又具备自身优势和潜力。沿海地区追求海洋和谐发展，而海洋发展的各子系统的建设不可能齐头并进，要根据各地自身的实际情况，有所侧重。当前，一些沿海地区在海洋发展的过程中，对复合系统的建设重点不突出，复合建设推进措施不力，不能发挥好优势系统的带动作用，必须借鉴某些发达的、成功的沿海地区建设的做法，合理利用复合系统优势资源。因此，我国的海洋发展水平要整体被提升，沿海地区的海洋发展就需要被切实加强，而为实现科学发展提供的政策依据就是首先需要找准自身的定位，明确当前发展状况和水平，同时充分考虑各地的独特性和差异性。构建指标体系，依据海洋发展评价存在的一系列问题，紧扣海洋发展的内涵，试图从经济、社会、政治、生态这4个子系统层来建立沿海地区海洋发展评价的系统，对我国沿海地区的海洋发展水平进行全方位、多层次的综合对比分析，并进行指数

46

评分，通过海洋发展水平的比较，各个省域能够清晰地认识到其在全国范围内所处的位置，看到海洋发展不同领域的优势与短板，还认识到自身应从哪些方面进行突破，从而确定一个切合本地区实际的海洋发展建设规划。通过评价促进沿海地区之间的横向比较，可以在沿海地区海洋发展领域引入竞争机制，增强发展活力。

（四）有利于重新审视以往海洋发展评价研究

过去十多年尤其是党的十八大以来，从中央到地方各部门认真贯彻落实党中央和国务院海洋发展战略部署，沿海各地区积极制定海洋发展规划，可持续发展能力逐步增强，资源环境与社会经济发展更加协调，生态环境质量渐渐提高，海洋发展水平逐步提高。随着海洋强国战略与"五位一体"发展框架的不断成熟进而不断完善，我们只有深刻领会才能更好地指导海洋发展。同时，由于沿海地区海洋发展是一项复杂而艰巨的任务，所要完善的地方也很多，对海洋发展的认识和理解随着社会进步还有待提高，评价模型也需要体现时代特征而进行不断完善。

从研究简述看，尽管对海洋发展内涵阐述、海洋发展所涉及指标和海洋发展体系的研究较多，但没有统一的公认的结果，并且，从指标体系中确定各子系统框架的重要性以及相应权重的研究还有待探讨。以新时代为背景的沿海地区海洋发展理论及时间仅处于起步阶段，因而也就很难找到合适、高效、通用的评价模型来指导政策的制定。在理论上，不仅仅要推进海洋发展理论向纵深发展，同时更应拓展指标体系研究的新领域。在此，以海洋发展内涵及逻辑演变为指导，对沿海地区海洋发展概念进行操作化，用以衡量实践中海洋发展成效的大小。基于对海洋发展概念和大量的相关研究成果以及实践案例的分析，对经济、社会、政治、生态四个维度进行操作化，然后通过逻辑推理和思辨，科学筛选相应的指标集合，构建能够反映沿海地区海洋发展的指标体系。可以说，构建指标体系需要依托社会学、经济学、管理学等多个学科的知识和方法，是一次不同学科知识综合运用的创新。首先，指标体系研究思路创新。在追溯沿海地区海洋发展的思想渊源的基础上，综合时间、领域和影响三个维度，探讨海洋发展的内涵，为相关综合评价提供理论支持，使基于其内涵理解及由此所形成的指数评价框架和相关指标体系的构建成为测度的核心问题，研究尺度更广泛、更宏观、更体现时代特征。其次，指标体系应用创新。评价的关键是数据的可获得性及能否长期开展评价，构建指标体系的最终目的是以一种清晰明确的方式表现出沿海地区海洋发展的水平。本书重在破解以往研究中具体指标数目过多、概念生涩、计算复杂等导致的指标应用中存在的实用性问题。为使指标体系具有可操作性，注重考察被评价区域的自然环境特点和社会经济发展等状况，注重体现陆海统筹的关联性、注重指标体系各子系统的相互协调，充分考虑指标数据的可得性、统计口径的变化、可量化性及保密性，并充分征询专家意见，简明清晰地构建指标体系。发布"蓝色指数报告"，以展现研究成果，对沿海地区海洋发展有切实、有效的促进作用。最后，指标体系内容创新。直接将沿海地区海洋发展定位为一个非线性的复杂且巨大的系统工程，评估海洋发展的过程就是要掌握各种有关海洋发展的数据资料，而获得这些资料必须依靠完整、科学的指标体系，通过对这些指标体系的定性、定量衡量和分析，为沿海地区海洋发展提供充分可靠的依据。这就要求指标体系无论是在指标方面、方法方面还是在其他方面，都应越来越细化、越来越完善，这样才能全面反映海洋发展规律。科学设置体系层级指标的权重，准确反映海洋发展各系统之间内在联系的规律，从而使分析框架结构涵盖性和内在逻辑性较强，指标数量繁简适中，具有较强的分析比较功能。因此，从构建指标体系来说，应符合新时代海洋发展方向，与相关研究相比，指标应具有运用的简洁性、评价的代表性和较强的实用性。

四 构建指标体系的基本规定性

（一）构建指标体系的根本目的

构建指标体系，应是沿海地区海洋发展过程中的基础性工作，是实施沿海地区海洋发展规划的重要组成部分，是实施海洋强国战略的重要步骤，也是度量和评价一个地区海洋发展进程的重要手段。所有的沿海地区海洋发展都必须以准确的区域评价为前提，但现有的规划、监测、评价和决策系统相对独立，需要与社会科学研究相结合才能发挥更大作用。同时，它通过对沿海地区海洋发展的状态、水平、程度、方向进行定量的监测、诊断、预警和调控，真正把海洋发展战略的全面实施置于科学的基础之上。

构建指标体系并非对简单的单指标进行分析，而是对影响沿海地区海洋发展水平的各因素进行综合分析，其根本目的是通过对沿海地区海洋发展水平的要素分解，即采取科学的方法将对评价的海洋发展综合系统拆分成若干个互相紧密联系的子系统，并分别选取反映评价对象的指标，再进行综合评价，充分发挥综合指标体系的描述、评价、预测功能，测度沿海各地区海洋发展现状和预测发展趋势，发现海洋发展中存在的问题以帮助寻找解决的对策和方法，以期对决策进行支持。

（二）构建指标体系的作用

构建指标体系，是对沿海地区海洋发展水平进行综合评价，测算沿海地区海洋发展蓝色指数。所谓蓝色指数是在准确定位沿海地区海洋发展内涵的基础上，结合党中央、国务院的战略部署，在国家海洋局、沿海各地区海洋发展规划及社会发展理论、海洋发展理论等理论基础上，借鉴相关指数测算的基本原理和方法，对沿海地区海洋发展综合评价指标体系各级指数进行计算，从而得到反映沿海地区海洋发展程度的指数。具体而言，蓝色指数是指通过算术加权的合成方法将反映沿海地区海洋发展不同领域的各级指数综合在一起，得到一个整体性指数，从而全方位反映海洋发展水平。

沿海地区海洋发展必须涵盖"发展度、持续度、协调度"的综合状态，三者必须是内在统一体，并互为鼎足，缺一不可。我们所探讨的蓝色指数就是发展度，但从中也可体现协调度、持续度。协调度是度量系统或系统内部要素之间在发展过程中彼此和谐一致的程度，体现了系统由无序走向有序的趋势，是协调状况好坏程度的定量指标。沿海地区海洋发展是由众多既相互联系又相互作用的要素按照一定的组织构成的整体系统，系统中任何要素的发展都不可能处于孤立状态，只有系统中所有的要素协同配合、相互支持，系统整体利益才能达到最优化，才能保持协调与持续的良好发展趋势。协调度就是反映和评价系统间或系统各要素之间发展协调程度量化分析的理论概念和测度指标。考察沿海地区海洋发展协调度，可以通过科学设置指标体系一、二级指标的权重，准确反映海洋发展各子系统之间内在联系的规律，从而使指标体系框架结构涵盖性和内在逻辑性较强。持续度是从时间序列上体现指标对某个事物的性质、发展水平或状态按照时间连续性趋势和状态进行的描述。沿海地区在实际发展运行过程中能否持续成为诊断和衡量沿海地区海洋发展持续水平的标识。当然，由于受到各方面条件的制约，沿海地区海洋发展不可能保持直线式的增长趋势，特别在一个较长观察期内，有可能会出现停滞或者衰退。所以，在时间纵向变量上，考察沿海地区海洋发展的持续性可以用两个相邻的较短时段的发展水平进行相互比较，亦可以从较长的时间段加以分析，从中得出海洋发展持续性的变化趋势。在空间横向变量上，还可以对整个系统变化的持续性进行分析，同时，还可对组成系统的各要素的持续性单独进行分析和比较。

具体而言，构建指标体系的作用有以下四个方面。

第一，对传统海洋发展理论研究的深化。传统的海洋发展理论研究主要是进行定性研究，在宏观上给予政府海洋管理很多启示和指导。由于缺乏对海洋发展理论研究的量化，所以对于海洋发展综合系统表述缺乏有力的变化程度数据衡量。而对于沿海地区海洋发展水平考核，需要通行的数据标准衡量，即定量评价，构建指标体系正是为了解决这个评价难题，对评价指标进行量化处理，使得评价研究更为简洁科学，具有可比性，在分析程度上更准确、更科学。同时，叠加"区域"后，海洋发展的含义变得更加具体，评价沿海地区时，评价维度的设置与评价指标的选取应考虑"海洋发展"的含义及"五大发展理念"，沿海地区海洋发展在关注社会发展的本质即人的发展的同时强调对沿海地区社会事业的发展的考量，这也体现了立足区域社会变迁的视角。

第二，注重海洋发展的整体性与关联性。指标体系的各层次存在关联性，又在系统层次上存在整体性。对沿海地区海洋发展进行综合评价时，既要关注整体海洋发展情况在同一区域或在不同区域的变化特征，也要关注沿海地区海洋发展的不同维度的变化特征，从而可以更好地认识海洋发展的特征。构建指标体系，对于影响沿海地区海洋发展的相关因素进行系统整合，更能全面地反映出评价的科学性，这里的评价指标已不只有经济指标，它所涉及面更加宽广，包含海洋实践活动的整个过程，完全摆脱了指标体系仅限人类经营活动的空间范围，这样评价的结果说服力更强，是对于海洋发展理论的又一贡献。

第三，构建指标体系需建立数学模型。依据海洋发展的基本内涵及构建指标体系的原则，确定德尔菲法与层次分析法相结合的模糊综合评价模型，确定适合于沿海地区海洋发展综合评价指标体系。综合运用理论分析法、频度统计法、专家咨询法及层次分析法，确定沿海地区海洋发展评价的层次指标、层次结构和评价因素的从属关系，以及各个指标的评价等级和不同评价指标的评分值，更能刻画出复杂环境中各指标的相关关系，简化操作评价指标间错综复杂的因子关系，能达到化繁为简的成效，而且对于评价结果而言，更具有科学性和说服力。

第四，评价的关键是长期开展评价。依据从权威机构收集而来的指标数据，计划发布"蓝色指数报告"，对沿海地区海洋发展水平进行综合评价，包括比较评价、测量评价、预警评价，初步应用范围为 2010～2014 年 5 年间，初步对沿海 11 个省（区、市）的海洋发展水平及排名进行实证分析。在动态中反映沿海地区海洋发展的程度，协调具体指标的性质、内容和目标值，不断进行校正和检验，以期全方位、立体化地反映沿海地区海洋发展的现状和进展，进而总结指标体系应用经验，基于沿海地区行政区划，探索沿海地区海洋发展综合评价指标体系的分解与落实，构建基于沿海地区各省、市、县及沿海地区海洋发展各子系统的一整套指标体系。

（三）构建指标体系的特点

第一，针对性。构建指标体系是评价沿海地区海洋发展的一个重要组成部分，研究对象是海洋发展水平，研究的具体内容是海洋发展的相关要素。研究对象更聚焦，研究目的更明确，研究问题更具针对性，研究更为具体化。可以避免撒网过大所带来的研究目标不明确、研究精力不专注等问题。

第二，直观性。用指标描述的一个主要特点是能够将研究问题量化，使我们直观地得出一些结论，如海洋环境治理污染投资、沿海地区人口出生率、沿海地区社会保障水平、主要海洋产业发展水平等。通过直观的数据，一方面可以直接得出一些结论，另一方面可以通过简单的对比分析推导出一些结论。直观性的特点不仅可以使我们避免纯理论思辨的枯燥，而且能够使研究深入浅出。

第三，动态性。关注沿海地区海洋发展的空间分异特征及其动态变化可以更好地把握区域间的发展差异。由于海洋发展自身的特点仍处于不断成熟、完善之中，加之所处社会转型大环境的不断变化，各项发展指标呈现极其不稳定的态势。因此，不同时间段对海洋发展水平的各项指标测量所得的数据与结果是不同的，这也就要求在进行相关研究时要注意数据的时效性、研究问题的前沿代表性、捕捉问题的敏锐性。这里强调的是，指标体系是否具有普适性是困扰学术界的难题，建立具有广泛普适性的评价指标与模型是我们苦苦追求的目标。但是，由于沿海地区海洋发展与所在区域的条件分不开，所以指标体系的认可度都必须具备地方特色。因为区域的历史条件、生态基础、区域发展水平、文化价值理念、关注重难点、存在的主要问题等诸多方面都有很大差异，所以只有适合于当地的评价指标体系与模型，才可以发挥其应有的功能与作用，任何强求评价指标体系的一致性与普适性，都是事与愿违的。

第四，综合性。海洋发展评价应是一部小百科全书。构建指标体系从内容上来看，涉及了海洋经济、社会、生态、文化、政治等重要方面；从相关学科上来看，涉及社会学、人口学、经济学、政治学、管理学、统计学等学科；从研究对象的范围来看，研究的不是个体，而是通过样本对海洋发展总体情况的全方位估测，这些都体现了构建指标体系所具有的综合性特点。

（四）构建指标体系的功能

第一，描述功能。构建指标体系最基本、最首要的一个功能就是它的描述功能，它能够对沿海地区海洋发展的基本状况进行简要概括，客观科学地反映沿海地区海洋发展整体及各子系统的现状水平，便于理解和掌握被抽象的目标，对沿海地区海洋发展有一个条理化、精确化的认识。

第二，评价功能。根据沿海地区海洋发展的进程判别标准，对实际发展水平做出评价。通过对指标体系数据的分析、对比，我们可以对沿海地区海洋发展的水平做出价值判断，看它是朝着良好的方向发展还是出现了恶化的趋势，而且可以对现有的沿海地区海洋发展方针、政策是否合情、合理做出相应的评价，对海洋事务管理工作是否有效开展做出判断。同时，也可以对海洋发展研究工作的研究视角是否新颖、研究领域是否前沿、研究目标是否准确做出评判。构建指标体系应以横向比较为主，纵向比较为辅的形式，初步对沿海 11 个省（区、市）进行分析评价，明确沿海各省（区、市）海洋发展蓝色指数及各准则层指数所处的地位及排名，比较不同省（区、市）海洋发展水平的差异，确定海洋发展所处的阶段，助其正确选择发展重点领域。

第三，解释功能。它提供分析沿海地区海洋发展的状态和变化趋势的逻辑线索。通过对沿海地区海洋发展水平的描述，在解释海洋发展规律的同时，解释这些现象产生的原因，分析问题内在的、深层次之间的联系。如当今海洋环境污染严重现象就可以通过生态子系统指标中废水排放达标率的提高或下降来进行解释。

第四，监测功能。通过对沿海地区海洋发展问题进行干预，可为政府制定政策和法规提供必要的依据。首先，海洋发展指标的动态性要求我们应定期进行测量。这样一方面可以得到最新的资料来确保进一步研究的准确性；另一方面可以通过对不同数据间的对比，找出其中所发生的变化，与特定海洋发展阶段的战略目标相对照，衡量海洋发展是否达到预期目标，发现其中某些环节有可能要出现的问题，并及时发现偏低的指标，监测海洋发展走势。其次，研究和分析各子系统在整个海洋发展结构中的地位、利益分配、角色扮演等状况的变化，可以更好地了解沿海地区海洋发展的变化趋势，从而对协调发展过程中的各方面的关系更加有利，促进沿海地区海洋发展目标的顺利实现。

第五，预警功能。通过综合评价指标体系的监测、评价功能，我们一方面可以预测沿海地区海洋发展的未来趋势，总结沿海地区海洋发展的演变规律和特点，避免海洋发展脱离正确轨道；另一方面也为制定海洋发展相关政策、提供相关服务提供了可靠依据，这样也就预测了海洋事务管理工作的指导方针与工作导向，并为制定海洋发展战略规划提供了参考建议。

第六，导向功能。指标体系的导向功能是指通过指标体系的构建，可以为海洋发展政策的制定、海洋发展研究工作的深入开展提供新的方向和关注点，如随着海洋生态文明建设的兴起，对海洋环境资源利用指标、海洋生态保护设施建设指标、海洋意识培育指标的设立会对相关部门在政策制定以及关注点上起到导向作用。同时这些指标通过宣传、论文等其他外化形式，对沿海地区本身的发展也会起到某种方向上的引领作用。

第四章 构建指标体系的基本
原则与方法

为了准确评价沿海地区海洋发展水平，必须明晰一套科学的原则、程序和方法，用以指导选取和构建指标体系。本书重在破解以往研究中对海洋发展内涵挖掘比较欠缺，过于注重数理分析，致使指导原则缺乏全面和一致的认识，导致的指标应用中存在的种种问题。据此，应以海洋发展内涵、系统构成及作用机制、综合评价理论为基础，通过体系检验、结果测算及结论分析，从特征及影响因素两方面进行深入研究。具体而言，构建指标体系的基本原则与方法应分为基础原则与方法、指标体系框架设计原则与方法、指标相关选取原则与方法三类。

一 基础原则与方法

构建指标体系的基础原则取决于对海洋发展内涵的理解，构建指标体系必须与党中央、国务院的战略部署相一致，要与沿海各地区海洋发展规划相衔接，要与建设和谐社会、建成小康社会等指标体系相配套。

（一）体现指标体系的宏观性和统领性

构建指标体系的目的在于刻画沿海地区海洋发展水平，为沿海地区科学发展提供理论依据和现实参考。指标体系本身就规定了海洋发展的主要和关键方面，对沿海地区海洋发展有规范和指导作用。依此，指标体系应准确反映执政党对海洋发展规律的新认识，以及对执政规律、能力、方略和方式的新理解。指标体系应反映政府政策达成的目的性，通过对海洋发展的管理环境、市场环境、生态环境和社会环境等操作，海洋发展方式与政府希望的发展方式尽可能保持一致。这样既能保证政策的权威性，也能彰显政策的统领性作用。沿海地区海洋发展既是一个理论问题，也是一个实践问题。沿海地区依据顶层设计的要求，结合本地区实际情况，确立自己的海洋发展战略目标，指导海洋发展实践行动。实施海洋发展战略除了需要制定法律、法规、规划外，还需要制定许多政策，具体引导海洋实践和行动。这些政策虽然时效性较强，但对于关键问题、发展目标的实现具有重要的作用。可以说，指标体系本身就是用来监测海洋发展战略目标的实现过程，同时有助于将公众的注意力集中到战略目标的实现及关键问题的解决上，从而影响企业、个人的行为。指标体系的选取应适当跟踪沿海地区海洋发展政策，反映政策的效应情况。也就是说，构建指标体系是考核沿海地区海洋发展水平的有效方式，其每项指标的确定都应该符合最新的发展理念，满足海洋发展基本原则，能够体现新时代中国特色社会主义发展的阶段性要求。据此，应归纳总结出符合新时期海洋发展政策和工作任务的要求，对相应的指标进行理想性和现实性结合。需注意的是，海洋发展是一个动态的、渐进的演化过程，不同的发展阶段，会有不同的认识，沿海地区海洋发展的优劣程度以及在全国的等级位次也是在动态中不断发展的，对发展的评价指标也是动态的。在指标体系构建过程中，指标的选取、指标值的评价都应该能够充分具备时代特征，同时要把握指标阶段性的特点。与此同时，评价是能够为沿海地区决策者提供有力的科学依据的，政策的制定需要具有前瞻性，这样才具有指导意义。因此，要坚持超前性的想法，既考虑反映当前状况的指标，又要兼顾涉及长远利益和发展方向的指标，指标体系的构建必须要求其能够在现在以及一段时间之内能够有效评价其发展水平。

（二）构建指标体系的指导思想

沿海地区海洋发展是一项系统复杂的工程，为能高效开发和有效管理海洋资源，构建指标体系应能充分体现"以人为本、协调发展、人海和谐"的理念。首先，构建的指标体系应能体现以人为本的理念。沿海地区海洋发展根本上是为了满足涉海群体有一个良好生产、生活的环境需要，不仅是为了改善民生，也是我党坚持执政为民，拓展社会主义现代化建设目标与范围的要求，海洋发展理应是为维护最广大人民根本利益的集中体现。沿海地区海洋发展的最终目的是实现人的全面发展，人的全面发展在不同的发展阶段也是有所区别的，在指标体系构建过程中，要把握现阶段和未来一定阶段人的全面发展的具体内涵，指标的选择要能够充分符合人的全面发展的目标。其次，构建的指标体系应能体现协调发展的理念。经济发展是其他各项事业的基础，强调以海洋经济建设为中心固然没错，但任何发展都不能以浪费资源和牺牲环境为代价、以社会不公为代价换取少数人的经济利益。也就是说，海洋发展以海洋经济为引领，不仅涉及自然、政治、经济等领域，而且也涉及产业结构、政治体制、意识形态和伦理道德等领域。作为一个有机整体的指标体系既要从不同角度反映被评价系统的特征，又要反映其发展规律和发展趋势，这就使得指标评价体系必须能够综合反映影响评价的地域生态环境、经济发展、社会进步等各种要素。构建指标体系，需将各子系统有机结合，实现协同发展。再次，构建的指标体系应能体现人海和谐的理念。要秉承"人与海洋和谐相处"现代文明理念，摒弃传统"征服海洋"等不切实际的行为。应体现保护海洋生态环境的理念，只有保证海洋资源的永续利用和良好的海洋生态环境，才能从根本上保证沿海地区的健康、稳定、持续发展，海洋生态环境的保护与改善是海洋资源永续利用的基础，而海洋资源永续利用是海洋发展的基础。应体现从线性经济向可持续发展经济转变的思想，我国传统的海洋经济发展模式应向现代发展模式转变，因此，发展海洋经济，就要改变不重视物质循环利用的线性经济方式，把经济效益、社会效益和生态效益统一起来。指标体系的设置要体现海洋发展的本质，强调发展中人类经济社会系统与海洋自然生态系统的和谐关系。

二 指标体系框架设计原则与方法

指标体系需能够全面系统地反映和体现沿海地区海洋发展水平的现实状况，指标体系框架的构建非常重要。海洋发展是由各子系统构成的一个复杂的有机整体运作的结果，在运用理论分析法对海洋发展的内涵、特征进行综合分析的基础上，选择重要的发展特征维度子系统，由此构成指标体系的基本框架，内容应涵盖全面、重点突出、结构清晰合理，避免单纯运用经济可持续发展衡量海洋发展的片面性。

（一）需体现基于全面的系统性原则

指标体系框架设计是否全面完整，直接影响沿海地区海洋发展评价结果的有效性。指标体系框架设计应能全面反映海洋发展的本质，框架搭建要以能代表海洋发展各方面特征为依据。所谓基于全面的系统性主要是指指标体系框架要符合海洋发展系统内的方方面面，要遵守一定规则和执行严整有序，依靠其组织结构和技术等因素共同构建。从性质上来讲，海洋发展是一种海洋实践观，是用于指导处理人海关系、统筹人海和谐发展的方法论。十八大以来，海洋发展被提到了前所未有的战略高度，充分体现了与时俱进的历史主动精神。沿海地区海洋发展是自然、经济和社会构成的复合系统，是由多因素构成的多层次的组织系统，其组成因子众多，各因子之间相互作用、相互联系构成一个复杂的综合体，同时又受到系统内外众多因素的影响和制约，需在对"自然－经济－社会－政治"复合海洋发展系统做出准确、全面分析和描述的基础上，综合考虑海洋环境和资源与经济、社会、政治各方面的协调性。应使指标体系满足海洋发展的全面性要求，其功能在于尽量从各个视角和不同层次去揭示、刻画和衡量海洋发展水平的高低，以免缺失一些重要信息，从而导致评价结果的非确定性。所设计的指标体系框架是以"以人为本、协调发展、人海和谐"为指导思想，不再考虑沿海地区对海洋发展的特殊影响，即忽略了各地的特殊情况。在指标体系建立过程中，要将海洋发展的各子系统整合起来，总体把握，而不能相互割裂，顾此失彼。只有从海洋发展总体角度设计指标体系框架，从系统性出发，各指标子系统的组合才能成为一个有机体，才能真正实现总体评价的有效性。

（二）需体现基于层次的科学性原则

建立科学合理的指标体系关系到评价结果的正确性，而指标体系框架的设计关系到评价体系的科学合理性。首先，科学性体现在体系结构上。这是由海洋发展系统结构所决定的共性，指标体系应当能够反映沿海地区海洋发展的内在结构，因此它本身必然具有一定的层次结构。指标体系反映的是"社会、经济、生态、政治"复合系统内四大子系统的发展水平与现状，以及四大子系统间的协调状态。指标体系框架的设计要能反映出海洋发展各子系统的质量和规模，选定海洋发展评价体系的框架，实际上就是把海洋发展的内涵、特征用具体的子系统集合加以描述，这些子系统集合是不同侧面、不同层次有关指标的有机组合，而不是指标的简单拼凑和堆砌。指标体系中的每个子系统可作为观察海洋发展的一个视角，进而通过指标的具体描述，将海洋发展的抽象概念具体化，并通过子系统间的相互配合，使海洋发展变成看得见、摸得着的东西。指标体系框架的设计既反映海洋发展的特点，又具有一定的科学内涵，指标体系要能够客观地反映海洋发展的本质和复杂性。因而构建的评价指标应能有机地联系起来，组成一个指标意义明确、测定方法规范、统计方法科学、层次分明的整体，

57

保证评价结果的真实性和客观性，并尽可能应用现代科学技术予以权衡和科学化的定量表达，以便于研究结果的空间区域分异对比。其次，科学性体现在体系设计的层次性上。建立科学合理的指标体系的技术操作关键在于充分考虑到逻辑相关设计原则，主要体现在对反映海洋发展水平的各个层级目标的确立上、指标系统的综合构建方面。这就要求"在分层时要遵循科学全面的观点，对评价对象作系统的分析，包括评价对象的构成要素、构成要素之间的相互联系与作用等，科学的态度要求对指标选取要精益求精，反复论证，避免由于随意性出现而影响评价结果的科学性"①。指标体系框架是一个复杂的系统，包含若干子系统，各子系统之间既相对独立，又相互关联，必须依据这种独立性和关联性的程度将其分门别类，划分层次，层次结构框架要分明，避免指标分类的混乱和逻辑缺陷。一般来说，指标体系架构设计应包括目标层、制约层、要素层和指标层四个层次。目标层即最终要获得的海洋发展综合评价指数。制约层包括若干个对海洋发展起正向或负向制约作用的子系统。每个子系统包含若干要素，每个要素通过若干指标来反映。指标处于海洋发展评价指标体系的最底层，也是具体的评价内容。通过各个指标的具体数值（非数值型指标可通过打分将其量化）直接反映出各个要素的真实状况，子系统各要素、指标相互联系，共同构成指标体系。海洋发展的整体性和层次性决定了指标体系必定是一个相当复杂的体系，同时由于综合评价涉及的因素多，从不同角度，选择不同的评价因子与标准，可以得到不同的结论。因此，评价前须按照一定的评价目标，提出评价原则，作为选择参数和标准的依据，结合海洋发展状况及问题的分析，构建评价指标体系的层次结构，包括选取合理的指标和确定合适的权重，以实现海洋发展评价的科学、系统、客观、真实的综合定量分析。

三　指标相关选取原则与方法

构建指标体系，关键一步就是评价指标的选取。指标处于指标体系的最底层，也是具体的评价内容，每个指标都应是反映本质特征的综合信息因子，通过各个指标的具体数值直接反映出各个要素的基本状况。要想全

---

① 栾金昶：《城市经济社会发展评价体系研究》，博士学位论文，大连理工大学，2009。

面反映出海洋发展水平仅仅用一两个指标是远远不够的，而是需要反映各个方面的若干个指标来评价。指标选取应体现客观性和简单性，应具有可操作性和有效性，应综合运用理论分析法、频度统计法、专家咨询法及层次分析法设置、筛选指标。尤其要注重简明清晰，对实际工作有切实、有效的促进作用，评价指标并非多多益善，关键在于其在评价过程中所起作用的大小。为使指标体系具有可操作性，需进一步考虑被评价区域的自然环境特点和社会经济发展等状况，充分考虑指标数据的可得性，并征询专家意见，得到具体指标体系。

（一）需遵循客观与简单并举原则

客观选择恰当的评价指标是进行海洋发展水平测评的前提，评价指标并非多多益善，关键在于其在评价过程中所起作用的大小。首先，客观性原则，即要求所选择的指标要立足客观现实，建立在准确理解的基础上，所预选的各个测评指标既要能够作为一个整体在其相互配合中全面反映、覆盖和描述海洋发展水平的基本特征，又要各个指标必须相对独立，不应存在包含、交叉关系及大同小异现象。指标和指标系统并不是绝对和静止的概念，而是相对的、动态发展变化的概念。因此，在遴选和确定各项指标来构建指标体系时，要综合考虑指标体系框架的系统性、整体性和动态性，既要选择反映和衡量系统内部各子系统发展状况的指标，又要包含反映各个系统相互协调以及系统外部的环境指标，既要选择反映和描述各子系统状况的静态指标，又要有反映和衡量系统质量的动态指标。同时，随着时间推移、地点变化和实际状况的差异性，指标体系应能够随动态发展变化的要求而进行相应的适当调整。本书主要采用了定性分析法，主要是从评价的目的和原则出发，确定由哪些指标组成系统的评价准则体系。指标选取要依据构建思想、指标体系框架、评价过程和方法来确定，各指标的选取均要充分考虑其理论依据，要符合实际，具有一定代表性。具体做到全面把握信息，切忌以偏概全、主观臆断，还要尊重指标间的差异性，不可采取一种模式、一个标准和一种方法，具体到每个指标分值权重等也应确保公正，按照其对总体指标的影响度来确定。具体而言，指标体系中的每一个指标都应具有确定的、科学的深刻内涵。构建指标体系应该根据海洋发展水平本身及经济社会发展的内在联系，依据海洋发展理论和统计指标系统建立的科学理论和原则，选择含义准确、便于理解、易于合成计算及分析的具体、可靠和实用的指标，以客观、公正、全面、科学地反映海洋发展水平。更要突出指标选取的权威性，选择指标能够体现出其代表的某个生成指标应出自具有权威性的部门，是进行客观、公正评价的基础。本书所选用指标均源自《中国统计年鉴》《中国海洋统计年鉴》《中国海洋年鉴》，国家海洋局、交通部、国家卫生健康委员会、住房和城乡建设部等部委以及沿海地区各省（区、市）政府网站公布的指标，将之作为分析处理依据，可确保评价结果的可信度与权威性，对于已经分析和研究处理后得出学理性的数据，本着谨慎的态度，并没有采用。其次，简单性原则，指所选用的指标不宜太多，也不应太少，以适度为原则。在选取指标时，可以选用的指标很多，而且多选择一些指标可以在一定程度上提高评价的准确性，但如果指标选得太多，反而会影响关键因素的作用体现，因此评价指标的选择必须抓住海洋发展的主要方面和本质特征，贴近海洋发展的实际，反映海洋发展规律，符合沿海地区社会经济可持续发展要求的实际，尽可能用少而精确的指标把要评价的内容表达出来。指标体系框架的构建要遵循全面性的原则，但并不意味着选择指标时面面俱到、烦琐和重复，而是所用指标应尽可能少，但信息量又尽可能多，从而更优地反映多方面内容，使得全面性和简洁性有机地结合。具体而言，指标数量要少而精，概念及内涵要明确，应用过程中要方便、简洁，建立指标体系的目的是分析海洋发展现状，通过分析现状找出存在的问题，为政策的制定和科学的管理服务，因此指标数据要尽可能方便收集和量化。既要全面反映海洋发展的主要特征和发展状况，符合海洋发展评价目标要求，并且使评价目标和评价指标有机地结合起来，组成一个层次分明的整体，全面衡量影响海洋发展的诸多因子，以便进行综合分析与评价，又要尽可能选择相对独立的指标，避免指标间信息的重复设置。评价指标体系不可能包括所有影响海洋发展的全部因子，只能从中选择最能反映海洋发展本质特征的指标，指标选择要具有稳定性，海洋发展是个大系统，涉及的指标纷繁复杂，在指标选择过程中力争选取具有代表性的指标，剔除重复指标、不必要指标，使指标体系简洁明了，每个指标都能以其独特的角度代表海洋发展的评价特征。针对海洋发展的特殊性，必须考虑到数据获取的难易程度，使指标具有可获得性并能满足海洋发展分析所需要的精度，以便于掌握指标要素的具体准确情况。同时，在建立指标体系的过程中，以能说明问题为目的，要有针对性地选择指标，指标繁多反而容易顾此失彼，重点不突出，掩盖了问题的实质。因此，评价指标选取可适当精简，从指标数据的可获取性和准确性出发，确保数据收集和加工处理的有效性和代表性。①

（二）需遵循可测与可比并举原则

在众多可以用来监测的统计指标中，所选择的指标必须是可测的，而且能够从统计部门现有资料或其他渠道直接或间接获得的数据，对于部分指标缺失较少年份的数据，可用数据质量控制的方法进行估算。此外，构建指标体系也必须考虑指标本身的可比性，包括年度间的纵向比较和地区间的横向比较，这都要求指标采用统一测算口径。首先，可测性原则，是指各个指标要能够根据测量标准进行量度，即要求所预选的各个指标在实际测评工作中要具有可操作性和有效性。一方面要求数据收集方便、计算简单，另一方面要尽量避免主观臆断的数据。到目前为止，许多国内外有关海洋发展评价的研究停留在指标繁杂、指标之间相关性较高、互相重复，并且许多指标在现实中很难监测到，而是通过经验数据或估算得到，这就很难保证指标评价体系的可信度和准确度。因此，指标选取要求具有一定的可操作性，要能够量化，实行定量评价。指标选取是要对沿海地区海洋发展水平进行客观评价，因此所选用的指标除必须具有权威数据基础外，要以数学计算，公式演变，对事物原因和结果进行统计计算分析，得出客观的评价并做判断。这样做基本可以避开主观臆测而代之科学方法论的应用，有利于对沿海地区海洋发展水平状况进行研究。海洋发展评价不仅仅是一个科学研究领域，更是一项今后将普遍开展的工作，也是向政府有关部门提供的一种管理和决策工具。在研制向政府部门提供的评价系统时应保证系统的可操作性。因为海洋发展评价的根本目的是为海洋发展服务，而沿海地区是海洋发展的基本单元，也是许多统计数据汇总的基本单元，如以省级行政区为基本评价单元有利于评价指标数据的获取和评价结果的应用，又如在定量评价方法方面有很多种数学模型可供选择，从操作性原则出发，就不一定要追求高深和复杂，应更多地考虑成熟和稳定。构建的指标体系要应用于实际工作中，选择的评价指标应具有广泛的空间适用性。既便于指标的收集，又保证指标的可应用性。对不同的区域而言，都能运用所选择的指标对海洋发展进行较为准确的评价。指标数据的选择、获得、

---

① 参见熊鹰《湖南省生态安全综合评价研究》，博士学位论文，湖南大学，2008；李晓曼、马海军《新疆地区和谐社会系统评价指标体系设立的几个问题》，《新疆广播电视大学学报》2009 年第 13 期。

计算或换算：应立足现有统计年鉴或文献资料，至少容易获得、计算和换算，应采用国际认可或国内通行的统计口径，指标的含义须明确，以便有效地进行定量分析和评价。应以动态与发展的视角来确定从哪几个领域、以哪几个指标为参照，从而找出影响海洋发展的解释变量。其次，可比性原则，是建立、分析、选择指标的重要原则。构建指标体系主要是为了对比评价沿海地区海洋发展水平，为沿海地区海洋发展规划提供科学依据。在指标体系设计时，遵循时间和空间的纵向可比性和横向可比性。从时间上通过指标的变化来分析海洋发展的动态变化情况，即纵向可比；从空间上通过指标值的区域性变化进行不同区域海洋发展的分析比较，即横向可比。另外，评价指标还应遵循国家统计制度的要求，具体指标含义、统计口径和范围都符合有关国家标准，以保证指标之间的可比性。因此必须充分考虑到各地区在海洋发展结构上的差异，在具体指标的选取上尽可能选取具有共性的综合指标，以保证评价结果的可比性。具体而言，应该通过借鉴和吸取国内外的研究经验和成果，找到便于沿海地区对比的指标，又能经过适当的调整而方便比较，同时又可以进行动态对比。在选择指标时，既要考虑到指标的历史延续性，又要考量指标分析和预测的可能性。为了使海洋发展水平具有可比性，必须准确地分析和研究统计资料及其内涵，参考统计年鉴和其他文献，在选用范围和口径一致的相对指标和平均指标的同时，还选择一些总量指标，既可以确保变量不会因为各种因素的影响而使分析结果产生偏差，又可以强化指标选取的关联性及综合性。

第五章　指标体系设计

设计一套科学、可操作的指标体系是本书的核心内容，为研究价值的最终实现会打下坚实基础。首先要构建综合评价沿海地区海洋发展的框架模型，在此基础上结合成熟的测度方法，合理有效地选取指标，设计权重。

一　指标体系基本架构和维度选择

（一）指标体系基本架构

沿海地区海洋发展评价涉及面很广，构建指标体系衡量标准以及评价指标的确定过程将是相当复杂和综合的，而且面临地域性和阶段性的问题，在不同的地域条件下，对海洋发展水平的衡量和评价标准也有所不同，并没有一个统一的选取方法。本书根据海洋发展内涵确定适合于沿海地区海洋发展综合评价的基本框架，以界定测度对象及指标选择。沿海地区海洋发展是一个非线性的复杂系统，系统内部各要素之间的整合作用与相互协同决定系统的性质，因而将其拆分成几个互相紧密联系的子系统，分别选取指标，再进行综合评价，无疑是解决复杂问题的较好选择。沿海地区海洋发展评价基本框架，应由经济发展子系统、社会进步子系统、政治建设子系统以及生态建设子系统组成，各部分既相互独立，又相互促进，协同发展，有较强的逻辑关联，构成一个整体。其中，经济发展是沿海地区海洋发展的直接成果，政治建设和生态建设是沿海地区海洋发展的两个支柱，社会进步则是沿海地区海洋发展的终极目标。

基于构建指标体系的基本原则（见第四章）和对沿海地区海洋发展内涵分析及对沿海地区海洋发展影响因素的理解（见第二章），可知新时期的海洋发展是涉及生产方式、生活方式和价值观念的新选择，作为一种新发展理念，沿海地区海洋发展也是对当代中国科学发展、共建和谐的实践性提升，它将通过引导、调整和建设有序的海洋发展运行机制，积极改善和优化人海关系。沿海地区海洋发展应服从、服务于国家总体发展战略，也要满足区域自身的发展要求，同时又要重点考虑海洋经济、生态和社会建设的共同基础——海洋环境与资源。构建指标体系，即将沿海地区海洋发展水平评价作为目标层，海洋发展主要需要把握人海和谐与人人和谐，要实现两方面的进步，需要在政治、经济、文化、生态、社会等领域都实现协调发展。由于海洋文化相关因素取决于沿海地区的历史资源禀赋，故沿海地区之间的海洋文化发展背景悬殊，因此，在构建评价基本框架时，未考虑海洋文化的评价，而确定了以经济发展子系统、社会进步子系统、政治建设子系统以及生态建设子系统这4个子系统构建沿海地区海洋发展评价的基本框架，以此反映新时期海洋发展的要求，其中，生态建设子系统是基础，经济发展子系统是条件，社会进步子系统是目的，政治建设子系统是动力。

（二）指标体系选择的四个维度

根据研究目标，将从经济层面、社会层面、政治层面、生态层面四个维度进行海洋发展综合评价指标体系框架分析。

首先，海洋发展是以经济发展为条件的。

一是经济发展是海洋发展的前提。经济发展是实现人海和谐的关键，强调经济发展的政策导向是要大力促进海洋产业转型升级，使生产力水平得到不断的提高，才能够满足人民对美好生活的向往，才能有能力加大科技的投入，才能对保护海洋资源和环境有更多的投入。海洋发展的重要条件是海洋经济发展，也依赖海陆统筹的良好运作，海洋经济是陆地经济有效的补充，陆地经济是海洋经济强有力的支持，海陆经济一体化发展无疑对国民经济的发展具有全局的促进作用。二是海洋经济发展要摒弃原有发展模式。科技发展是转变经济发展模式的重要保障，每一次海洋经济的突破式进展都来源于科技的创新，尤其是在现代社会，科技发展可以说决定了海洋发展进程。海洋科技创新能够促进海洋经济的发展，能够实现海洋经济发展模式由资源型向效益型转变。要探寻创新海洋经济发展模式之路，走新型工业化道路，发展绿色产业，实现两个转变，即由粗放型向集约型转变，由劳动力密集型向资本和技术密集型转变。特别是，当今社会进入了第六次信息革命新阶段，信息革命的深入将推动社会生产向绿色低碳产业转变，推动人们由传统消费方式向网络消费、低碳消费等方式转变。新一轮信息革命为海洋发展提供了技术支撑。纵观世界主要国家积极制定把握此次信息革命的生态文明建设战略规划：美国推行了"绿色产业革命"，日本试图发展低碳、新能源等产业，欧盟则提出"2020 智慧、可持续和包容性增长"战略。沿海地区也迎来了利用信息技术推进海洋经济发展的良机。当前，经济发展进入新常态，逐步改变了以往 GDP 至上的价值观念，更加自觉地推动海洋经济技术创新逐步成为实施创新驱动战略的重要内容。

其次，海洋发展是以生态建设为基础的。

一是海洋资源的有限性与人类需求逐步提高是一对经典矛盾。海洋发展得以可持续的重要基础是经济社会发展不能超越海洋资源和环境的承载能力，如果海洋发展中不考虑承载能力因素，势必导致可利用资源的耗竭，海洋生态环境的恶化会直接影响海洋经济发展，也将产生健康问题，甚至是生存问题，人的全面发展只能是空谈而已。因此，将生态建设作为子系统之一来对沿海地区海洋发展进行评价，可以从政策上引导决策者强化海洋生态环境保护意识。二是海洋发展要突出体现海洋生态文明建设成果。十八大以来，国家层面将完整的生态文明建设规划清楚地呈现出来，折射出对新时期生态文明建设的高度关怀和重要指向。其中《关于加快推进生态文明建设的意见》强调，要加强海洋资源科学开发和生态环境保护。"十三五"规划中提出："海洋成为开拓发展的新空间，要积极拓展蓝色经济空间，坚持陆海统筹，壮大海洋经济，科学开发海洋资源，保护海洋生态环境。"这充分肯定了海洋发展在我国总体发展布局中的重要地位，与我国生态文明建设相结合，进一步突出了海洋生态文明建设的重要性和紧迫性。海洋生态文明有其发展的内在逻辑和规律性，海洋生态文明建设既是对传统海洋发展模式的反思，也是通往海洋强国的重要实践逻辑，其内涵已超越以往海洋环境保护的含义。"海洋生态文明的核心命题在于'形成并维护人与海洋的和谐关系'，既不是人类社会进步与发展必须保持海洋的原本状态，也不是海洋的发展变化完全服从于人类自身发展的需要，而是人的全面发展与海洋的平衡有序之间的和谐统一。"[1] 简单来说，海洋生态文明建设面临既要保护环境，又要保障发展的双重任务。海洋生态文明是现代海洋工业文明的升级版。海洋生态文明建设是沿海地区海洋经济发展方式转型升级的内在要求。当前，海洋经济发展内生动力不足与海洋资源环境保

65

---

[1] 华政：《弘扬生态文明 建设美丽海洋——访海洋生态文明建设专家》，《人民日报》2015年6月8日。

护不力并存，海洋生态文明建设必须以夯实和发展海洋经济为物质基础，离开海洋经济发展的海洋生态文明建设是缘木求鱼，而脱离海洋生态文明建设的海洋经济发展更是竭泽而渔。在"拓展蓝色经济空间"的进程中建设海洋生态文明，标志着国家已经进入以海洋资源环境保护优化海洋经济增长的新型工业化新时期，将海洋生态保护与海洋生产、生活空间布局结合起来，积极推动海洋经济生态化，在统筹人海和谐关系、保有优良海洋生态环境的基础上实现海洋工业现代化。海洋生态文明建设需树立新型海洋生态文明理念。海洋生态文明理念的核心是"人和海洋的可持续发展"，海洋是自然界重要组成部分，要"尊重海洋、保护海洋、顺应海洋"，使之成为海洋发展的核心价值要素之一。从发展趋势看，沿海地区以海洋为中心形成了复杂的复合型生态系统，海洋生态文明建设必须与海洋发展协调，必须把海洋生态文明的理念、方法、目标全面融入海洋发展的全过程。从约束和激励机制看，必须把社会公正的总体要求体现于海洋生态文明建设的全过程，通过加大海洋生态文明制度创新力度，释放制度创新红利。从关键措施看，保护海洋环境是海洋生态文明建设的攻坚方向，是提高海洋生态文明水平的出路所在，必须运用营造海洋生态文化等新思路来持续提高海洋生态环境质量。国家海洋局于 2012 年下发了《关于开展"海洋生态文明示范区"建设工作的意见》和《海洋生态文明示范区建设管理暂行办法》等文件，标志着国家海洋局从加强政策引导等方面入手，就推动沿海地区海洋生态文明示范区建设提出了总体思路和框架，有效保障了海洋生态文明建设持续深入开展。2015 年，国家海洋局印发《国家海洋局海洋生态文明建设实施方案》（2015～2020 年）（以下简称《方案》），《方案》为海洋生态文明建设描绘了实践路径，措施更具体，任务更明确。这标志着我国海洋生态文明示范区建设进入了快速发展阶段。以此为契机，沿海地区积极申请、建设海洋生态文明示范区已成为海洋经济发展转型、创新海洋生态环境保护方式的基础平台和基本方向。2013 年和 2015 年，国家海洋局相继批准了建立青岛崂山区等 24 处国家级海洋生态文明建设示范区。当地政府围绕各自禀赋，将海洋生态文明示范区建设作为海洋发展的重要战略定位之一，陆续制订了产业、环保、宣教、文化等一揽子计划。

再次，海洋发展是以政治建设为动力的。

一是国家决策和国家动员是各地各部门判断中央施政方针和工作重点的重要依据。这成为 30 多年来国家主导发展模式的一种常态，从设立经济特区到各地的全面建设，无不是国家通过将政治决定施及整个治域执行力的杰出成果。十八大以来，海洋发展日益成为我国的基本战略，要想将海洋发展战略日益深入人心，就必须上升到政治层面，通过顶层设计，努力解决海洋发展问题，既要加强海洋发展规划指导，又要完善法律、法规和标准，也要完善财税、金融等政策支持。沿海地区理应在顶层设计规定的目标框架下，不断发掘符合区域特点的建设新思路。当前，总的来说呈现中央统一部署和沿海地区积极探索创新多样性并存的态势，沿海地区应深刻领会中央对海洋发展的总要求，准确把握创新的关键所在，深入分析已有工作存在的不足。二是政府管理与政策性因素是海洋发展的动力机制之一。海洋发展需要沿海地区各级政府实施强有力的措施，因为海洋发展转型不是顺势行为，而是通过政府制定和实施区域海洋发展战略规划，以及由其导致的政策、资金、市场和技术趋向来实现的。政府管理的优点在于具有指导性、强制性和直接性，主要作用在于构建符合海洋发展规律的行政管理机制、体制、法治、管理方式和职能。政策性因素实现海洋发展的途径表现为：从制度和政策上加强引导国家规划上的功能区划，促进涉海法律的建立与完善，督促海洋经济生产方式的转变、产业结构的调整，在行政审批、环保执法、社会宣传和综合监管等方面，综合应用行政、法律、宣传教育和经济手段促进海洋发展逐步转型。特别是，海洋发展涉及不同主体，利益关系复杂，涉及经济外部性和公平性问题。为此，系统的海洋发展决定必须从整体性制度保障维度，全面揭示发展过程中面临的利益协调和导向的制约及作用过程和机制。譬如，人的欲望有时是无止境的，在没有道德力量约束的情况下，常常会对海洋资源掠夺式的开发和利用，要通过强有力的行政、经济、法律手段提升对海洋发展的要求。

最后，海洋发展是以社会进步为最终目的的。

创新社会治理要求"以人为本为核心，将实现好、维护好、发展好最广大人民的根本利益作为工作的出发点和落脚点"。"任何文明形态都以满足人的生存与发展需求为最终目的，生态文明建设始终应当将满足人的需求置于优先选项"①，而非采取以自我为敌的极端生态主义。因此，以社会进步为沿海地区海洋发展的一个子系统，以此评价沿海地区人的全面发展

① 陈墀成、邓翠华：《论生态文明建设社会目的的统一性——兼谈主体生态责任的建构》，《哈尔滨工业大学学报》（社会科学版）2012年第3期。

水平，以实现人的素质和生活质量的提高作为推动海洋发展的基本出发点，以此达成海洋发展的真正目的。在面向未来的历史视野中，海洋发展理应坚持以人为本，明确表达海洋发展对于维护人的根本利益的极端重要性。海洋发展应体现公平性原则，要为人的全面发展营造一个优良的海洋生态环境。海洋发展的重点应与民生息息相关，因此，要将海洋治理纳入创新社会治理的范围，在创新社会治理进程中进行民生建设。一是海洋发展融入沿海地区社会建设。沿海地区民生能否改善与海洋发展高度关联，解决好海洋资源与环境问题，也是搞好沿海地区社会建设的重要基础。"良好生产、生活环境"是海洋发展应该提供给涉海群体的最基本的民生服务，其重点要解决污染难治和海洋空间缩小等问题。二是推动沿海地区的现代生活方式转型。沿海地区现代生活方式是一种按照海洋发展的要求，培育适应人海和谐的生产、生活能力，搭建有利于海洋资源和环境可持续发展的生活方式。沿海地区现代生活方式要求人们充分尊重海洋生态环境，确立新的海洋发展幸福观，以达到有利于人的全面发展的目的。要将人海和谐理念融入人们的生活中，使人们在践行这一理念的过程中能够感受到庄严性及与自身利益的相关性。要想推动沿海地区的现代社会方式转型，使海洋发展理念内化于社会成员的思维中，就需要发展教育、文化，使社会成员的自身素质得以提升，最终产生一致的理性行动。

二 基本思路及指标释义

（一）基本思路

准确分析海洋发展的综合水平和"以人为本、协调发展、人海和谐"发展目标的实现情况是指标体系构建的核心问题。目前构建指标体系尚处于起步阶段，已有的指标体系在操作应用上尚存在一些不足，如指标体系内容、层次较多，彼此之间因果关系难以厘清，指标参数过少，应用价值不高，部分指标可获得性不强，实际操作存在困难等。构建指标体系的基本思路如下。一是以实现"以人为本、协调发展、人海和谐"为目的设立指标体系的总体框架，指标体系能够反映经济、社会、生态和政治四者的协调发展状况，海洋发展不仅是指海洋经济发展模式的转变，还包含社会、生态、政治领域多重目标的实现，并且经济、社会、生态和政治的和谐共生与海洋发展之间存在内在逻辑联系，因此构建指标体系不仅要能够体现系统的全面性，还要考虑经济、社会、生态、政治的内在联系。二是结合海洋发展内涵和结构特征，以全面体现其复合系统特点为原则确立指标体系的层次，指标体系的层次设计必须体现系统结构特征，同时还必须使指标反映海洋发展对经济、社会、生态和政治等方面的影响。三是参考现有海洋发展相关评价指标体系，以统计数据为基础，采用普遍认可且具有可测性的指标体现海洋发展的具体内容，使评价体系操作性更强。海洋发展相关指标体系采用普遍认同的指标是体现可比性、可测性原则的重要因素。目前，海洋发展相关指标体系的评价客体和方式存在差异，不能采取拿来主义，但是现有评价体系采用的部分指标已经成为普遍共识，可以用来作为指标确定的主要依据。四是请专家对具体指标选择进行投票排序，得票率最高的作为指标体系层次的基本框架，并根据专家提出的开放式意见进行修正，同时根据专家建议对底层具体指标进行再次调整。为实现指标体系的科学性，采用了德尔菲法。根据年龄、学术背景等抽样标准选择具有代表性的相关领域研究专家学者作为抽样调查对象，共咨询了 15 位相关领域的学术研究人员和实践工作者，大于群决策需要 4~6 人的要求，并且回收问卷全部有效。五是为指标权重赋值。

　　依据构建指标体系的基本原则，综合运用理论分析法、频度统计法、德尔菲法及层次分析法，确定指标体系的层次指标、层次结构和评价因素的从属关系，确定各个指标的评价等级和不同评价指标的评分值。沿海地区海洋发展综合评级指标体系初步定为四层，即目标层、准则层、要素层、指标层，逐层支撑搭建而成。沿海地区海洋发展水平应作为目标层指标，体现指标体系的全局性，为最高层次，是整个指标体系的高度概括，即"蓝色指数"；经济发展指数、社会进步指数、生态建设指数、政治建设指数应作为准则层指标，体现对沿海地区海洋发展内涵及其要素的理解，基本决定各要素层级指标的选取，以此反映体现新时期海洋发展要求的评价效果，该准则层的建立体现了经济发展是海洋发展的前提，强调了政治建设对海洋发展的保障作用，充分体现了社会进步是海洋发展的目标，突出了生态建设对海洋发展的基础；要素层是支撑准则层并为其服务的基础层；指标层应充分考虑海洋发展的真实性和鲜活性，考虑数据的可获得性，选取能够反映各考察领域发展水平的若干具体指标，并对指标进行释义。

　　这里要说明的是，基于上述一般原则和基本思路，结合海洋发展内涵与结构特征，主要采用理论分析法和德尔菲法进行指标体系的取舍。理论分析法是以海洋发展目标和内涵为主要依据，选择相对重要且能反映海洋发展复合系统特征的指标。德尔菲法则是在通过理论分析提出具体评价指标的基础上，咨询相关专家意见，对综合评价指标体系进行综合调整。由于指标体系的复杂性和综合性，将采用层次分析法构建指标体系，以期通过层次结构的划分，实现评价体系的层次化、条理化和具体化。指标体系分为四层，包括 1 个目标层、4 个准则层、11 个要素层、22 个指标层具体指标。目标层是海洋发展综合评价水平，这是评价指标体系的综合性目标，是复合系统各要素综合作用的结果，也是准则层、要素层和指标层具体指标发展水平的综合反映。准则层主要体现海洋发展的内容和结构特征。可以通过设置准则层的各个子目标来反映总体目标的要求，也可以将指标体系通过准则层的各个子目标进行分类，使层次更加分明，结构更加合理。本书主要考虑海洋发展水平结果，不考虑任何间接影响因素，因此只设置经济发展指数、社会进步指数、政治建设指数、生态建设指数 4 个准则层，特点是研究目标明确，不易和其他海洋发展相关指标体系混淆，且 4 个准则层指标能够更好地突出海洋发展的结构特征和建设重点。要素层反映指标系统的综合目标和准则层目标，是指标层具体指标选取的依据，其中"经济发展指数""社会进步指数""政治建设指数" 3 个准则层各自包括 3 个要素层，"生态建设指数"包括 2 个要素层，设置的相关要素层均直接反映相关领域的总量和效率的结果，通过要素层的不同设置，既突出了四个子系统发展的结果，也防止完全依赖结果而导致的偏差。指标层是考察和评价各指标的具体因子，反映要素层的要求。系统变量所构成的体系复杂而庞大，如何在这一体系中选择具有代表性的指标组成综合评价指标，这要求指标体系具备对经济、社会、政治、生态的发展规模、发展速度、趋势、布局、结构、功能水平等的描述能力。

（二）指标释义

1. 经济发展子系统的构建

海洋经济系统是由诸多的经济直接因素、经济相关因素相互促进、相互制约而成的综合体系。系统内部各直接指标数据、间接指标数据通过不同层面，在不同的角度体现海洋经济发展水平。经济发展诸多要素中，对经济发展影响的程度是不同的，而且有的指标数据可以获取，有的指标数据无法获取或数据标准不一。在构建经济发展子系统前，必须理解海洋经济发展的内涵。海洋发展问题本质上是海洋经济发展方式的问题。因此，必须从海洋经济发展方式转型上寻找突破口，将"创新"理念融入海洋产业发展，抓住移动互联网等新技术带来的发展机遇，依据海洋资源禀赋和生态承载力，科学优化产业结构，明确各海洋经济功能区的定位及开发引导。值得注意的是，海洋经济发展评价也是综合评价，不能将经济发展与其他发展割裂开来，而需要把影响经济发展，或者能够反映经济发展的资源、就业等相关指标考虑进来。基于此理解，构建了经济增长、劳动就业、产业结构3个要素层，其中，劳动就业要素层能够充分反映个人享受海洋经济发展成果的程度，体现了经济发展评价指标符合以人为本的要求；经济增长要素层反映海洋经济发展的能力，涵盖了经济发展应注重效益增加的要求，只有效益增加了，经济增长才有意义；产业结构要素层能够反映海洋经济发展的结构状况，可以反映海洋经济是否协调合理，用来评价和体现海洋经济发展的资源利用、可持续发展能力。在指标层中选取了反映海洋经济总量的指标，如海洋生产总值占其地区生产总值比重等指标；反映海洋经济发展速度的指标，如海洋生产总值增长速度等指标；反映海洋劳动就业的指标，如涉海就业人员数占其地区就业人员数比重等指标；反映海洋产业结构的指标，如海洋第三产业增加值占海洋生产总值比重等指标。

2. 社会进步子系统的构建

构建指标体系对沿海社会进步水平进行测评显得尤为迫切和重要。大力发展海洋经济成为沿海地区促进社会发展的重要手段，在这样的环境和形势下，需明确以人为本是海洋发展的本质和核心，经济发展、政治建设、生态建设必须以满足人的需要、提升人的素质、实现人的全面发展为最终目标。沿海地区社会进步是一个过程，以经济增长和社会文明相互协调为基础，以实现小康社会为目的，以经济发展与政治推动、人与海洋资源和环境协调为目标，在这个过程中社会整体系统进行生成、变化和更新。社会进步子系统不仅要选取反映人民生活水平的指标，还要选取对经济发展、生态建设、政治建设有影响且有利于社会进步、有利于协调发展的相关指标，如人的素质等指标，反映被评价对象的全面发展状况。基于此，选择生活质量、教育水平、科技水平为社会进步子系统的要素层。生活质量要素层，是衡量人是否得到全面发展的基础指标，选取了沿海地区渔民人均纯收入和沿海地区城镇居民人均可支配收入两个指标来反映生活质量。教育水平要素层，则体现了对人本身是否具有可持续发展能力的评价，以及沿海地区社会进步为人获取自身发展能力提升的条件的评价，选取了大专及以上海洋专业在校生数量和大专及以上海洋相关专业点数来反映教育水平。科技水平要素层，之所以建立科技水平对社会进步的影响要素层，是因为从海洋科技对沿海地区社会生存环境的影响，从科技发展为人提供更为便利的学习、生活娱乐条件等方面评价社会发展的状况，体现了全面协调发展的理念。科技投入和科技产出又是评价科技发展状况最为直接的指标，也是沿海地区科技发展水平的最直接的反映。根据权威机构的文献，选取在科技评价中出现重复次数相对较高的、信息含量较大的两个指标，将海洋科研机构经费收入总额和大专及以上海洋科技活动人员数作为反映科技水平的具体指标。

3. 政治建设子系统的构建

所谓海洋发展政治建设，首先是作为一种管理和政策功能导向存在的，其次才是一种具体的制度设计。海洋政治建设的有机综合包括职能定位、职权配置与机构设置的综合、体制运行协调的综合，也涵盖海洋立法、执法及监督功能的综合，同时也包括管理目标的综合、管理手段的综合等内容。这种综合功能的目标指向无论是海洋行政综合管理部门还是行业管理部门，无论是海洋行政的中央部门还是地方政府，无论是各行政主体在宏观职能定位上还是在微观职能配置上，都必须保证海洋政治建设不会出现缺位、越位或错位，并且在出现职能冲突或空缺时，有一套健全的协调和仲裁机制。实现该种功能的海洋政治建设，可以称其为良好的制度或模式。良好的海洋政治建设之原则至少应该包括以下几点：有良好的法治环境，并存在权威性海洋综合性立法；海洋行政职能的科学定位和合理的职权设计；肯定行业管理存在的合理性；健全的政策沟通与协调机制。只有筑牢海洋法律法规体系，提升海洋政策规划合理性和海洋执法检查效力，增强海洋公益服务能力和海洋行政能力，完善海洋应急建设，才能切实实现海洋政治建设走向成熟，为海洋发展保驾护航。而如今，沿海地区的海洋政治建设水平参差不齐，仍未完全形成系统化、综合化、标准化和网格化的现代模式，在海洋发展过程中出现了很严重的人为问题，所以加强海洋政治建设十分迫切。因此，对于沿海地区进行海洋政治建设指数测算，能够将沿海地区海洋政治建设成效立体化展现。基于此理解，构建了法治规划、公共服务、管理能力3个要素层。其中，法治规划要素层，体现出海洋发展的调控能力，反映的是对海洋整体内容全覆盖的统筹协调管理能力；公共服务要素层，反映的是涉及当地政府对其所管辖海洋的某一局部领域或某一方面的具体内容的服务水平；管理能力要素层，反映的是海洋执法检查能力，涉海事业的不同领域和海洋事业发展的各个环节进行指导、规范、监督能力。值得注意的是，在指标层的选择上，由于涉及政治建设评价的角度差异较大，而相关指标数据无法获取，或者是有的地区有数据而有的没有。因此，建立政治建设子系统时，首先要考虑并核查欲选取的指标数据是否可以获得，如果指标数据无法获取，评价将无法进行。如反映管理能力的指标，由于"海洋执法检查人员数量"、"海洋执法检查项目数"和"海洋执法检查次数"这三个明确指标，统计起来具有很大难度，且有的相关数据还涉及一定保密性，只能用遇险次数来替代。[①]

4. 生态建设子系统的构建

党的十八大以来，海洋要素扮演着日益重要的角色，面对海洋环境污染日益严重、海洋资源日益趋紧、海洋生态系统日益退化的严峻形势，在海洋经济社会发展过程中，必须把海洋生态文明建设放在更加突出的位置。在此背景下，海洋生态文明建设需要沿海地区结合实际探索创新的经验。24个海洋生态文明示范区基本布局于4个海洋经济发展试点省份，依据资源禀赋、区位等维度，注重发展继承性，秉持可持续发展原则，积极开展海洋生态文明建设，这为进一步提升海洋生态文明建设水平提供了丰富的经验基础。从示范区建设实践来看，基本思路是"从加强政策引导，加大资金扶持力度两方面入手，以提高能力建设为重点，以重大工程项目为抓手，注重生态效益、经济效益、社会效益的全面推进"。这主要呈现四方面特征。一是地域优势性。相比于其他沿海地区，这些示范区"自然禀赋和生态保护条件优越，海洋资源开发布局合理，海洋优势特色凸显，区域生态文明建设发展整体水平较高"。二是经济高效性。海洋生态文明示范区建设的经济发展类政策及项目最为成熟，有效带动了沿海地区产业结构调整，其目的是通过实现沿海地区经济的跨越式发展，更好地服务于生态建设，由此形成一个良性循环过程。三是示范区高度重视生态环境保护。示范区建设过程中基本从污染治理和生态修复两方面着手推进。污染治理方面，狠抓综合整治，坚持"预防为主、源头控制、综合治理"，加强入海污染物

---

① 郑敬高、范菲菲：《论海洋管理中的政府职能及其配置》，《中国海洋大学学报》（社会科学版）2012年第2期。

总量控制与目标考核。生态修复方面，近年来，重点建设一批海洋生态整治和修复工程，筑牢海洋生态安全底线。沿海地区实施生态整治和修复项目180个，总投资近40亿元。四是空间的广延性。海洋生态文明建设的区域均形成一定规模来实现海洋生态系统的良性循环，示范区设立从县域规模现已扩大到地市规模。基于此，生态建设子系统重点考察近5年来沿海地区海洋生态文明建设水平，共设置生态健康和治理修复2个要素层。其中生态健康要素层，反映的是健康的生态系统具有自我持续发展的活力，具有提供多种支持服务功能的能力，并为沿海地区提供各种效益。选取健康类海洋生态监控区和海洋类型自然保护区面积作为生态健康要素层的指标。治理修复要素层，反映的是沿海地区对环境污染、生态破坏、资源耗损等问题的积极回应，可判断人对生态环境改善的态度及改善环境所做的工作，并选取了沿海地区污染废水治理项目数和近海及海岸湿地生态修复面积作为治理修复要素层的指标。由于涉及生态建设的影响指标具有较强的特殊性，不具备代表性，而且在现有样本的统计年鉴及相关统计资料中没有关于其影响的指标数据，因此，邀请相关领导、专家和工作人员对相关指标做出测评打分，将之作为原始数据。如健康类海洋生态监控区指标，本书将海洋生态监控区的健康程度划分为五个等级，分别为健康、较健康、亚健康、不健康、病态。"健康状态的表征为不合理的人为干扰得到有效控制，海洋生态系统最大限度地发挥各项服务功能，有高效的产出，生态文明融入经济、文化等建设，实现沿海地区人类活动与海洋生态系统的良性互动；较健康状态的表征为海洋生态系统所受胁迫较为合理，基本实现各项生产和服务功能的发挥，有较高的文明程度；亚健康状态的表征为海洋生态系统存在一定程度的胁迫且有增加的趋势，在某些时段可能存在水质恶化、生物多样性下降、产出效率低下等问题，生态文明程度一般；不健康状态的表征为海洋生态系统存在较大程度的人类胁迫，自我持续发展的活力低下，各项服务功能受损，文化、科研、娱乐等文明程度较低；病态状态的表征为海洋生态系统受到严重胁迫，不具备自我持续发展和提供服务功能的能力，无法提供娱乐休闲、科研教育等。"①

---

① 参考路文海、曾容、向先全《沿海地区海洋生态健康评价研究》，《海洋通报》2013 年第 5 期。

三　基本方法

（一）德尔菲法和层次分析法的基本原理

人们在进行社会经济以及科学管理领域的系统分析与决策时，所面临的常常是由诸多相互关联又相互制约的因素构成的复杂且缺少足量数据的系统，它们均属于半结构化问题。充分地利用各领域专家的知识是实现领导者科学、可靠决策的关键，同时也是群体决策支持的任务所在。现实世界几乎所有物理事实的概念都具有近似性、多层次、多联系、半结构化的特征，从而使得问题很难用单一的逻辑推理或纯定性、定量的分析方法进行解释与决策。20 世纪 70 年代由 Saaty 提出的层次分析法（Analytic Hierarchy Process，简称 AHP 法）不仅适用于对复杂问题的决策，也适用于集体决策，因此将群体决策与层次分析法组合是一种支持集体决策的较好方法。而德尔菲法（Delphi Method）能对大量非技术性的无法定量分析的要素做出概率估算。因此，结合上述定量分析与定性分析的方法可有效地进行半结构化问题的分析决策。为此，提出群体决策的一种实现策略，即在群体决策中融入各领域专家的知识，用德尔菲法和 AHP 法做定性和定量分析，实现决策的群体支持。

德尔菲法是第二次世界大战后发展起来的一种直观预测法，又名专家咨询法或专家调查法，是依据系统的程序，对研究对象的发展趋势和状态进行调查、分析和判断的方法。它采用匿名方式，以反复填写问卷的方法收集专家意见，以集结专家的共识及搜集各方意见。德尔菲法的基本步骤如下：选择咨询专家组，一般以 10 ~ 30 人为宜；设计调查表，进行专家组问卷调查；回收调查表并进行统计处理，以此统计结果为依据，制作第二轮调查表，这样循环往复直至调查数据趋于一致；统计数据，整理最终的调查报告，得出结论。

层次分析法是一种系统分析方法，将与决策有关的元素分解成目标、准则、方案等层次，在此基础上进行定量分析与定性分析相结合的多目标决策分析方法，它把人的思维过程层次化、数量化，运用模糊数学中的矩阵算法，计算出各个指标的权重，为分析、决策提供定量的依据。层次分析法的基本思路是，首先，将整体问题分解成若干个具体问题，形成一个递阶的、有序的层次结构模型。然后，对模型中的每一个层次因素的相对重要性，根据人们对客观现实的判断给予一个定量的表示。最后，根据数学计算方法计算出各层因素相对重要性的权重值，从而得到最底层（目标层）相对于最高层（方案层）的重要次序的一个组合权重值，以此作为评价的依据。所谓权重，是表示因素重要性的相对数值，是以某种数量形式对比、权衡被评价事物总体中诸因素相对重要程度的量值。同一组指标数值，不同的权重系数，会导致截然不同的甚至相反的评价结论。因此，合理确定权重对评价或决策有重要意义。采用层次分析法确定评价指标的权重，是一种科学的方法。这种方法逻辑性强，再加上科学的数学处理，其可信度大，应用范围广，并且这种方法具有坚实的理论基础，完善的方法体系，因此是一种很好地确定海洋发展评价指标权重的方法。本书选择层次分析法，通过对部分专家进行调查，并结合研究目的和收集到的资料，对海洋发展评价中的各个评价指标进行权重计算。①

（二）总体流程和具体步骤

1. 总体流程

第一步，明确任务，即构建科学、合理、可行的指标体系框架，设置指标权重系数及指数标准。指标权重是各个具体指标在整个评价指标体系中相对重要性的量化体现。在指标体系各指标层的具体指标中，相对重要性各不相同，因此需要根据其重要程度赋予其不同的权重，以更加准确、客观地反映海洋发展水平。

第二步，列举出尽可能多而全的影响沿海地区海洋发展的预评价指标，将预评价指标划分为 4 个大类 50 个小项，建立目标和影响因素之间的层次框架。

第三步，运用德尔菲法，设计合理、科学、规范的专家调查问卷，并向专家发放调查问卷，进行两轮专家调查。第一轮专家调查的目的是从预评价指标中筛选出专家认为相对重要的（影响评价程度等级较高的）评价指标，并对指标内涵进行详细述评。第二轮专家调查的目的是通过进行评价指标两两比较矩阵调查表调查问卷，让专家判定指标体系简表中各个指标之间的相对重要性。

第四步，在第二轮专家调查之后，对调查问卷的结果进行汇总、分析、

---

① 基本方法和总体流程的选择主要参考陈卫、方廷健、蒋旭东《基于 Delphi 法和 AHP 法的群体决策研究及应用》，《计算机工程》2003 年第 5 期。

计算，运用层次分析法计算出指标权重，并得出清晰的指标体系权重表。通过调查问卷获得指标体系的赋权值，并对赋权结果进行群决策加权平均获得最终的权重。

第五步，对指标层评价指数标准的最佳值进行详细的阐述，并构建出百分制的评价指数标准表，依此得出评价计算公式。

第六步，通过局部实验得出完善的沿海地区海洋发展评价指数。为了方便进行各层次指数的纵向、横向比较分析，将采用加权求和法计算各层次指数，从而对各层次具体的指数进行比较分析。根据指标体系各个指标的标准化结果及其权重，采用加权求和法计算获得海洋发展综合评价值，即蓝色指数。具体来说，目标层指数计算由 4 个准则层指数综合反映，准则层指数计算则由要素层指数反映，要素层指数计算由指标层指数反映。

2. 具体步骤

首先，运用德尔菲法向专家发放问卷。通过电子邮件方式向专家发出"海洋发展评价指标两两比较矩阵调查表"调查问卷，让专家判定指标体系简表中各个指标之间的相对重要性，专家给予了认真的反馈，对调查问卷进行了统计，根据统计结果构造判断矩阵，为下一步运用层次分析法计算权重做好准备。

判断矩阵的构造过程如下。

设 m 个元素（指标）对某一准则存在相对重要性，根据特定的标度法则，将第 i 个元素（$i=1,2,\cdots,m$）与其他元素两两比较判断，其相对重要程度为 $a_{ij}(j=1,2,\cdots,m)$，这样构造的 m 阶矩阵用以求解各个元素关于某准则的优先权重，被称为权重解析的判断矩阵，记作：

$$A = (a_{ij})_{m \times m}$$

构造判断矩阵的关键在于设计一种特定的比较判断两元素相对重要程度的标度法则，使得任意两元素相对重要程度有一定的数量标准。这种标度法则是 AHP 法的重要特色，是将人的决策判断数量化的方法。1～9 标度法则符合人的认识规律，具有一定的科学依据，从人的直觉判断力来看，在区分事物数量差别时，总是习惯使用相同、较强、强、很强、极端强等判断语言。在专家打分的问卷中使用的是 1～9 标度，各级标度的含义如表 5－1 所示。

表 5 - 1　问卷中专家打分标度

标度	定义
1	同样重要
3	稍微重要
5	明显重要
7	强烈重要
9	极端重要
2、4、6、8	相邻标度的中值
上列标度的倒数	反比较

　　表 5 - 1 中所列各级标度，在数值上给出两元素相对重要程度的等级，根据 1 ~ 9 标度就可以构造出判断矩阵（见表 5 - 2）。

表 5 - 2　根据 1 ~ 9 标度构造出的判断矩阵

C_r	A_1	A_2	...	A_j	...	A_m
A_1	a_{11}	a_{12}	...	a_{1j}	...	a_{1m}
A_2	a_{21}	a_{22}	...	a_{2j}	...	a_{2m}
⋮	⋮	⋮	⋮	⋮	⋮	⋮
A_i	a_{i1}	a_{i2}	...	a_{ij}	...	a_{jm}
⋮	⋮	⋮	⋮	⋮	⋮	⋮
A_m	a_{m1}	a_{m2}	...	a_{mj}	...	a_{mm}

　　设有 m 个元素 $A_1, A_2, \cdots, A_m$，现在构造关于准则 C_r 的判断矩阵。将 m 个元素自上而下排成一列，自左至右排成一行，左上角交叉处标明准则 C_r。将左边第一列任一元素 $A_i (i = 1, 2, \cdots, m)$ 和上边第一行的任一元素 $A_j (j = 1, 2, \cdots, m)$ 比较，关于准则 C_r 的重要程度做出判断，按照 1 ~ 9 标度给出相应的标度值的 a_{ij}。这样，就构造出元素 $A_1, A_2, \cdots, A_m$ 关于准则 C_r 的判断矩阵 $A = (a_{ij})_{m \times m}$。

　　然后，对判断矩阵进行一致性检验，计算矩阵的一致性指标 $C \cdot I$，根据调查表得到的平均随机一致性指标 $R \cdot I$，进而计算一致性比率 $C \cdot R$，用一致性比率来检验判断矩阵的一致性，当 $C \cdot R$ 越小时，判断矩阵的一致性越好。一般认为，当 $C \cdot R \leqslant 0.1$ 时，判断矩阵符合满意的一致性标准，层次排序的结果是可以接受的；否则，需要修正判断矩阵，直到检验通过为止。

　　最后，根据已经通过一致性检验的判断矩阵，计算各个指标层内的权重。再将各个指标层的权重相乘，得到相应指标的最终权重。各层权重如表 5 - 3 所示，括号内是对应指标的合成权重，即总权重。

其中，确定权重应以整体性目标为出发点，对指标体系中的各项指标进行分析对比，权衡它们对整体的作用。确定权重要实行群体决策，根据专家群体对某项指标的重要程度的认定而确定，避免受某些个人主观意愿的影响，形成统一的权重分配方案。在确定权重时应遵循如下原则。一是系统优化原则。在评价指标体系中，每个指标对于系统而言都有其作用和贡献，都有其重要性。因此，在确定权重时，不能仅从单个指标出发，而是要平衡好各评价指标之间的关系，合理分配它们的权重。系统优化原则就是把整体最优化作为出发点和追求的目标，对评价指标体系中的各项评价指标进行分析比对，权衡其各自对整体的作用和效果，然后对其相对重要性做出判断。在确定各自的权重时，应使每个指标发挥其应有的作用。平均分配或者片面强调某个指标的最优化都是不可取的。二是主观与客观相结合原则。评价指标权重反映了评价者的引导意图和价值观念。当认为某项指标很重要需要突出它的作用时，就必然给该指标以较大的权重。同时，确定权重时还要考虑各种客观情况，因此，评价体系是评价者的主观意愿与客观情况相结合的结果。三是民主与集中相结合原则。权重是人们对评价指标重要性的认识，是定性判断的定量化，而这一过程又经常受主观因素的影响。因为不同的人从不同的视角对同一个事物会有各自的认识，而且认识经常是有差异性的。其中有合理的成分，也有受个人价值观、经验、能力和态度等诸多方面影响造成的偏见。这就需要实行群体决策的原则，集中相关专家的意见互相补充，形成统一的方案。这样可以使问题考虑得比较全面，权重分配比较合理，克服一些片面性的缺陷。

表 5 - 3 海洋发展综合评价指标体系框架及其权重

准则层权重		要素层权重		指标层权重	
A1 经济 发展 指数	(0.36)	B1 经济增长	(0.15)	C1 海洋生产总值占其地区生产总值比重	(0.08)
				C2 海洋生产总值增长速度	(0.07)
		B2 劳动就业	(0.13)	C3 涉海就业人员数占其地区就业人员数比重	(0.06)
				C4 涉海就业人员数占全国涉海就业人员数比重	(0.07)
		B3 产业结构	(0.08)	C5 海洋第三产业增加值占海洋生产总值比重	(0.04)
				C6 主要海洋产业增加值占海洋生产总值比重	(0.04)

准则层权重		要素层权重		指标层权重	
A2 社会 进步 指数	(0.24)	B4 生活质量	(0.10)	C7 沿海地区城镇居民人均可支配收入	(0.05)
				C8 沿海地区渔民人均纯收入	(0.05)
		B5 教育水平	(0.06)	C9 大专及以上海洋专业在校生数量	(0.03)
				C10 大专及以上海洋相关专业点数	(0.03)
		B6 科技水平	(0.08)	C11 大专及以上海洋科技活动人员数	(0.05)
				C12 海洋科研机构经费收入总额	(0.03)
A3 政治 建设 指数	(0.15)	B7 法治规划	(0.04)	C13 海洋法律法规健全度	(0.02)
				C14 海洋政策规划完备度	(0.02)
		B8 公共服务	(0.08)	C15 海上救助能力	(0.05)
				C16 海洋公益服务能力	(0.03)
		B9 管理能力	(0.03)	C17 海洋行政能力	(0.01)
				C18 海洋执法能力	(0.02)
A4 生态 建设 指数	(0.25)	B10 生态健康	(0.14)	C19 健康类海洋生态监控区	(0.06)
				C20 海洋类型自然保护区面积	(0.08)
		B11 治理修复	(0.11)	C21 沿海地区污染废水治理项目数	(0.05)
				C22 近海及海岸湿地生态修复面积	(0.06)

（三）数据的收集与处理

对海洋发展水平进行评价，需要通过大量数据来进行实证研究。因此，数据的收集与整理工作至关重要。原始数据将通过查阅相关权威年鉴和各职能部门公报来取得。由于需要进行多指标、多年度分析，不可避免地会存在个别数据的缺失，而数据的缺失将影响到数据的分析和处理。当出现个别指标原始数据缺失时，采取直接替代和通过运算得到的指标替代的方式解决此类问题。总之，数据收集需遵循可获取性原则，有些指标可以从统计年鉴和统计信息网中直接获取，有些关键指标虽不能从权威资料中直接获取，但可由其他文献资料中的数据替代，有些指标可以通过可获取的指标数据进行相关计算获取，对于非重要性的无法获取的指标予以剔除，保证指标体系能够实现合理的评价。

在实证分析前需对数据进行预处理，以确保数据的可比性和完整性。有些指标的数据是通过年鉴上的原始数据经公式计算得来的，若某些指标统计口径变化或编制内容不一致，为保证指标体系的一致性，将采用统计口径及内容一致的相关指标来替代。由于构建指标体系中选取的各评价指标的计量单位不同，所以一般不能够进行直接计算。将采用如下方法对原始数据进行无量纲化处理，将所有评价指标数据变换为 0～100 的数值，在专家指导下，采取离差标准化和线性变换相结合的方法，将所有数据量化到 [1，100] 区间。具体操作如下，离差标准化的公式为（样本值－最小值）／（最大值－最小值），以便消除单位影响及自身变量的差异，使其划归到 [0，1] 这个区间，即将变量值统一划归到 [0，1] 的区间。考虑到有可能得到 0 或者 1 的变量值，不方便解释，便再统一进行线性变换。咨询专家后，确定通过离差标准化方法计算出来的变量值，统一再做一次线性变换，变量值乘以 99 再加 1，使数据落归到 [1，100] 区间。

81

（四） 需注意的问题

1. 指标选择问题

为了保证所构建指标体系的完整性，通过查阅文献、开展调查收集的指标很多。有许多指标的意义存在交叉、包含。因此，选用适当的原则标准，科学地对原始指标进行遴选、取舍、拆分、整合，最终决定指标显得尤为重要。限于时间与研究力量，根据指标的性质和内涵，以及整合后指标的提及频率情况来进行选样。

2. 指标体系的定性、定量问题

指标体系可分为定量型、定性型和混合型三种类型。定量型指标体系尽管具备严格、准确的特点，在能力评价上，却难以选择。定性型指标体系由于是由专家打分进行评估，存在一定的主观随意性，评价结果带有一定的偏差。海洋发展事业庞大且复杂，涉及面广，其中，生态与政治领域的一些指标定量评价困难，因此，采取定性与定量相结合的混合型指标体系。

3. 专家意见的集中问题

鉴于指标体系中采用专家打分来确定指标权重以及定性指标的量化，为了减少专家的个人喜好对评分的影响，应用了一致性检验的方法，将多次问卷调查与结构化访谈相结合，以便使分析结果更加公正。

4. 评价方法选择问题

在实际评价工作中，其重点与难点不仅是指标的选择，而且选择一种科学、适用、易于操作的评价方法也是非常关键的。在比较众多评价方法后，确定用层次分析法进行指标权重的计算以及评价指标，最终获得量化综合评价结果。

5. 修正性原则

指标体系的建立是综合评价海洋发展水平的重要依据，所以要求具有高度的准确性和可操作性，但因为指标体系中列出的指标或要素通常需要以定量的形式体现出来，那么往往会受统计资料的限制和选取指标的不全面性的影响，通过指标体系计算出来的结果未必完全符合客观事实，所以有必要在指标体系计算结果的基础上加上科学的补充与修正，以减小误差。

第六章 经济发展指数测评

近年来，沿海各地区逐渐将海洋资源优势与经济发展相结合，通过发展新兴海洋产业、建立海洋经济发展示范区、打造沿海经济带、积极融入"一带一路"拓展新的发展空间等方式为促进地区经济发展创造新动能。因此，从经济增长、劳动就业、产业结构等方面综合评价沿海地区经济发展水平、发展方式转型成果等至关重要。本书用海洋生产总值占其地区生产总值比重和海洋生产总值增长速度来测算沿海地区经济增长指数，衡量的是海洋经济发展的能力；用涉海就业人员数占其地区就业人员数比重和涉海就业人员数占全国涉海就业人员数比重两个指标测算劳动就业指数，衡量的是个人参与和享受海洋经济发展成果的程度；选取海洋第三产业增加值占海洋生产总值比重和主要海洋产业增加值占海洋生产总值比重两个指标测算产业结构指数，衡量的是海洋经济发展的结构合理性、可持续性等。

一 经济发展个体指数测算

（一）指标选取及解释

1. 指标选取

对沿海各省（区、市）的海洋经济发展状况进行测评的关键是建立科学合理的评价指标体系，这将直接影响评价结果的正确性。依据指标的代表性、数据的可得性等因素构建评价指标体系，确定经济发展指数的二级指标有经济增长、劳动就业、产业结构；每个二级指标下又各有两个三级指标，是二级指标的具体表现，可直接测量。它们依次为海洋生产总值占其地区生产总值比重、海洋生产总值增长速度、涉海就业人员数占其地区就业人员数比重、涉海就业人员数占全国涉海就业人员数比重、海洋第三产业增加值占海洋生产总值比重、主要海洋产业增加值占海洋生产总值比重（见表 6 - 1）。最终的数据收集主要来源于《中国海洋统计年鉴》（2011～2015 年）。

表 6 - 1　经济发展指数测算指标体系

一级指标	二级指标	三级指标
A1 经济发展指数	B1 经济增长	C1 海洋生产总值占其地区生产总值比重
		C2 海洋生产总值增长速度
	B2 劳动就业	C3 涉海就业人员数占其地区就业人员数比重
		C4 涉海就业人员数占全国涉海就业人员数比重
	B3 产业结构	C5 海洋第三产业增加值占海洋生产总值比重
		C6 主要海洋产业增加值占海洋生产总值比重

2. 指标解释

（1）经济发展指数

经济发展指的是一个国家或者地区按人口平均的实际福利增长过程，不仅意味着经济规模的扩大，而且意味着经济和社会生活水平的提高。海洋经济的发展影响涉海事业的方方面面，是合理利用海洋资源、提升海洋经济实力、保护海洋资源环境的重要保障。因此，本书根据研究对象，结合沿海地区 2011～2015 年的海洋统计资料，最终确定选取经济增长、劳动就业、产业结构三个二级指标来考察经济发展的不同方面。其中具体的测量指标有：海洋生产总值占其地区生产总值比重、海洋生产总值增长速度、涉海就业人员数占其地区就业人员数比重、涉海就业人员数占全国涉海就业人员数比重、海洋第三产业增加值占海洋生产总值比重、主要海洋产业增加值占海洋生产总值比重。

（2）经济增长指数

经济增长通常是指在一个较长的时间跨度上，一个国家或地区人均产出（或人均收入）水平的持续增加。经济增长率的高低体现了一个国家或地区在一定时期内经济总量的增长速度，也是衡量一个国家或地区总体经济实力增长速度的标志。依据海洋统计资料相对完整、权威的《中国海洋统计年鉴》，将经济增长指数操作化为海洋生产总值占其地区生产总值比重和海洋生产总值增长速度两个指标。

海洋生产总值占其地区生产总值比重是由海洋生产总值与其地区生产总值相比得出。其中，海洋生产总值是海洋经济生产总值的简称，指按市场价格计算的沿海地区常住单位在一定时期内海洋经济活动的最终成果，是海洋产业和海洋相关产业增加值之和。地区生产总值指的是一个地区所有常住单位在一定时期内生产活动的最终成果。海洋生产总值增长速度则是由该地区当年的海洋生产总值与上一年的海洋生产总值之差再与上一年的海洋生产总值相比得出。

（3）劳动就业指数

劳动就业是指在劳动年龄内有劳动能力的人，从事某种劳动或者工作，取得劳动报酬或者经营收入，以维持生活的活动。结合海洋产业就业的独特性和海洋统计资料的完整性、精确性，选取涉海就业人员数占其地区就业人员数比重、涉海就业人员数占全国涉海就业人员数比重作为三级指标来衡量沿海地区劳动就业水平。

涉海就业人员数占其地区就业人员数比重是由涉海就业人员数与本地区就业总数相比得出。就业人员指在 16 周岁以上，从事一定社会劳动并取得一定劳动报酬或经营收入的人员，包括各行各业。涉海就业人员指的是从事与海洋有关的工作的就业人员。涉海就业人员数占全国涉海就业人员数比重是由地区涉海就业人员数与全国涉海就业人员数相比得出。

（4）产业结构指数

产业结构是指国民经济各产业部门之间以及各产业部门内部的构成。社会生产的产业结构或部门结构是在一般分工和特殊分工的基础上产生和发展起来的。海洋产业丰富多样，但是随着海洋开发、利用技术的提高，海洋保护意识的增强，海洋产业结构的调整和优化势在必行。因此，选取海洋第三产业增加值占海洋生产总值比重、主要海洋产业增加值占海洋生产总值比重两个指标来衡量海洋产业结构指数。

海洋第三产业增加值占海洋生产总值比重是由海洋第三产业增加值与海洋生产总值相比得出。海洋第三产业，是指除海洋第一、第二产业以外的其他行业，主要包括海洋交通运输业、滨海旅游业、海洋科研教育管理服务业，以及海洋相关产业中属于第三产业范畴的部门。主要海洋产业增加值占海洋生产总值比重是由主要海洋产业增加值与海洋生产总值相比得出。海洋产业是开发、利用和保护海洋所进行的生产和服务活动，包括主要海洋产业和海洋科研教育管理服务业。其中主要海洋产业是指海洋渔业、海洋油气业、海洋矿业、海洋盐业、海洋化工业、海洋生物医药业、海洋电力业、海水利用业、海洋船舶工业、海洋工程建筑业、海洋交通运输业、滨海旅游业。

（二）数据预处理及指标权重的测算

1. 数据预处理

经济发展指数的数据主要来源于《中国海洋统计年鉴》（2011～2015年），年鉴中直接统计出来海洋生产总值、海洋生产总值增长速度、地区涉海就业人员数、全国涉海就业人员数、海洋第三产业增加值以及主要海洋产业增加值等数据，可直接使用。地区就业人员数则来源于地方统计年鉴、地方统计公报数据。

经济发展指数作为一级指标同时又包含 3 个二级指标、6 个三级指标。不同指标收集到的原始数据性质不同，单位相异，因此必须进行标准化处理后统一代入权重函数计算，本书运用德尔菲法、层次分析法对指标权重及标准等级进行确定，建立了计算模型。经济发展指数在处理数据时首先采用（样本值－最小值）／（最大值－最小值）的方法进行无量纲化处理，然后将无量纲化后的结果统一做线性处理（加减乘除四则运算都是线性变换，不影响比较大小的结果），使得每一个结果都在［1，100］的区间，最后代入已计算好的权重函数，得出每个指标的指数得分。

2. 指标权重的测算

沿海地区海洋发展蓝色指标体系分为一级指标 4 个、二级指标 11 个、三级指标 22 个。在一级指标经济发展指数的权重结构中，A1 经济发展指数的权重为 0.36；根据专家打分得出二级指标权重分别为 B1 经济增长 0.15、B2 劳动就业 0.13、B3 产业结构 0.08；三级指标权重为 C1 海洋生产总值占其地区生产总值比重 0.08、C2 海洋生产总值增长速度 0.07、C3 涉海就业人员数占其地区就业人员数比重 0.06、C4 涉海就业人员数占全国涉海就业人员数比重 0.07、C5 海洋第三产业增加值占海洋生产总值比重 0.04、C6 主要海洋产业增加值占海洋生产总值比重 0.04。各级指标权重计算结果见表 6 - 2（为了方便表述，此处的权重只保留两位小数，但计算过程中采用的是原始数据，不影响测算结果，下同）。

表 6 - 2   经济发展指数各指标权重分配

一级指标	权重	二级指标	权重	三级指标	权重
A1 经济 发展指数	0.36	B1 经济增长	0.15	C1 海洋生产总值占其地区生产总值比重	0.08
				C2 海洋生产总值增长速度	0.07
		B2 劳动就业	0.13	C3 涉海就业人员数占其地区就业人员数比重	0.06
				C4 涉海就业人员数占全国涉海就业人员数比重	0.07
		B3 产业结构	0.08	C5 海洋第三产业增加值占海洋生产总值比重	0.04
				C6 主要海洋产业增加值占海洋生产总值比重	0.04

（三）经济发展指数测算

经济发展指数主要包括海洋生产总值占其地区生产总值比重指数、海洋生产总值增长速度指数、涉海就业人员数占其地区就业人员数比重指数、涉海就业人员数占全国涉海就业人员数比重指数、海洋第三产业增加值占海洋生产总值比重指数、主要海洋产业增加值占海洋生产总值比重指数，利用标准化处理后的数据和指标的权重按照公式（6 - 1）对各个经济发展指数的得分进行测算。测算结果分别见表 6 - 3、表 6 - 4、表 6 - 5、表 6 - 6、表 6 - 7、表 6 - 8。

$$I_j = Z_j W_j (j = 1, 2, 3, 4, 5, 6) \tag{6-1}$$

其中，I_1、I_2、I_3、I_4、I_5、I_6 分别代表某一地区在某一年中的海洋生产总值占其地区生产总值比重指数、海洋生产总值增长速度指数、涉海就业人员数占其地区就业人员数比重指数、涉海就业人员数占全国涉海就业人员数比重指数、海洋第三产业增加值占海洋生产总值比重指数、主要海洋产业增加值占海洋生产总值比重指数的得分；Z_j 代表第 j 个指标经过标准化处理后的数据；W_j 代表第 j 个指标的权重。

表 6 - 3   海洋生产总值占其地区生产总值比重指数得分和排名

地区	2010 年		2011 年		2012 年		2013 年		2014 年	
	得分	排名	得分	排名	得分	排名	得分	排名	得分	排名
辽宁省	2.66	7	3.22	7	2.70	8	2.53	8	2.40	7
河北省	0.08	10	0.30	10	0.18	10	0.08	11	0.24	10
天津市	8.30	1	8.30	1	8.30	1	8.30	1	8.30	1

地区	2010 年		2011 年		2012 年		2013 年		2014 年	
	得分	排名	得分	排名	得分	排名	得分	排名	得分	排名
山东省	3.84	5	4.05	5	4.09	6	3.79	6	4.11	6
江苏省	0.96	9	1.19	9	1.04	9	0.76	9	0.76	9
上海市	7.57	2	7.72	2	7.93	2	7.49	2	6.52	2
浙江省	2.60	8	2.87	8	2.90	7	2.60	7	2.34	8
福建省	5.93	4	6.17	4	5.71	4	5.53	4	6.01	4
广西壮族自治区	0.08	10	0.08	11	0.08	11	0.12	10	0.08	11
广东省	3.78	6	3.92	6	4.26	5	3.95	5	4.27	5
海南省	6.57	3	6.65	3	6.90	3	7.14	3	6.30	3

表 6-4　海洋生产总值增长速度指数得分和排名

地区	2010 年		2011 年		2012 年		2013 年		2014 年	
	得分	排名	得分	排名	得分	排名	得分	排名	得分	排名
辽宁省	0.15	10	7.11	1	0.07	11	3.14	5	2.06	8
河北省	2.94	3	6.48	2	3.31	5	1.68	7	6.72	2
天津市	7.11	1	3.21	6	3.34	4	5.80	3	4.12	7
山东省	2.03	7	2.16	8	3.28	6	2.03	6	6.22	4
江苏省	4.54	2	4.36	3	3.06	7	0.07	11	5.23	5
上海市	2.78	4	0.07	11	1.44	9	0.98	10	0.07	11
浙江省	0.07	11	3.31	4	2.47	8	1.13	9	1.60	9
福建省	0.21	9	3.14	7	1.07	10	4.09	4	7.11	1
广西壮族自治区	2.58	6	1.60	9	7.11	1	7.11	1	5.19	6
广东省	2.67	5	1.43	10	4.09	3	1.68	7	6.51	3
海南省	1.12	8	3.28	5	4.37	2	6.66	2	1.14	10

表 6-5　涉海就业人员数占其地区就业人员数比重指数得分和排名

地区	2010 年		2011 年		2012 年		2013 年		2014 年	
	得分	排名	得分	排名	得分	排名	得分	排名	得分	排名
辽宁省	2.03	5	2.25	6	2.32	6	2.38	6	2.47	6
河北省	0.05	11	0.05	11	0.05	11	0.05	11	0.05	11

地区	2010 年		2011 年		2012 年		2013 年		2014 年	
	得分	排名	得分	排名	得分	排名	得分	排名	得分	排名
天津市	5.22	1	4.05	2	4.07	2	4.09	2	4.20	2
山东省	1.19	8	1.16	8	1.23	8	1.31	8	1.40	8
江苏省	0.31	9	0.37	9	0.40	10	0.44	9	0.46	10
上海市	3.40	3	3.28	3	3.45	3	2.92	4	3.10	4
浙江省	1.39	7	1.81	7	1.93	7	2.05	7	2.17	7
福建省	2.89	4	2.96	4	3.00	4	3.22	3	3.28	3
广西壮族自治区	0.28	10	0.33	10	0.42	9	0.44	9	0.48	9
广东省	2.03	5	2.31	5	2.44	5	2.55	5	2.67	5
海南省	4.57	2	5.22	1	5.22	1	5.22	1	5.22	1

表 6-6 涉海就业人员数占全国涉海就业人员数比重指数得分和排名

地区	2010 年		2011 年		2012 年		2013 年		2014 年	
	得分	排名	得分	排名	得分	排名	得分	排名	得分	排名
辽宁省	2.29	5	2.29	5	2.29	5	2.29	5	2.29	5
河北省	0.07	11	0.07	11	0.07	11	0.07	11	0.07	11
天津市	0.82	8	0.82	8	0.82	8	0.82	8	0.82	8
山东省	4.30	2	4.30	2	4.30	2	4.30	2	4.30	2
江苏省	0.99	7	0.99	7	0.99	7	0.99	7	0.99	7
上海市	1.17	6	1.17	6	1.17	6	1.17	6	1.17	6
浙江省	3.28	4	3.28	4	3.28	4	3.28	4	3.28	4
福建省	3.32	3	3.32	3	3.32	3	3.32	3	3.32	3
广西壮族自治区	0.24	10	0.24	10	0.24	10	0.24	10	0.24	10
广东省	7.31	1	7.31	1	7.31	1	7.31	1	7.31	1
海南省	0.41	9	0.41	9	0.41	9	0.41	9	0.41	9

注：沿海地区与全国涉海就业人员数单位均是万人，每年的净增长量小，基数大，且各沿海地区与全国涉海就业人员数增幅保持同步，因此 2010~2014 年各地区涉海就业人员数与全国涉海就业人员数的比重保持不变，因此代入公式所得指数得分不变，误差为万分之一。

表 6-7　海洋第三产业增加值占海洋生产总值比重指数得分和排名

地区	2010 年		2011 年		2012 年		2013 年		2014 年	
	得分	排名	得分	排名	得分	排名	得分	排名	得分	排名
辽宁省	1.39	6	1.50	7	1.74	6	1.92	6	2.14	5
河北省	0.68	10	1.02	10	1.05	9	1.25	9	1.32	8
天津市	0.04	11	0.04	11	0.04	11	0.04	11	0.04	11
山东省	1.25	7	1.52	6	1.36	7	1.47	8	1.42	7
江苏省	0.95	8	1.39	8	1.30	8	1.56	7	0.71	10
上海市	3.51	1	3.51	1	3.51	1	3.51	1	3.51	1
浙江省	1.75	5	1.97	5	1.87	5	2.00	5	2.41	3
福建省	1.84	4	2.00	4	2.08	3	2.09	4	2.17	4
广西壮族自治区	0.92	9	1.27	9	1.05	9	1.00	10	1.19	9
广东省	2.14	3	2.31	3	1.99	4	2.12	3	2.13	6
海南省	2.91	2	3.40	2	3.16	2	2.77	2	2.74	2

表 6-8　主要海洋产业增加值占海洋生产总值比重指数得分和排名

地区	2010 年		2011 年		2012 年		2013 年		2014 年	
	得分	排名	得分	排名	得分	排名	得分	排名	得分	排名
辽宁省	4.25	4	3.56	3	3.84	4	4.14	3	3.82	4
河北省	3.13	6	3.06	5	3.67	5	3.94	5	4.25	2
天津市	4.59	2	4.68	1	4.30	2	4.00	4	4.08	3
山东省	1.96	7	1.79	6	2.26	6	2.39	6	2.30	7
江苏省	1.93	8	1.71	7	1.74	7	1.83	7	1.76	9
上海市	0.82	10	0.54	10	0.45	10	0.40	10	0.05	11
浙江省	1.37	9	1.24	8	1.20	9	1.15	9	2.02	8
福建省	3.69	5	0.72	9	1.66	8	1.77	8	2.54	6
广西壮族自治区	4.68	1	4.29	2	4.68	1	4.68	1	4.68	1
广东省	0.05	11	0.05	11	0.05	11	0.05	11	0.69	10
海南省	4.49	3	3.56	3	3.93	3	4.29	2	3.49	5

二 经济发展指数测算及分析

（一）指数测算

根据上面求得的海洋生产总值占其地区生产总值比重指数、海洋生产总值增长速度指数、涉海就业人员数占其地区就业人员数比重指数、涉海就业人员数占全国涉海就业人员数比重指数、海洋第三产业增加值占海洋生产总值比重指数、主要海洋产业增加值占海洋生产总值比重指数的得分，利用算术求和的方法，按照公式（6-2）求得沿海地区 2010～2014 年的经济增长指数、劳动就业指数、产业结构指数的得分，计算结果见表 6-9、表 6-10、表 6-11。

$$R_j = I_{2j-1} + I_{2j}(j = 1,2,3) \tag{6-2}$$

其中，R_1、R_2、R_3 分别表示某一地区某一年中的经济增长指数、劳动就业指数、产业结构指数的得分；I_{2j-1}、I_{2j} 代表相邻两个三级指标的指数得分（不重复相加）。

表 6-9　经济增长指数得分和排名

地区	2010 年		2011 年		2012 年		2013 年		2014 年	
	得分	排名	得分	排名	得分	排名	得分	排名	得分	排名
辽宁省	2.81	9	10.33	2	2.77	11	5.67	7	4.46	10
河北省	3.03	8	6.79	6	3.49	10	1.76	10	6.96	6
天津市	15.41	1	11.50	1	11.64	1	14.10	1	12.42	2
山东省	5.87	6	6.21	7	7.37	5	5.82	6	10.33	4
江苏省	5.51	7	5.55	9	4.10	9	0.83	11	5.99	8
上海市	10.34	2	7.80	5	9.37	3	8.47	4	6.60	7
浙江省	2.67	10	6.19	8	5.37	8	3.72	9	3.94	11
福建省	6.14	5	9.31	4	6.78	7	9.62	3	13.12	1
广西壮族自治区	2.67	11	1.69	11	7.19	6	7.23	5	5.27	9
广东省	6.45	4	5.35	10	8.34	4	5.63	8	10.78	3
海南省	7.69	3	9.92	3	11.27	2	13.79	2	7.44	5

表 6-10 劳动就业指数得分和排名

地区	2010 年		2011 年		2012 年		2013 年		2014 年	
	得分	排名	得分	排名	得分	排名	得分	排名	得分	排名
辽宁省	4.32	8	4.54	7	4.61	7	4.67	7	4.76	7
河北省	0.13	11	0.13	11	0.13	11	0.13	11	0.13	11
天津市	6.04	3	4.88	6	4.89	6	4.91	6	5.02	6
山东省	5.49	4	5.47	4	5.53	4	5.62	4	5.70	3
江苏省	1.30	9	1.36	9	1.40	9	1.44	9	1.46	9
上海市	4.57	7	4.44	8	4.61	7	4.08	8	4.30	8
浙江省	4.67	6	5.10	5	5.21	5	5.33	5	5.45	5
福建省	6.20	2	6.28	2	6.31	2	6.54	2	6.60	2
广西壮族自治区	0.52	10	0.57	10	0.67	10	0.69	10	0.73	10
广东省	9.33	1	9.62	1	9.75	1	9.86	1	9.98	1
海南省	4.98	5	5.63	3	5.63	3	5.63	3	5.63	4

表 6-11 产业结构指数得分和排名

地区	2010 年		2011 年		2012 年		2013 年		2014 年	
	得分	排名	得分	排名	得分	排名	得分	排名	得分	排名
辽宁省	5.63	2	5.05	3	5.58	3	6.07	2	5.96	2
河北省	3.82	7	4.09	5	4.72	4	5.18	4	5.57	4
天津市	4.62	5	4.71	4	4.34	5	4.03	5	4.12	7
山东省	3.22	8	3.31	7	3.63	8	3.86	7	3.72	8
江苏省	2.88	10	3.10	9	3.05	10	3.39	9	2.46	11
上海市	4.33	6	4.05	6	3.96	6	3.91	6	3.56	9
浙江省	3.12	9	3.21	8	3.06	9	3.15	10	4.43	6
福建省	5.53	4	2.72	10	3.74	7	3.86	7	4.71	5
广西壮族自治区	5.60	3	5.56	2	5.73	2	5.67	3	5.87	3
广东省	2.19	11	2.35	11	2.03	11	2.16	11	2.82	10
海南省	7.40	1	6.96	1	7.09	1	7.07	1	6.23	1

　　根据上面求得的经济增长指数、劳动就业指数和产业结构指数的得分，利用算术求和的方法，按照公式（6-3）求得沿海地区 2010～2014 年的经济发展指数得分，计算结果见表 6-12。

$$Q = R_1 + R_2 + R_3 \qquad\qquad (6-3)$$

其中，Q 表示某一地区某一年的经济发展指数得分，R_1、R_2、R_3 分别表示某省（区、市）在某一年中的经济增长指数、劳动就业指数、产业结构指数的得分。

表 6－12　经济发展指数得分和排名

地区	2010 年		2011 年		2012 年		2013 年		2014 年	
	得分	排名	得分	排名	得分	排名	得分	排名	得分	排名
辽宁省	12.76	7	19.93	3	12.96	9	16.40	6	15.18	6
河北省	6.97	11	11.00	9	8.34	11	7.07	10	12.66	9
天津市	26.07	1	21.09	2	20.87	2	23.04	2	21.56	3
山东省	14.58	6	14.98	7	16.53	6	15.30	7	19.75	4
江苏省	9.69	9	10.01	10	8.55	10	5.66	11	9.90	11
上海市	19.24	3	16.29	6	17.95	4	16.46	5	14.45	7
浙江省	10.46	8	14.49	8	13.64	7	12.20	9	13.81	8
福建省	17.87	5	18.31	4	16.83	5	20.02	3	24.43	1
广西壮族自治区	8.79	10	7.82	11	13.59	8	13.59	8	11.87	10
广东省	17.97	4	17.32	5	20.13	3	17.65	4	23.57	2
海南省	20.07	2	22.52	1	24.00	1	26.49	1	19.31	5

93

（二）动态分析

1. 经济发展指数动态分析

通过对表 6－12 的分析，可以发现天津市、广东省、福建省和海南省的经济发展指数得分相对其他沿海地区具有较为明显的优势。其中，天津市和海南省的经济发展指数得分总体来讲要比广东省和福建省高一些。海南省的经济发展指数得分在 2014 年之前一直呈现上升趋势，但在 2014 年开始呈现下降趋势，天津市的经济发展指数得分波动幅度较小，相对比较平缓。广东省和福建省的经济发展指数得分的总体变化趋势基本一致，呈现平稳发展之后上升的趋势，但广东省的波动幅度较之福建省要大一些，如图 6－1 所示。

天津市、广东省、福建省和海南省的排名在沿海地区一直处于前列，在第 1～5 名波动。其中，天津市和海南省在 2014 年之前一直处于前两名的位置,但在 2014 年排名出现了下降,尤其是海南省下降幅度较大,在 2014 年下降至第 5 名。广东省和福建省的排名总体上要比天津市和海南省低一些,但呈现波动上升趋势,尤其在 2014 年上升幅度较大,排名已赶超天津市和海南省,处于前两名的位置,如图 6 - 2 所示。

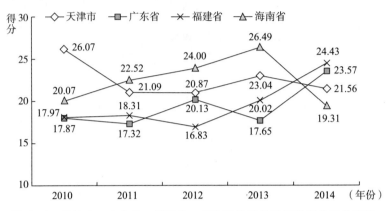

图 6 - 1 天津市、广东省、福建省、海南省经济发展指数得分变化趋势

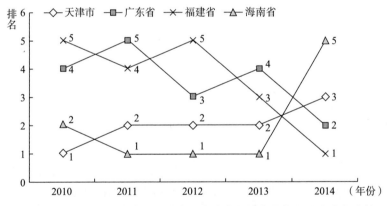

图 6 - 2 天津市、广东省、福建省、海南省经济发展指数排名变化趋势

辽宁省、上海市、山东省和浙江省经济发展指数得分在沿海各省(区、市)中处于中游水平,呈现稳定发展趋势,经济发展指数得分在 15 分上下波动。其中,浙江省的经济发展指数得分相比较于其他三个省市来说总体要低一些,但经济发展较为稳定,山东省总体上呈现稳中有升的趋势,上海市总体上呈现稳中有降的趋势,辽宁省有升有降,波动幅度较大,如图 6 - 3 所示。

辽宁省、上海市、山东省和浙江省的排名在沿海地区一直处于中游水平，在第 3~9 名波动。总体上看，上海市的排名相对较高，浙江省的排名相对较低，山东省的排名处于上海市与浙江省的中间。其中，上海市的排名近几年呈现缓慢下降趋势，在 2014 年降到了第 7 名，而山东省在 2014 年的排名有较大提升，升到了第 4 名。而辽宁省的排名波动较大，最高为第 3 名，最低为第 9 名，但总体上在第 6 名上下波动，如图 6-4 所示。

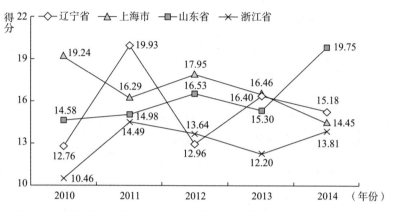

图 6-3　辽宁省、上海市、山东省、浙江省经济发展指数得分变化趋势

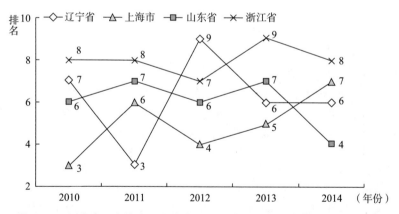

图 6-4　辽宁省、上海市、山东省、浙江省经济发展指数排名变化趋势

河北省、江苏省和广西壮族自治区的经济发展指数得分在沿海各省（区、市）中处于较低水平，有升有降，波动幅度较大。其中，广西壮族自治区和河北省总体来看呈现上升趋势，江苏省总体来看比较平缓，2010 年、2011 年和 2014 年数据基本相同，如图 6-5 所示。

河北省、江苏省和广西壮族自治区的排名在沿海地区处于较低水平，在第 8~11 名波动,有升有降,但总体呈现稳定趋势。其中,广西壮族自治区在 2012 年和 2013 年处于第 8 名的位置,相对于河北省和江苏省的排名来说要高一些。江苏省 2010 年排第 9 名,2011 年和 2012 年排第 10 名,而 2013 年和 2014 年排第 11 名,总体来讲呈现下降趋势。河北省的排名有升有降,2013~2014 年呈现上升趋势,如图 6-6 所示。

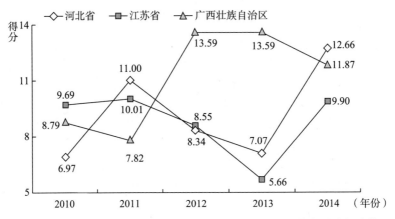

图 6-5 河北省、江苏省、广西壮族自治区经济发展指数得分变化趋势

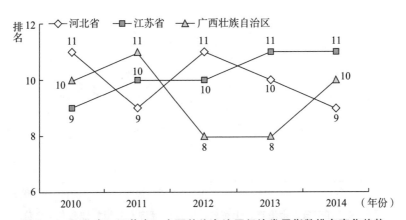

图 6-6 河北省、江苏省、广西壮族自治区经济发展指数排名变化趋势

2. 经济增长指数动态分析

天津市、上海市、福建省和海南省的经济增长指数得分在沿海各省(区、市)中处于较高水平。天津市和海南省的经济增长指数得分总体上要高于上海市和福建省。其中,天津市的经济增长指数得分波动比较小,总体上呈现稳定发展趋势,海南省在 2014 年之前一直呈现上升趋势,而在

2014 年出现了较大幅度的下降。上海市的经济增长指数得分总体上呈现缓慢下降趋势，而福建省在 2013～2014 年呈现上升趋势，如图 6-7 所示。

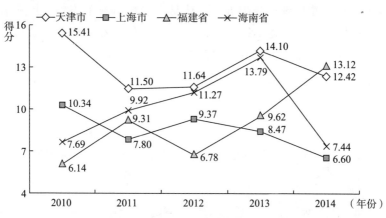

图 6-7 天津市、上海市、福建省、海南省经济增长指数得分变化趋势

天津市、上海市、福建省和海南省的经济增长指数排名总体上处于前列。其中，天津市在 2010～2013 年一直处于第 1 名，2014 年下降至第 2 名，总体上呈现平稳的发展态势。上海市、福建省和海南省的排名波动较大，尤其是上海市和福建省，上海市在 2010 年排第 2 名，而在 2014 年排第 7 名，有升有降，但总体上呈现下降趋势，福建省在 2012 年排第 7 名，而在 2014 年排第 1 名，有升有降，但在 2013～2014 年呈现较大幅度的上升趋势，如图 6-8 所示。

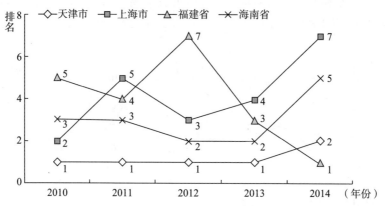

图 6-8 天津市、上海市、福建省、海南省经济增长指数排名变化趋势

河北省、山东省和广东省的经济增长指数得分在沿海各省（区、市）

中处于中游水平，总体上呈现波动上升趋势。其中，河北省波动幅度较大，2012～2013 年呈现下降趋势，2014 年开始上升。山东省和广东省经济增长指数的得分和发展趋势十分相近，总体呈现稳中有升的态势，山东省的发展趋势相比较于广东省要平缓一些，这两个省份的经济增长指数得分都在 2014 年实现了较大幅度的上升，如图 6 - 9 所示。

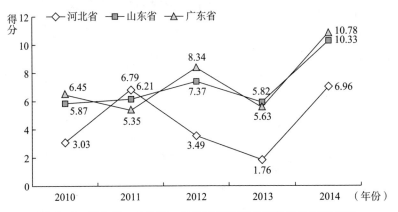

图 6 - 9 河北省、山东省、广东省经济增长指数得分变化趋势

河北省、山东省和广东省的经济增长指数排名在沿海各省（区、市）中处于中间位置，总体上呈现稳中有升的趋势。其中，山东省的排名波动幅度较小，在第 4～7 名波动，总体呈现较小幅度的上升趋势。广东省的排名波动幅度较大，在第 3～10 名变化，最大的波动幅度跨越 6 个名次，最小的波动幅度也跨越了 4 个名次。河北省的波动幅度也较大，而且总体上看其经济增长指数排名要低于山东省和广东省，如图 6 - 10 所示。

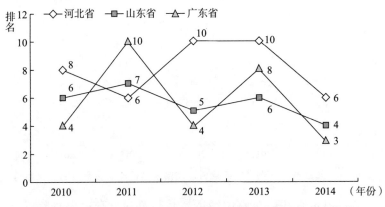

图 6 - 10 河北省、山东省、广东省经济增长指数排名变化趋势

　　辽宁省、江苏省、浙江省和广西壮族自治区的经济增长指数得分在沿海各省（区、市）中处于较低水平，总体上呈现波动发展的趋势，变化幅度较大，但是 2014 年的指数得分与 2010 年的差距不大，在 4 分上下浮动。其中，浙江省是变化幅度最小的省份，一直保持平稳发展，江苏省在 2010 ~ 2013 年一直处于下降趋势，但在 2014 年开始呈现上升趋势，辽宁省波动幅度最大，如图 6 – 11 所示。

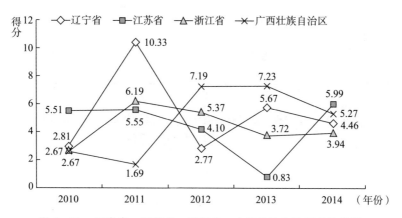

图 6 – 11　辽宁省、江苏省、浙江省、广西壮族自治区经济增长指数得分变化趋势

　　辽宁省、江苏省、浙江省和广西壮族自治区的经济增长指数排名在沿海各省（区、市）中处于较低水平。其中，江苏省和浙江省的排名比较稳定且靠后，一直在第 7 ~ 11 名变化，广西壮族自治区在 2010 年和 2011 年都排在 11 名的位置，2012 年和 2013 年的排名实现了较大幅度的上升，排在了第 6 名和第 5 名，2014 年又出现了较大幅度的下降。辽宁省在 2011 年排在第 2 名，除此之外，在第 7 ~ 11 名波动，如图 6 – 12 所示。

　　3. 劳动就业指数动态分析

　　山东省、福建省、广东省和海南省的劳动就业指数得分相对于其他沿海各省（区、市）具有较为明显的优势，虽然部分省（区、市）之间具有一定的差距，但都呈现平稳发展的趋势。其中，广东省遥遥领先，其劳动就业指数得分一直保持在接近 10 分处，总体上呈现较小幅度的上升趋势。福建省、山东省和海南省的劳动就业指数得分差距较小，都在 6 分上下波动，福建省比山东省和海南省要高一些，一直保持在 6 分以上，山东省和海南省一直保持在 6 分以下，而且这两个省份的指数得分相似性较高，总体上呈现高度重合的趋势，如图 6 - 13 所示。

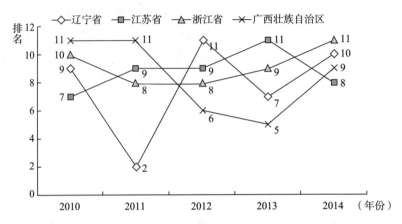

图 6 - 12 辽宁省、江苏省、浙江省、广西壮族自治区经济增长指数排名变化趋势

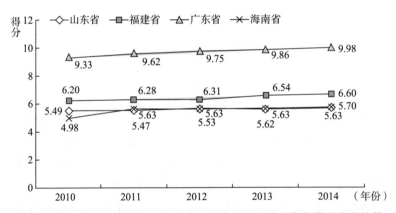

图 6 - 13 山东省、福建省、广东省、海南省劳动就业指数得分变化趋势

山东省、福建省、广东省和海南省的劳动就业指数排名在沿海各省（区、市）中处于前列。其中，广东省和福建省在 2010～2014 年 5 年中一直分别保持在第 1 名和第 2 名的位置，山东省在 2010～2013 年一直处于第 4 名，2014 年上升至第 3 名，海南省在 2010 年排第 5 名，2011～2013 年一直保持在第 3 名，2014 年又降至第 4 名，如图 6 - 14 所示。

辽宁省、天津市、上海市和浙江省的劳动就业指数得分在沿海各省（区、市）中处于中游水平，总体上呈现平稳发展的趋势，指数得分大多在4～6 分波动变化，波动幅度不大。其中，辽宁省和浙江省每年都有较小幅度的上升，天津市在 2011 年实现了小幅度的下降后一直保持平缓发展的趋势，如图 6 - 15 所示。

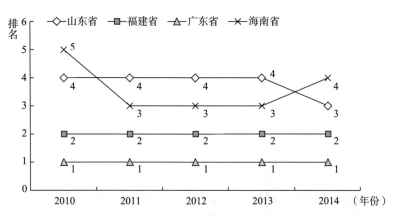

图 6 - 14　山东省、福建省、广东省、海南省劳动就业指数排名变化趋势

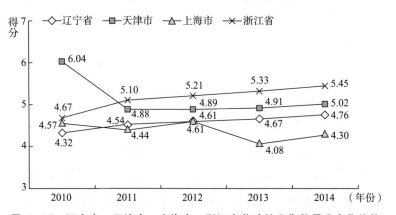

图 6 - 15　辽宁省、天津市、上海市、浙江省劳动就业指数得分变化趋势

辽宁省、天津市、上海市和浙江省的劳动就业指数排名在沿海地区中处于中间位置，总体上呈现稳定发展的趋势。其中，2010～2014 年，辽宁省和上海市一直处于第 7 名和第 8 名的位置，天津市在 2010 年排第 3 名的位置，2011～2014 年一直保持在第 6 名，浙江省在 2010 年排第 6 名，2011～2014 年一直保持在第 5 名的位置，如图 6 - 16 所示。

河北省、江苏省、广西壮族自治区的劳动就业指数得分在沿海各省（区、市）中处于下游水平，总体来看增长缓慢，且这三个省份之间差距较小。其中，江苏省在 1.40 分上下波动，呈现小幅度上升趋势，广西壮族自治区在 0.60 分上下波动，也呈现小幅度上升趋势，河北省呈平稳发展趋势，保持在 0.13 分, 如图 6 – 17 所示。

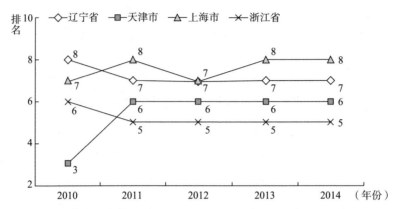

图 6 – 16 辽宁省、天津市、上海市、浙江省劳动就业指数排名变化趋势

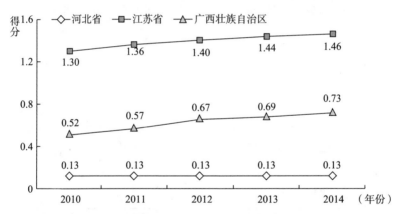

图 6 – 17 河北省、江苏省、广西壮族自治区劳动就业指数得分变化趋势

河北省、江苏省、广西壮族自治区的劳动就业指数排名在沿海各省（区、市）中处于较低水平，呈现平稳发展趋势。2010 ~ 2014 年，河北省一直保持在第 11 名，广西壮族自治区一直保持在第 10 名，江苏省一直保持在第 9 名，如图 6 – 18 所示。

4. 产业结构指数动态分析

辽宁省、广西壮族自治区和海南省的产业结构指数得分相比较于其他沿海各省（区、市）具有较为明显的优势，总体呈现稳定的发展趋势。其中，海南省的产业结构指数得分要比辽宁省和广西壮族自治区高一些，在 7 分上下波动，总体上呈现较小幅度的下降趋势，而辽宁省和广西壮族自治区的指数得分大多在 5~6 分波动，总体上呈现较小幅度的上升趋势，如图 6-19 所示。

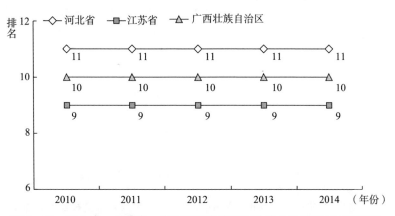

图 6-18 河北省、江苏省、广西壮族自治区劳动就业指数排名变化趋势

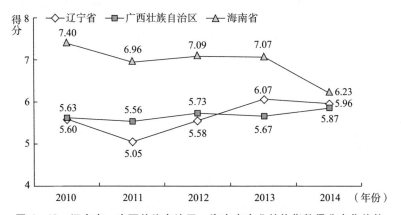

图 6-19 辽宁省、广西壮族自治区、海南省产业结构指数得分变化趋势

辽宁省、广西壮族自治区和海南省的产业结构指数排名在沿海各省（区、市）中处于较高水平，总体上呈现稳定的趋势。其中，海南省在 2010~2014 年稳居第 1 名，而辽宁省和广西壮族自治区包揽了 2010~2014 年第 2 名和第 3 名的位置，如图 6-20 所示。

河北省、天津市、山东省、上海市、福建省的产业结构指数得分在沿海各省（区、市）中处于中游水平，在 3~6 分波动。其中，河北省和山东省大体上呈现上升的趋势，天津市和上海市总体上呈现下降的趋势，而福建省波动幅度较大，在 2011 年出现较大幅度的下降之后，2012~2014 年出现缓慢上升趋势，如图6-21所示。

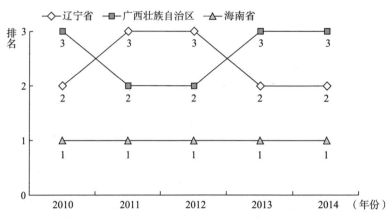

图6-20 辽宁省、广西壮族自治区、海南省产业结构指数排名变化趋势

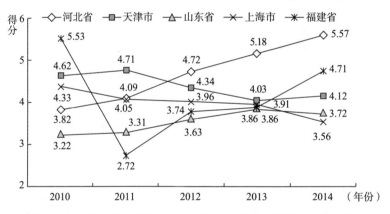

图6-21 河北省、天津市、山东省、上海市、福建省产业结构指数得分变化趋势

河北省、天津市、山东省、上海市、福建省的产业结构指数排名在沿海各省（区、市）中处于中间位置，在第4~10名波动。其中，河北省的排名上升之后呈现稳定发展的态势，2012~2014年保持在第4名的位置，天津市总体上呈现缓慢下降的趋势，上海市总体上比较稳定，2010~2013年一直保持在第6名的位置，2014年出现了较大幅度的下降，排第9名的位置，山东省平稳发展，在第7~8名波动，福建省波动较大，有升有降，如图6-22所示。

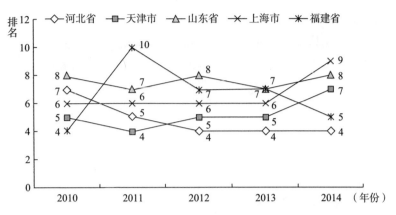

图6-22 河北省、天津市、山东省、上海市、福建省产业结构指数排名变化趋势

江苏省、浙江省和广东省的产业结构指数得分在沿海各省（区、市）中处于较低水平，总体上进步缓慢。其中，2010~2013年浙江省和江苏省的产业结构指数得分在3分上下波动，大体上实现了平稳的发展，而2014年浙江省出现了上升的趋势，江苏省出现了下降的趋势，2010~2014年广东省大多在2~3分平缓发展，如图6-23所示。

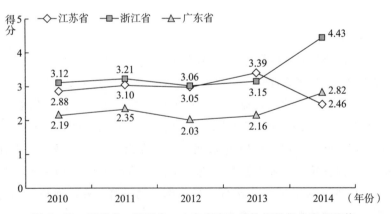

图6-23 江苏省、浙江省、广东省产业结构指数得分变化趋势

江苏省、浙江省和广东省的产业结构指数排名在沿海各省（区、市）中处于较低位置。其中，广东省在2010~2013年一直处于第11名的位置，在2014年升至第10名，江苏省一直在第9~11名波动，浙江省的变动幅度较大，最低至第10名，最高至第6名，如图6-24所示。

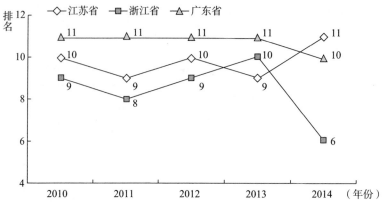

图 6 - 24　江苏省、浙江省、广东省产业结构指数排名变化趋势

三　经济发展水平解读

海洋发展问题本质是海洋经济发展方式的问题。海洋经济系统是由诸多的经济直接因素、间接因素相互促进、相互制约而形成的综合体系，系统内部各直接指标数据、间接指标数据通过不同层面、不同角度体现海洋经济发展水平。

（一）辽宁省

辽宁省的经济发展指数得分在沿海 11 个地区中处于中等水平，由表 6 - 13 可以看出，辽宁省海洋生产总值占其地区生产总值比重保持平稳发展趋势。涉海就业人员数占其地区就业人员数比重在 13% 上下浮动，变化幅度很小，涉海就业人员数占全国涉海就业人员数比重在这 5 年间一直保持在 9.3%，呈现稳定发展趋势，2010～2014 年这两个指标在沿海地区的排名一直保持在中游水平。海洋第三产业增加值占海洋生产总值比重在 2010～2014 年大体呈现上升趋势，只有 2011 年出现了较小幅度的下降，在沿海地区的排名处于中游位置。主要海洋产业增加值占海洋生产总值比重也一直保持在 49% 上下，呈平缓发展趋势。

由图 6 - 25 可知，辽宁省经济增长指数得分在所测年份中变化最大，最高得分为 10.33 分，最低得分为 2.77 分，最高分得益于 2011 年海洋生产总值的较快增长。劳动就业指数得分和产业结构指数得分在所测年份中变化不大，但产业结构指数得分一直高于劳动就业指数得分，海洋第三产业增加值和主要海洋产业增加值几乎每年占海洋生产总值的一半，涉海就业人员数无论是和沿海地区还是在全国范围内做对比，都没有较为明显的优势。因此，在依托高校资源培育海洋专业人才的同时应当提高涉海人员尤其是专业人才所占比重，从而促进海洋经济的发展。

总的来说，辽宁省的经济发展在沿海地区处于中游水平，经济增长、劳动就业、产业结构三方面的发展水平相当，没有明显的优劣势，但海洋生产总值波动较大影响经济发展指数得分，涉海人才培养和就业人员还没有充分发挥对海洋经济发展的作用，因此，辽宁省可以将促进涉海就业作为突破口提升经济发展水平。

表 6 – 13 辽宁省各项指标原始数据

指标	2010 年	2011 年	2012 年	2013 年	2014 年
海洋生产总值占其地区生产总值比重（%）	14.2	15.1	13.7	13.8	13.7
海洋生产总值增长速度（%）	14.8	27.7	1.4	10.3	4.7
涉海就业人员数占其地区就业人员数比重（%）	13.9	13.5	13.3	13.0	12.9
涉海就业人员数占全国涉海就业人员数比重（%）	9.3	9.3	9.3	9.3	9.3
海洋第三产业增加值占海洋生产总值比重（%）	44.5	43.7	47.3	49.2	53.3
主要海洋产业增加值占海洋生产总值比重（%）	49.2	49.1	48.9	49.6	49.2

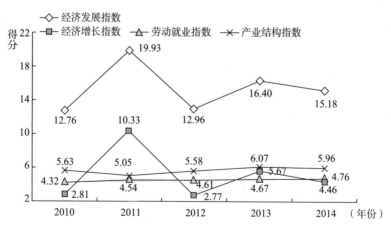

图 6 – 25 辽宁省一、二级指数得分变化趋势

（二）河北省

河北省的经济发展指数得分在沿海地区处于较低水平。由表 6 - 14 可以看出，河北省海洋生产总值占其地区生产总值比重保持平稳发展趋势，但在地区生产总值中所占比重较低。基数小、增速快的特点使得河北省的海洋经济发展水平在沿海地区比较中具有很大的上升空间。涉海就业人员数占其地区就业人员数比重在 2.3% 和 2.4% 处波动变化，涉海就业人员数占全国涉海就业人员数比重在这 5 年间一直保持在 2.8%，呈现稳定发展趋势，2010～2014 年这两个指标在沿海地区的排名一直保持在下游水平。2010～2014 年，海洋第三产业增加值占海洋生产总值比重呈现小幅度的上升趋势，最低比重为 39.2%，最高比重为 47.2%；主要海洋产业增加值占海洋生产总值比重同样呈现小幅上升趋势，最低比重为 45.6%，最高比重为 51.0%。

根据图 6 - 26，就河北省自身海洋经济发展状况来看，产业结构指数得分平稳上升，发展势头良好，但在劳动就业方面与沿海其他地区相比发展较差，而经济增长指数得分波动很大，最高为 6.96 分，最低为 1.76 分，进而影响了经济发展指数的总体得分和排名。海洋生产总值小、涉海就业人员数少且在沿海地区及全国的比重较小严重影响了河北省海洋经济的发展。

综合三个方面的因素，河北省应该促进涉海人员就业，培育海洋科技人才，推进海洋经济的发展。

表 6 - 14 河北省各项指标原始数据

指标	2010 年	2011 年	2012 年	2013 年	2014 年
海洋生产总值占其地区生产总值比重（%）	5.7	5.9	6.1	6.2	7.0
海洋生产总值增长速度（%）	24.9	25.9	11.8	7.4	17.8
涉海就业人员数占其地区就业人员数比重（%）	2.4	2.4	2.3	2.3	2.3
涉海就业人员数占全国涉海就业人员数比重（%）	2.8	2.8	2.8	2.8	2.8
海洋第三产业增加值占海洋生产总值比重（%）	39.2	39.7	41.6	43.2	47.2
主要海洋产业增加值占海洋生产总值比重（%）	45.6	47.2	48.3	48.9	51.0

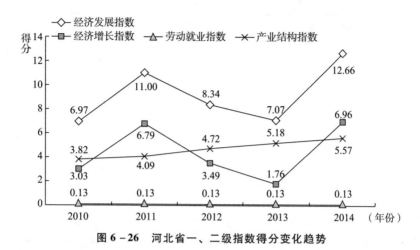

图 6-26　河北省一、二级指数得分变化趋势

（三）天津市

天津市海洋经济实力雄厚、发展迅速，海洋生产总值在 2010～2014 年一直保持稳定增长的趋势，且最低值也在 2010 年的 3000 亿元左右，最高值在 2014 年的 5000 亿元左右。由表 6-15 可以看出，天津市海洋生产总值占其地区生产总值比重保持平稳发展趋势，海洋生产总值增长速度在 2010～2014 年波动幅度较大，但天津市的经济增长指数依然在沿海地区名列前茅。2010～2014 年，涉海就业人员数占其地区就业人员数比重呈下降趋势，从 2010 年的 32.5% 下降到 2011 年的 22.6%，下降幅度较大，但 2012～2014 年下降较缓慢；涉海就业人员数占全国涉海就业人员数比重一直保持在 5.0%。海洋第三产业增加值占海洋生产总值比重在 2010～2014 年呈现小幅度波动的发展趋势，2011 年比重最低，为 31.3%，2014 年比重最高，为 37.6%。主要海洋产业增加值占海洋生产总值比重同样呈现较小幅度波动的发展趋势，2011 年比重最高，为 53.4%，2013 年比重最低，为 49.1%，差距较小。

由图 6-27 可知，天津市经济增长指数得分为总体经济发展水平做出了巨大贡献，优势明显，劳动就业指数和产业结构指数得分相当，且远低于经济增长指数得分。

总的来说，天津市应当调整产业结构，大力发展海洋第三产业，增加涉海就业人员数，更好地促进海洋经济全面、协调发展。

表 6-15 天津市各项指标原始数据

指标	2010 年	2011 年	2012 年	2013 年	2014 年
海洋生产总值占其地区生产总值比重（%）	32.8	31.1	30.6	31.7	32.0
海洋生产总值增长速度（%）	40.0	16.5	11.9	15.6	10.5
涉海就业人员数占其地区就业人员数比重（%）	32.5	22.6	21.8	20.9	20.5
涉海就业人员数占全国涉海就业人员数比重（%）	5.0	5.0	5.0	5.0	5.0
海洋第三产业增加值占海洋生产总值比重（%）	34.3	31.3	33.1	32.5	37.6
主要海洋产业增加值占海洋生产总值比重（%）	50.3	53.4	50.5	49.1	50.3

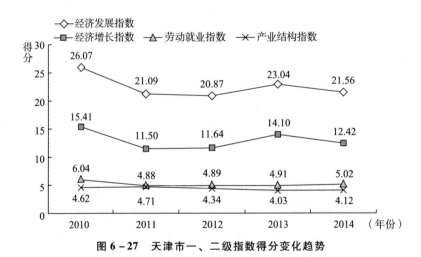

图 6-27 天津市一、二级指数得分变化趋势

（四）山东省

山东省的海洋生产总值在 2010 ~ 2014 年整体呈现稳定上升趋势，而且作为海洋大省，其海洋生产总值最低在 2010 年，为 7000 亿元左右，2014 年上升至 11000 亿元左右。山东省的海洋经济发展指数得分在沿海地区处于中游水平，呈现小幅度波动上升趋势，发展势头良好。

由表 6-16 可以看出，山东省海洋生产总值占其地区生产总值比重保持平稳发展趋势，海洋生产总值增长速度波动较大。2010 ~ 2014 年，涉海就业人员数占其地区就业人员数比重呈现稳定发展趋势，在 8.0% ~ 9.0% 范围内小幅度波动；涉海就业人员数占全国涉海就业人员数比重一直稳定在 15.2%。海洋第三产业增加值占海洋生产总值比重在 2010～2014 年呈现稳中有升的发展趋势，最低比重是 2010 年的 43.5%，最高比重是 2014 年的 47.9%，变化幅度不大。主要海洋产业增加值占海洋生产总值比重在 2010～2013 年呈现较小幅度的上升，2014 年下降了大约 1 个百分点，总体上呈现较稳定的发展趋势。

由图 6-28 可知，山东省经济发展指数中，产业结构指数得分最低，劳动就业指数得分稍高，经济增长指数得分最高且与经济发展指数得分趋势保持一致。

综合三个方面的因素，山东省的经济发展得益于经济增长指数的贡献在沿海地区处于上游水平，2014 年其实现了大幅度的提高，应当继续发挥海洋资源、海洋人才优势，实现海洋经济的长足发展。

表 6-16　山东省各项指标原始数据

指标	2010 年	2011 年	2012 年	2013 年	2014 年
海洋生产总值占其地区生产总值比重（%）	18.1	17.7	17.9	17.7	19.0
海洋生产总值增长速度（%）	21.6	13.5	11.7	8.1	16.4
涉海就业人员数占其地区就业人员数比重（%）	9.0	8.0	8.0	8.1	8.2
涉海就业人员数占全国涉海就业人员数比重（%）	15.2	15.2	15.2	15.2	15.2
海洋第三产业增加值占海洋生产总值比重（%）	43.5	43.9	44.2	45.2	47.9
主要海洋产业增加值占海洋生产总值比重（%）	41.8	42.3	43.4	43.7	42.8

（五）江苏省

江苏省的海洋生产总值在 2010～2014 年一直呈现上升趋势，最低为 2010 年的 3500 亿元左右，最高为 2014 年的 5500 亿元左右。江苏省的经济发展指数得分在沿海地区处于下游水平。

如表 6-17 所示，江苏省海洋生产总值占其地区生产总值比重一直保持在 8.5% 左右，呈现稳定发展趋势。海洋生产总值增长速度在 2010～2013 年呈大幅下降趋势，2014 年有所回升。2010～2014 年，涉海就业人员数占其地区就业人员数比重较小，且保持稳定发展趋势，一直在 3.9%～4.1% 范

图 6 – 28　山东省一、二级指数得分变化趋势

围内波动；涉海就业人员数占全国涉海就业人员数比重一直保持在 5.5%。海洋第三产业增加值占海洋生产总值比重在 2010～2013 年保持小幅度上升趋势，而在 2014 年出现了下降现象。而主要海洋产业增加值占海洋生产总值比重在 40.5%～42.0% 范围内波动，变化幅度不大。

由图 6 – 29 可知，江苏省经济增长指数对经济发展指数影响最大，产业结构指数次之，劳动就业指数最小，三个二级指标发展情况差距较大、不均衡。受经济增长指数影响，江苏省经济发展指数得分在 2013 年出现了大幅度下降，主要是因为海洋生产总值增长速度较慢。

综合三个方面的因素，江苏省在增加涉海就业人员数、调整产业结构、发展海洋第三产业方面都应该继续努力。

表 6 – 17　江苏省各项指标原始数据

指标	2010 年	2011 年	2012 年	2013 年	2014 年
海洋生产总值占其地区生产总值比重（%）	8.6	8.7	8.7	8.3	8.6
海洋生产总值增长速度（%）	30.7	19.8	11.0	4.2	13.6
涉海就业人员数占其地区就业人员数比重（%）	3.9	4.0	4.0	4.1	4.1
涉海就业人员数占全国涉海就业人员数比重（%）	5.5	5.5	5.5	5.5	5.5
海洋第三产业增加值占海洋生产总值比重（%）	41.2	42.8	43.7	46.0	42.6
主要海洋产业增加值占海洋生产总值比重（%）	41.7	42.0	41.6	41.8	40.5

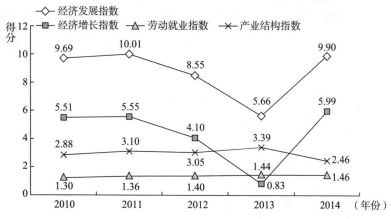

图 6 – 29   江苏省一、二级指数得分变化趋势

（六）上海市

上海市的海洋生产总值在 2010 ~ 2013 年一直保持上升趋势，2014 年出现较小幅度的下降，总体来说变化幅度不大，大体上在 5000 亿 ~ 6000 亿元变化。

如表 6 – 18 所示，上海市的海洋生产总值占其地区生产总值比重在 2010 ~ 2013 年基本保持在 29.5% 左右，2014 年稍微下降，在沿海地区排名较高。海洋生产总值增长速度在 2010 ~ 2014 年下降幅度较大，2014 年出现了负增长。涉海就业人员数占其地区就业人员数比重较小，2010 ~ 2013 年总体呈现小幅度的下降趋势，而 2014 年出现小幅度的上升；涉海就业人员数占全国涉海就业人员数比重在 2010 ~ 2013 年一直保持在 6.0%，2014 年为 6.1%。海洋第三产业增加值占海洋生产总值比重在 2010 ~ 2014 年保持小幅度上升趋势。而主要海洋产业增加值占海洋生产总值比重在 2010 ~ 2014 年呈现较小幅度的下降趋势。

根据图 6 – 30 可知，上海市经济发展指数得分总体上呈下降趋势，基本在 15 分以上。上海市海洋生产总值在沿海地区排名靠前，经济增长指数贡献最大。劳动就业指数和产业结构指数得分变化不大，与经济增长指数有一定的差距。

综合三个方面的因素，上海市的经济发展在沿海地区总体处于中游水平，但基数大，增速变慢，海洋第三产业增加值的贡献在沿海地区中比重较高，应继续发挥其优势所在，促进海洋经济全面、协调发展。

表 6 – 18　上海市各项指标原始数据

指标	2010 年	2011 年	2012 年	2013 年	2014 年
海洋生产总值占其地区生产总值比重（%）	30.4	29.3	29.5	29.2	26.5
海洋生产总值增长速度（%）	24.3	7.5	5.8	6.0	– 0.9
涉海就业人员数占其地区就业人员数比重（%）	21.9	18.7	18.8	15.5	15.7
涉海就业人员数占全国涉海就业人员数比重（%）	6.0	6.0	6.0	6.0	6.1
海洋第三产业增加值占海洋生产总值比重（%）	60.5	60.8	62.1	63.2	63.5
主要海洋产业增加值占海洋生产总值比重（%）	38.1	37.5	37.1	37.0	33.3

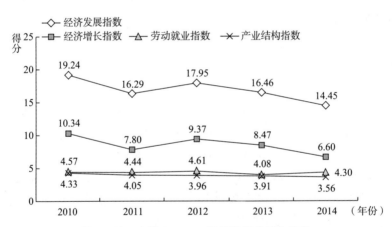

图 6 – 30　上海市一、二级指数得分变化趋势

（七）浙江省

浙江省的海洋生产总值在 2010 ~ 2014 年一直保持上升趋势，在 4000 亿 ~ 5500 亿元变化，其经济发展指数得分在沿海地区处于中等水平。

如表 6 – 19 所示，浙江省的海洋生产总值占其地区生产总值比重在 14.0% 左右，基本保持稳定。海洋生产总值增长速度总体在下降，降幅为 11.1 个百分点。涉海就业人员数占其地区就业人员数比重较小，2011 ~ 2014 年以每年 0.1 个百分点的速度小幅上升。2010 ~ 2014 年涉海就业人员数占全国涉海就业人员数比重一直保持在 12.2%。海洋第三产业增加值占海洋生产总值比重在 2010 ~ 2014 年保持小幅度上升趋势，2014 年达到

55.3%。2010～2014 年主要海洋产业增加值占海洋生产总值比重呈现较小幅度的波动变化趋势，在 40.0% 上下波动。

如图 6－31 所示，浙江省经济增长、劳动就业、产业结构三个方面的指数得分差距不大，发展较为均衡。经济增长指数受海洋生产总值增长速度的影响波动较大，最高为 6.19 分，最低为 2.67 分。劳动就业指数得分在 2010～2014 年一直高于产业结构指数得分。

综合三个方面的因素，浙江省的经济发展在沿海地区处于中游水平，未来应该更加注重调整产业结构，促进海洋经济的快速发展。

表 6－19　浙江省各项指标原始数据

指标	2010 年	2011 年	2012 年	2013 年	2014 年
海洋生产总值占其地区生产总值比重（%）	14.0	14.0	14.3	14.0	13.5
海洋生产总值增长速度（%）	14.5	16.8	9.1	6.3	3.4
涉海就业人员数占其地区就业人员数比重（%）	10.2	11.3	11.4	11.5	11.6
涉海就业人员数占全国涉海就业人员数比重（%）	12.2	12.2	12.2	12.2	12.2
海洋第三产业增加值占海洋生产总值比重（%）	47.2	47.7	48.4	49.9	55.3
主要海洋产业增加值占海洋生产总值比重（%）	39.9	40.2	39.7	39.5	41.6

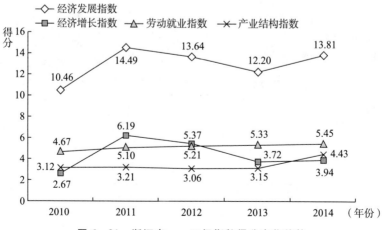

图 6－31　浙江省一、二级指数得分变化趋势

（八）福建省

福建省的海洋生产总值在 2010～2014 年一直保持上升趋势，在 3500 亿～6000 亿元变化，其经济发展指数在沿海地区的排名在第 1～5 位变化，变化幅度较大。

如表 6-20 所示，福建省的海洋生产总值占其地区生产总值比重在 24.0% 左右波动。海洋生产总值增长速度在 2010～2014 年变化较大，最低为 2012 年的 4.6%，最高为 2014 年的 18.9%。涉海就业人员数占其地区就业人员数比重较小，在 2010～2014 年大体上呈现小幅度的下降趋势，平均约为 17.2%。涉海就业人员数占全国涉海就业人员数比重在 2010～2014 年一直保持在 12.3%。海洋第三产业增加值占海洋生产总值比重在 2010～2014 年保持小幅度上升趋势，大体上占一半。而主要海洋产业增加值占海洋生产总值比重在 2011～2014 年呈现较小幅度的上升趋势，一直保持在 38.0% 以上。

如图 6-32 可知，福建省经济发展指数得分总体呈上升趋势，二级指标对经济发展指数的贡献从大到小依次为经济增长指数、劳动就业指数、产业结构指数，但差距不大。

综合三个方面的因素，福建省的经济发展在沿海地区处于上游水平。2012 年产业结构指数得分较低，进而拉低了经济发展指数得分，因此，未来应该将产业结构的调整作为侧重点以提升发展潜力。

表 6-20 福建省各项指标原始数据

指标	2010 年	2011 年	2012 年	2013 年	2014 年
海洋生产总值占其地区生产总值比重（%）	25.0	24.4	22.8	23.1	24.9
海洋生产总值增长速度（%）	15.0	16.3	4.6	12.2	18.9
涉海就业人员数占其地区就业人员数比重（%）	18.9	17.1	16.6	16.9	16.5
涉海就业人员数占全国涉海就业人员数比重（%）	12.3	12.3	12.3	12.3	12.3
海洋第三产业增加值占海洋生产总值比重（%）	47.9	48.0	50.2	50.7	53.5
主要海洋产业增加值占海洋生产总值比重（%）	47.4	38.2	41.3	41.6	43.8

（九）广西壮族自治区

广西壮族自治区的海洋生产总值在 2010～2014 年出现了较大幅度的增

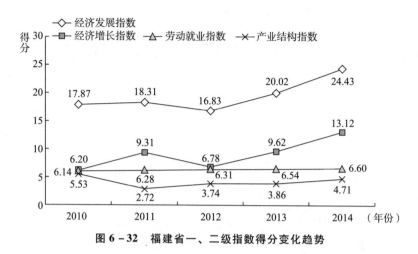

图 6-32 福建省一、二级指数得分变化趋势

加,在 600 亿 ~ 1000 亿元范围内变化,但其经济发展指数得分在沿海地区较低,发展较差。

如表 6-21 所示,广西壮族自治区的海洋生产总值占其地区生产总值比重约为 6.0%,在沿海地区的排名偏后。海洋生产总值增长速度在沿海地区的排名出现较大幅度的波动,2010 年和 2012 年高达 23.6% 和 24.0%,位居前列。2010~2014 年,涉海就业人员数占其地区就业人员数比重较小,大体上在 4.0% 左右波动变化;涉海就业人员数占全国涉海就业人员数比重一直保持在 3.3%。海洋第三产业增加值占海洋生产总值比重在 2010~2013 年大体上保持稳定发展趋势,约为 41.0%,2014 年出现较大幅度的增长。而主要海洋产业增加值占海洋生产总值比重在 2010~2014 年保持稳定发展趋势,约为 51.0%。

根据图 6-33 得知,2010~2014 年广西壮族自治区经济发展指数得分变化较大,最高为 2012 年和 2013 年的 13.59 分,最低为 2011 年的 7.82 分。产业结构指数在二级指标中总体得分最高且稳定,经济增长指数得分波动较大,劳动就业指数得分最低,涉海就业人员占沿海地区以及全国涉海就业人员数比重都不足 5.0%,经济发展不平衡。

综合三个方面的因素,广西壮族自治区的经济发展在沿海地区处于下游水平。未来应加快海洋人才培养,促进涉海就业,调整产业结构,提供更多就业机会等。

表 6 – 21　广西壮族自治区各项指标原始数据

指标	2010 年	2011 年	2012 年	2013 年	2014 年
海洋生产总值占其地区生产总值比重（%）	5.7	5.2	5.8	6.3	6.5
海洋生产总值增长速度（%）	23.6	11.9	24.0	18.2	13.5
涉海就业人员数占其地区就业人员数比重（%）	3.7	3.8	4.1	4.1	4.2
涉海就业人员数占全国涉海就业人员数比重（%）	3.3	3.3	3.3	3.3	3.3
海洋第三产业增加值占海洋生产总值比重（%）	41.0	41.8	41.6	41.0	46.2
主要海洋产业增加值占海洋生产总值比重（%）	50.6	51.9	51.8	51.4	52.8

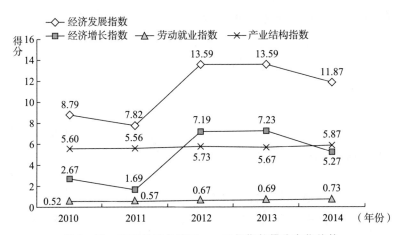

图 6 – 33　广西壮族自治区一、二级指数得分变化趋势

（十）广东省

通过表 6 – 22 和图 6 – 34 可分析出，广东省经济发展指数得分区间为 [17.32，23.57]，在沿海地区经济发展指数对比中处于上游水平。广东省的海洋生产总值在 2010 ～ 2014 年一直保持上升趋势，在 8000 亿 ～ 14000 亿元变化，海洋生产总值占其地区生产总值比重总体上有小幅提升，2014 年增长至 19.5%。海洋生产总值增长速度变化较大，最低为 2013 年的 7.4%，最高为 2010 年的 23.9%。2010 ～ 2014 年，涉海就业人员数占其地区就业人员数比重在 13.8% 和 13.9% 之间交替变化；涉海就业人员数占全国涉海就业人员数比重一直保持在 24.0%。海洋第三产业增加值占海洋生产总值比重在

2010～2014 年呈现稳定发展趋势，在 50.0% 上下波动。而主要海洋产业增加值占海洋生产总值比重约为 36.0%。

2010～2014 年，广东省经济发展二级指标中，劳动就业指数得分总体上最高，最高为 9.98 分；产业结构指数得分最低，最低为 2.03 分；经济增长指数得分变化较大，最高为 10.78 分。大部分沿海地区主要海洋产业增加值占海洋生产总值的比重在 40%～50%，而广东省平均不到 36.0%，成了海洋经济发展中的短板。

总的来说，广东省的经济发展在沿海地区处于上游水平，但仍要注重主要海洋产业和海洋第三产业的协调发展。

表 6 - 22　广东省各项指标原始数据

指标	2010 年	2011 年	2012 年	2013 年	2014 年
海洋生产总值占其地区生产总值比重（%）	17.9	17.3	18.4	18.2	19.5
海洋生产总值增长速度（%）	23.9	11.4	14.3	7.4	17.2
涉海就业人员数占其地区就业人员数比重（%）	13.9	13.8	13.9	13.8	13.8
涉海就业人员数占全国涉海就业人员数比重（%）	24.0	24.0	24.0	24.0	24.0
海洋第三产业增加值占海洋生产总值比重（%）	50.2	50.6	49.4	50.9	53.2
主要海洋产业增加值占海洋生产总值比重（%）	35.6	35.6	35.7	35.8	36.0

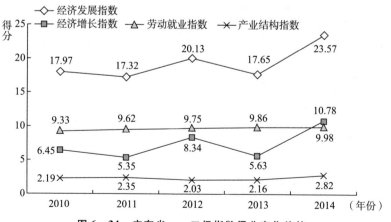

图 6 - 34　广东省一、二级指数得分变化趋势

（十一）海南省

海南省的海洋生产总值在 2010~2014 年保持上升趋势，在 500 亿~900 亿元浮动。其海洋经济发展指数得分在沿海地区处于较高水平。由表 6-23 和图 6-35 分析可知，海南省的海洋生产总值占其地区生产总值比重在 26.0%上下波动，基本保持稳定。海洋生产总值增长速度在 2010~2013 年有小幅变化，但 2014 年陡然跌至 2.1%。2010~2014 年，涉海就业人员数占其地区就业人员数比重在 25.0%~29.0%波动变化；涉海就业人员数占全国涉海就业人员数比重一直保持 3.8%。海洋第三产业增加值占海洋生产总值比重在 2010~2014 年保持稳定发展趋势，波动幅度较小，约为 58.0%。而主要海洋产业增加值占海洋生产总值比重在 2010~2014 年呈现较小幅度的波动变化趋势，约为 50.0%。

2010~2013 年，海南省经济增长指数得分呈上升趋势，并达到最高点，为 13.79 分，这一年经济发展指数得分也是最高的，达 26.49 分。劳动就业指数和产业结构指数得分在所测年份中变化不大，产业结构指数得分稍高。

总的来说，海南省的经济发展在沿海地区处于上游水平，应继续发挥涉海就业人员数较多和主要海洋产业与海洋第三产业均衡发展的优势，实现进一步增长。

表 6-23　海南省各项指标原始数据

指标	2010 年	2011 年	2012 年	2013 年	2014 年
海洋生产总值占其地区生产总值比重（%）	27.1	25.9	26.4	28.1	25.8
海洋生产总值增长速度（%）	18.3	16.7	15.2	17.3	2.1
涉海就业人员数占其地区就业人员数比重（%）	28.7	28.5	27.4	26.1	25.0
涉海就业人员数占全国涉海就业人员数比重（%）	3.8	3.8	3.8	3.8	3.8
海洋第三产业增加值占海洋生产总值比重（%）	56.0	59.9	59.2	56.7	57.8
主要海洋产业增加值占海洋生产总值比重（%）	50.0	49.1	49.2	50.1	47.8

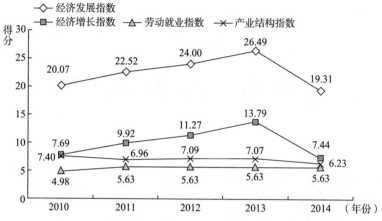

图 6-35　海南省一、二级指数得分变化趋势

第七章　社会进步指数测评

人的发展既是沿海地区进步的目的也是动力。一方面，沿海地区经济发展、政治建设、生态建设以实现人的全面发展为目标；另一方面，沿海地区的发展依赖科技水平的提升和人才的培养。基于此，本书选取沿海地区渔民人均纯收入和沿海地区城镇居民人均可支配收入来测量生活质量指标，用来衡量各地区发展的物质基础；选取大专及以上海洋专业在校生数量和大专及以上海洋相关专业点数来测量教育水平，衡量的是地区为实现人的可持续发展所提供的条件和水平；选取大专及以上海洋科技活动人员数、海洋科研机构经费收入总额来测量科技水平，衡量的是沿海地区科技投入、产出以及人才力量的培养成果。

一　社会进步个体指数测算

（一）指标选取及解释

1. 指标选取

在分析国内外相关指标体系、明确研究对象的基础上，充分考虑数据的典型性以及可获得性，最终确定社会进步指数的二级指标有生活质量、教育水平以及科技水平；每个二级指标下又各有两个三级指标，是二级指标的具体表现方面，可直接测量。它们依次为沿海地区城镇居民人均可支配收入、沿海地区渔民人均纯收入、大专及以上海洋专业在校生数量、大专及以上海洋相关专业点数、大专及以上海洋科技活动人员数、海洋科研机构经费收入总额（见表7-1）。最终的数据收集主要来源于《中国海洋统计年鉴》（2011~2015年）以及《中国渔业统计年鉴》（2011~2015年）。

表 7 - 1　社会进步指数测算指标体系

一级指标	二级指标	三级指标
A2 社会进步 指数	B4 生活质量	C7 沿海地区城镇居民人均可支配收入
		C8 沿海地区渔民人均纯收入
	B5 教育水平	C9 大专及以上海洋专业在校生数量
		C10 大专及以上海洋相关专业点数
	B6 科技水平	C11 大专及以上海洋科技活动人员数
		C12 海洋科研机构经费收入总额

2. 指标解释

（1）社会进步指数

20 世纪 50～60 年代，世界各国就开始纷纷建立社会进步的测量体系，针对不同的测量维度和内容，所建立的测量体系不尽相同。因此，其使用范围和普遍性难以确定。国内在 21 世纪初才开始进行关于社会进步指数的系统研究，并且因研究对象和方法的不同，呈现百花齐放的态势。近十年，关于社会进步的研究也更加全面、系统。"社会进步指标体系是根据不同研究目的、要求和研究对象的特征，把客观上存在联系的、说明社会现象性质的若干个指标，科学地加以分类和组合形成社会进步指标体系的框架。"[1]它能反映一个国家或地区一定时期内社会进步的整体状况。因此，根据研究对象，结合沿海地区 2011～2015 年的海洋统计资料，最终确定选取生活质量、教育水平和科技水平来考察社会进步的不同方面。具体的测量指标有沿海地区城镇居民人均可支配收入、沿海地区渔民人均纯收入、大专及以上海洋专业在校生数量、大专及以上海洋相关专业点数、大专及以上海洋科技活动人员数、海洋科研机构经费收入总额。

（2）生活质量指数

生活质量包括主观和客观两个方面，能够反映出居民在物质生活和精神生活中需要的满足程度，评价研究侧重测量客观方面。客观方面主要强调人民生活的物质条件，包括生活收入、平均工资、生活消费支出、居住面积等方面。诚然，主观与客观或输入与输出指标的结合才能更加完整、全面地衡量居民生活质量，囿于现有数据，具体测量指标的选取可结合可

---

① 朱庆芳：《社会发展指标体系的建立与应用》，《中国人口·资源与环境》1995 年第 2 期。

获得资料确定。而沿海地区生活质量评价研究区别于内陆研究，更加关注海洋经济的贡献及渔民生活质量的变化。依据海洋统计资料相对完整、权威的《中国海洋统计年鉴》和《中国渔业统计年鉴》，将生活质量指标操作化为沿海地区城镇居民人均可支配收入、沿海地区渔民人均纯收入两个指标。

沿海地区城镇居民人均可支配收入是由城镇家庭可支配收入与人口数相比得出。城镇家庭可支配收入是指家庭成员得到可用于最终消费支出和其他非义务性支出以及储蓄的总和，即居民家庭可以用来自由支配的收入。它是家庭总收入扣除交纳的所得税、个人交纳的社会保障支出以及记账补贴后的收入，计算公式为可支配收入＝家庭总收入－交纳的所得税－个人交纳的社会保障支出－记账补贴。城镇人口则是指居住在城镇范围内的全部常住人口。城镇居民人均可支配收入是按人口平均的可支配收入水平，反映的是一个地区或城镇居民的平均可支配收入水平，可以作为消费水平、最低工资标准、各项保障水平等指标的参照标准。

沿海地区渔民人均纯收入是由渔民纯收入与人口数相比得出。渔民纯收入是指渔民家庭当年从各种来源得到的总收入相应地扣除所发生的费用后的收入总和。纯收入主要用于再生产投入和当年的生活消费支出，也可用于储蓄和各种非义务性支出，计算方法为全年纯收入＝全年总收入－家庭经营费用支出－生产性固定资产折旧－税费支出。渔民人均纯收入是按人口平均的纯收入水平，反映的是一个地区或一个渔民家庭的居民平均收入水平。

（3）教育水平指数

《教育管理辞典》把教育水平定义为"一定社会条件下，各级各类教育的结构体系及其数量与质量的总和所体现的教育发展达到的程度"。[1] 对于具体的衡量指标，根据不同的研究对象和目的，不同学者构建了不同的评价体系。因此，将高等教育水平理解为在一定社会条件下，高等教育体系及其数量和质量所体现的高等教育发展达到的程度，以此来衡量高质量劳动力以及高级专门人才的培养力度。在关于高等教育水平的研究中，测量指标因研究对象不同而异，在查阅各类海洋统计资料的基础上，最终选取大专及以上海洋专业在校生数量和大专及以上海洋相关专业点数来衡量沿海地区教育水平（成人教育除外）。诚然，在统计资料中也包括高校教师数

---

① 俞家庆主编《教育管理辞典》，海南出版社，2005。

量、专著数量、论文数量等指标，但是每个年份的统计不完全一致，在选取年份内能够完整获取的只有在校生数量以及相关专业点数。这里使用的"海洋专业"是指高等教育所设的与海洋有关的专业。

（4）科技水平指数

科技水平是以单位科学知识、方法、精神、理论的掌握程度来衡量的，具体体现为科研成果的数量、科技成果的应用范围、科研队伍的能力、科研人才的培养、科研设备的效能等内容，该科技水平指数主要探讨沿海地区科研机构的科技水平。科研机构科技水平的指标体系总体涉及以下方面：政策性指标（政策关联度）、基础建设指标（设备、人才、经费收入等）、效益性指标（科研课题数、专著和论文数等）、综合指标（安全治理、创新精神、社会贡献等）。在海洋类统计资料中，还未涉及以上所有内容，统计较多的有科研队伍构成、科研课题数、专著和论文数、经费收入、研究与试验发展（R&D）经费内部支出（统计年度内全社会实际用于基础研究、应用研究和试验发展的经费支出，包括实际用于研究与试验发展活动的人员劳务费、原材料费、固定资产购建费、管理费及其他费用支出）等。

海洋科研机构是指有明确的研究方向和任务，有一定水平的学术带头人和一定数量、质量的研究人员，有开展研究工作的基本条件，长期有组织地从事海洋研究与开发活动的机构。利用科研队伍构成表计算大专及以上海洋科技活动人员数，以此衡量各地区海洋科研队伍实力，海洋科技活动人员即指从业人员中的科技管理人员、课题活动人员和科技服务人员；选取海洋科研机构经费收入总额来比较历年经费收入变化趋势。值得一提的是，海洋科研机构 R&D 经费内部支出更能代表海洋科研投入，它与地区 R&D 经费内部支出总额的比值似乎更能体现地区海洋科研的投资力度，遗憾的是缺少 2010 年的海洋科研机构 R&D 经费内部支出数据，所以用海洋科研机构经费收入总额做了替换。最终，用大专及以上海洋科技活动人员数和海洋科研机构经费收入总额指标从科研队伍力量以及科研经费的支持力度两个方面衡量地区海洋科研机构科技水平。

（二）数据预处理及指标权重的测算

1. 数据预处理

社会进步指数的数据主要来源于《中国海洋统计年鉴》（2011～2015年）以及《中国渔业统计年鉴》（2011～2015年），年鉴中直接统计出了历年沿海地区城镇居民人均可支配收入、沿海地区渔民人均纯收入以及分地区海洋科研机构经费收入总额，大专及以上海洋科技活动人员数则是根据"分地区海洋科研机构科技活动人员学历构成统计"（来源于《中国海洋统计年鉴》）中大专、本科、硕士、博士人数计算得来的，大专及以上海洋专业在校生数量和大专及以上海洋相关专业点数则是根据"分地区各海洋专业博士研究生（硕士、本科、专科）情况统计"（来源于《中国海洋统计年鉴》）中数据计算得来的。另外，指标体系在确定的过程中依据数据的可获得性、代表性以及涉及时间连续性不断更改和完善。例如，最初用大专及以上海洋专业在校生数量和大专及以上海洋专业毕业生数量来衡量地区教育水平，考虑到上一年度的在校生包含部分下一年度的毕业生，两个指标会有部分重合，因此用大专及以上海洋相关专业点数来替代。由于 R&D 经费内部支出 2010 年的统计数据缺失，将之更换为海洋科研机构经费收入总额。

　　社会进步指数作为一级指标同时又包含 3 个二级指标、6 个三级指标。不同指标收集到的原始数据性质不同，单位相异，因此必须进行标准化处理后统一代入权重函数计算，本书运用德尔菲法、层次分析法对指标权重及标准等级进行确定，建立了计算模型。社会进步指数在处理数据时首先采用（样本值－最小值）/（最大值－最小值）的方法进行无量纲化处理，然后将无量纲化后的结果统一做线性处理（加减乘除四则运算都是线性变换，不影响比较大小的结果），使得每一个结果都在 [1, 100] 的区间，最后代入已计算好的权重函数，得出每个指标的指数得分。

　　2. 指标权重的测算

　　沿海地区海洋发展蓝色指标体系分为一级指标 4 个、二级指标 11 个、三级指标 22 个。在一级指标社会进步指数的权重结构中，A2 社会进步指数权重为 0.24；根据专家打分得出二级指标的权重分别为 B4 生活质量 0.10、B5 教育水平 0.06、B6 科技水平 0.08；三级指标权重为 C7 沿海地区城镇居民人均可支配收入 0.05、C8 沿海地区渔民人均纯收入 0.05、C9 大专及以上海洋专业在校生数量 0.03、C10 大专及以上海洋相关专业点数 0.03、C11 大专及以上海洋科技活动人员数 0.05、C12 海洋科研机构经费收入总额 0.03。各级指标权重计算结果见表 7－2（为了方便表述，此处的权重只保留两位小数，但计算过程中采用的是原始数据，不影响测算结果，下同）。

表7-2 社会进步指数各指标权重分配

一级指标	权重	二级指标	权重	三级指标	权重
A2 社会 进步指数	0.24	B4 生活质量	0.10	C7 沿海地区城镇居民人均可支配收入	0.05
				C8 沿海地区渔民人均纯收入	0.05
		B5 教育水平	0.06	C9 大专及以上海洋专业在校生数量	0.03
				C10 大专及以上海洋相关专业点数	0.03
		B6 科技水平	0.08	C11 大专及以上海洋科技活动人员数	0.05
				C12 海洋科研机构经费收入总额	0.03

（三）社会进步指数测算

社会进步指数主要包括沿海地区城镇居民人均可支配收入指数、沿海地区渔民人均纯收入指数、大专及以上海洋专业在校生数量指数、大专及以上海洋相关专业点数指数、大专及以上海洋科技活动人员数指数、海洋科研机构经费收入总额指数，利用标准化处理后的数据和指标的权重按照公式（7-1）对各个社会进步指数的得分进行测算。测算结果分别见表7-3、表7-4、表7-5、表7-6、表7-7、表7-8。

$$I_j = Z_j W_j (j = 1,2,3,4,5,6) \tag{7-1}$$

其中，I_1、I_2、I_3、I_4、I_5、I_6分别代表某一地区在某一年中的沿海地区城镇居民人均可支配收入指数、沿海地区渔民人均纯收入指数、大专及以上海洋专业在校生数量指数、大专及以上海洋相关专业点数指数、大专及以上海洋科技活动人员数指数、海洋科研机构经费收入总额指数的得分；Z_j代表第j个指标经过标准化处理后的数据；W_j代表第j个指标的权重。

表7-3 沿海地区城镇居民人均可支配收入指数得分及排名

地区	2010年		2011年		2012年		2013年		2014年	
	得分	排名	得分	排名	得分	排名	得分	排名	得分	排名
辽宁省	0.75	8	0.70	8	0.81	8	1.35	7	1.13	8
河北省	0.27	10	0.05	10	0.05	11	0.27	10	0.05	11
天津市	2.96	3	2.64	3	2.53	4	2.42	3	1.67	5
山东省	1.51	7	1.40	7	1.51	7	1.02	8	1.19	7
江苏省	2.48	5	2.48	5	2.53	4	2.10	4	2.26	3
上海市	5.44	1	5.44	1	5.44	1	5.44	1	5.44	1

地区	2010 年		2011 年		2012 年		2013 年		2014 年	
	得分	排名	得分	排名	得分	排名	得分	排名	得分	排名
浙江省	3.93	2	3.88	2	3.88	2	3.07	2	3.61	2
福建省	2.16	6	2.05	6	2.10	6	1.40	6	1.51	6
广西壮族自治区	0.54	9	0.22	9	0.27	9	0.05	11	0.16	9
广东省	2.80	4	2.64	3	2.69	3	1.83	5	1.78	4
海南省	0.05	11	0.05	10	0.16	10	0.38	9	0.11	10

表 7-4　沿海地区渔民人均纯收入指数得分及排名

地区	2010 年		2011 年		2012 年		2013 年		2014 年	
	得分	排名	得分	排名	得分	排名	得分	排名	得分	排名
辽宁省	3.00	4	2.68	6	2.31	6	1.76	6	1.85	6
河北省	0.05	11	0.05	11	0.05	11	0.05	11	0.05	11
天津市	4.11	2	4.11	2	4.20	2	4.29	2	4.62	2
山东省	1.52	7	1.57	7	1.62	7	1.66	7	1.85	6
江苏省	2.08	6	2.77	5	3.33	4	3.19	3	3.37	4
上海市	4.66	1	4.66	1	4.66	1	4.66	1	4.66	1
浙江省	3.83	3	3.97	3	3.56	3	3.14	4	3.46	3
福建省	0.55	10	0.83	9	1.11	9	1.20	8	1.25	8
广西壮族自治区	2.91	5	3.19	4	2.86	5	2.77	5	2.82	5
广东省	0.97	8	0.79	10	0.83	10	0.79	10	0.69	10
海南省	0.74	9	0.92	8	1.25	8	1.11	9	0.79	9

表 7-5　大专及以上海洋专业在校生数量指数得分及排名

地区	2010 年		2011 年		2012 年		2013 年		2014 年	
	得分	排名	得分	排名	得分	排名	得分	排名	得分	排名
辽宁省	1.32	3	1.52	3	1.67	3	1.89	2	1.99	2
河北省	0.27	9	0.27	9	0.17	10	0.17	10	0.17	10
天津市	0.54	8	0.61	8	0.61	8	0.61	8	0.61	8
山东省	2.48	1	2.48	1	2.48	1	2.48	1	2.48	1
江苏省	1.99	2	2.01	2	1.94	2	1.84	3	1.84	3
上海市	1.23	4	1.20	4	1.05	4	1.13	4	1.10	5

续表

地区	2010 年		2011 年		2012 年		2013 年		2014 年	
	得分	排名	得分	排名	得分	排名	得分	排名	得分	排名
浙江省	0.71	7	0.74	7	0.76	7	0.88	7	0.96	7
福建省	0.81	5	0.86	5	0.88	5	1.01	6	1.05	6
广西壮族自治区	0.15	10	0.27	9	0.27	9	0.29	9	0.32	9
广东省	0.74	6	0.81	6	0.88	5	1.03	5	1.15	4
海南省	0.02	11	0.02	11	0.02	11	0.02	11	0.02	11

表 7-6　大专及以上海洋相关专业点数指数得分及排名

地区	2010 年		2011 年		2012 年		2013 年		2014 年	
	得分	排名	得分	排名	得分	排名	得分	排名	得分	排名
辽宁省	1.29	6	1.41	5	1.50	5	1.62	5	1.87	5
河北省	0.55	9	0.55	8	0.52	9	0.70	8	0.86	8
天津市	0.58	8	0.55	8	0.55	8	0.61	9	0.61	9
山东省	3.09	1	3.09	1	3.09	1	3.09	1	3.09	1
江苏省	2.27	2	2.36	2	2.48	2	2.42	2	2.63	2
上海市	2.05	3	1.87	3	1.65	4	1.72	3	1.93	4
浙江省	1.50	4	1.38	6	1.47	6	1.72	3	1.96	3
福建省	1.23	7	1.13	7	1.16	7	1.32	7	1.53	7
广西壮族自治区	0.25	10	0.43	10	0.49	10	0.52	10	0.61	9
广东省	1.50	4	1.56	4	1.75	3	1.56	6	1.56	6
海南省	0.03	11	0.03	11	0.03	11	0.03	11	0.03	11

129

表 7-7　大专及以上海洋科技活动人员数指数得分及排名

地区	2010 年		2011 年		2012 年		2013 年		2014 年	
	得分	排名	得分	排名	得分	排名	得分	排名	得分	排名
辽宁省	2.84	6	2.39	6	2.49	6	2.34	6	2.44	6
河北省	0.80	9	0.70	9	0.75	9	0.65	9	0.45	10
天津市	3.69	4	3.34	4	3.29	4	3.14	4	3.19	4
山东省	4.74	2	5.04	1	5.04	1	4.84	2	4.89	2
江苏省	4.54	3	3.04	5	2.64	5	2.49	5	2.64	5
上海市	5.04	1	5.04	1	5.04	1	5.04	1	5.04	1

续表

地区	2010 年		2011 年		2012 年		2013 年		2014 年	
	得分	排名	得分	排名	得分	排名	得分	排名	得分	排名
浙江省	2.10	7	2.24	7	2.29	7	2.24	7	2.29	7
福建省	1.50	8	1.45	8	1.50	8	1.60	8	1.35	8
广西壮族自治区	0.45	10	0.50	10	0.45	10	0.40	10	0.65	9
广东省	3.49	5	4.04	3	4.04	3	4.09	3	4.79	3
海南省	0.05	11	0.05	11	0.05	11	0.05	11	0.05	11

表 7 - 8   海洋科研机构经费收入总额指数得分及排名

地区	2010 年		2011 年		2012 年		2013 年		2014 年	
	得分	排名	得分	排名	得分	排名	得分	排名	得分	排名
辽宁省	1.18	6	1.22	7	1.09	7	1.09	7	1.03	7
河北省	0.12	9	0.12	9	0.06	9	0.09	9	0.06	10
天津市	2.21	3	1.87	5	1.59	5	1.50	5	1.34	5
山东省	2.62	2	2.99	2	3.15	1	3.15	1	3.15	1
江苏省	1.84	5	2.03	4	1.96	3	2.03	3	2.00	4
上海市	3.15	1	3.15	1	2.87	2	2.96	2	2.99	2
浙江省	1.18	6	1.31	6	1.28	6	1.28	6	1.15	6
福建省	0.59	8	0.59	8	0.78	8	0.65	8	0.94	8
广西壮族自治区	0.09	10	0.06	10	0.03	10	0.09	9	0.65	9
广东省	2.12	4	2.06	3	1.75	4	1.90	4	2.24	3
海南省	0.03	11	0.03	11	0.03	10	0.03	11	0.03	11

二 社会进步指数测算及分析

(一) 指数测算

根据上面求得的沿海地区城镇居民人均可支配收入指数、沿海地区渔民人均纯收入指数、大专及以上海洋专业在校生数量指数、大专及以上海洋相关专业点数指数、大专及以上海洋科技活动人员数指数、海洋科研机构经费收入总额指数的得分,利用算术求和的方法,按照公式 (7-2) 求得沿海地区 2010~2014 年的生活质量指数、教育水平指数、科技水平指数的得分,计算结果见表7-9、表7-10、表7-11。

$$R_j = I_{2j-1} + I_{2j}(j = 1,2,3) \tag{7-2}$$

其中，R_1、R_2、R_3 分别表示某一地区某一年中的生活质量指数、教育水平指数、科技水平指数的得分；I_{2j-1}、I_{2j} 代表相邻两个三级指标的指数得分（不重复相加）。

表7-9 生活质量指数得分及排名

地区	2010年		2011年		2012年		2013年		2014年	
	得分	排名	得分	排名	得分	排名	得分	排名	得分	排名
辽宁省	3.76	6	3.38	7	3.12	9	3.10	5	2.98	6
河北省	0.32	11	0.10	11	0.10	11	0.32	11	0.10	11
天津市	7.07	3	6.75	3	6.74	3	6.72	2	6.29	3
山东省	3.03	8	2.97	8	3.13	7	2.69	7	3.03	5
江苏省	4.56	4	5.25	4	5.86	4	5.29	4	5.63	4
上海市	10.11	1	10.11	1	10.11	1	10.11	1	10.11	1
浙江省	7.77	2	7.85	2	7.44	2	6.21	3	7.07	2
福建省	2.71	9	2.88	9	3.21	6	2.60	9	2.76	8
广西壮族自治区	3.45	7	3.40	6	3.13	7	2.83	6	2.98	6
广东省	3.77	5	3.43	5	3.53	5	2.62	8	2.47	9
海南省	0.79	10	0.98	10	1.41	10	1.49	10	0.89	10

注：2014年辽宁省和广西壮族自治区城镇居民人均可支配收入分别为29081.7元、24669元，渔民人均纯收入分别为16021.59元、18221.9元，但是经过指数测算函数计算以后，生活质量指数得分完全相同，都为2.98，所以排名一致。

表7-10 教育水平指数得分及排名

地区	2010年		2011年		2012年		2013年		2014年	
	得分	排名	得分	排名	得分	排名	得分	排名	得分	排名
辽宁省	2.61	4	2.93	4	3.17	3	3.51	3	3.85	3
河北省	0.82	9	0.82	9	0.69	10	0.88	9	1.03	9
天津市	1.12	8	1.16	8	1.16	8	1.23	8	1.23	8
山东省	5.57	1	5.57	1	5.57	1	5.57	1	5.57	1
江苏省	4.25	2	4.37	2	4.42	2	4.26	2	4.47	2
上海市	3.28	3	3.07	3	2.71	4	2.84	4	3.03	4

续表

地区	2010 年		2011 年		2012 年		2013 年		2014 年	
	得分	排名	得分	排名	得分	排名	得分	排名	得分	排名
浙江省	2.21	6	2.11	6	2.23	6	2.60	5	2.92	5
福建省	2.03	7	1.99	7	2.05	7	2.32	7	2.59	7
广西壮族自治区	0.39	10	0.70	10	0.76	9	0.82	10	0.93	10
广东省	2.24	5	2.37	5	2.63	5	2.59	6	2.71	6
海南省	0.06	11	0.06	11	0.06	11	0.06	11	0.06	11

表 7 - 11 科技水平指数得分及排名

地区	2010 年		2011 年		2012 年		2013 年		2014 年	
	得分	排名	得分	排名	得分	排名	得分	排名	得分	排名
辽宁省	4.03	6	3.61	6	3.59	6	3.44	7	3.47	6
河北省	0.92	9	0.82	9	0.81	9	0.74	9	0.51	10
天津市	5.90	4	5.21	4	4.88	4	4.64	4	4.53	5
山东省	7.36	2	8.03	2	8.19	1	7.99	2	8.04	1
江苏省	6.38	3	5.07	5	4.61	5	4.52	5	4.64	4
上海市	8.19	1	8.19	1	7.91	2	8.00	1	8.03	2
浙江省	3.28	7	3.55	7	3.57	7	3.52	6	3.45	7
福建省	2.09	8	2.04	8	2.28	8	2.25	8	2.28	8
广西壮族自治区	0.54	10	0.56	10	0.48	10	0.49	10	1.30	9
广东省	5.61	5	6.10	3	5.79	3	5.99	3	7.03	3
海南省	0.08	11	0.08	11	0.08	11	0.08	11	0.08	11

根据上面求得的生活质量指数、教育水平指数、科技水平指数的得分，利用算术求和的方法，按照公式（7-3）求得沿海地区 2010～2014 年的社会进步指数得分，计算结果见表 7-12。

$$Q = R_1 + R_2 + R_3 \qquad (7-3)$$

其中，Q 表示某一地区某一年的社会进步指数得分，R_1、R_2、R_3 分别表示某一地区在某一年中的生活质量指数、教育水平指数、科技水平指数的得分。

表 7 - 12　社会进步指数得分及排名

地区	2010 年		2011 年		2012 年		2013 年		2014 年	
	得分	排名	得分	排名	得分	排名	得分	排名	得分	排名
辽宁省	10.40	7	9.92	7	9.87	7	10.05	7	10.31	7
河北省	2.06	10	1.75	10	1.61	10	1.94	10	1.64	10
天津市	14.10	4	13.13	5	12.78	5	12.58	4	12.05	6
山东省	15.96	2	16.57	2	16.88	2	16.24	2	16.64	2
江苏省	15.19	3	14.69	3	14.88	3	14.07	3	14.75	3
上海市	21.57	1	21.36	1	20.72	1	20.95	1	21.17	1
浙江省	13.26	5	13.52	4	13.24	4	12.33	5	13.44	4
福建省	6.83	8	6.91	8	7.53	8	7.18	8	7.62	8
广西壮族自治区	4.38	9	4.66	9	4.37	9	4.13	9	5.22	9
广东省	11.62	6	11.90	6	11.94	6	11.20	6	12.22	5
海南省	0.93	11	1.12	11	1.55	11	1.62	11	1.03	11

（二）动态分析

1. 社会进步指数动态分析

从表 7 - 12 中可以看出，上海市、山东省、江苏省 2010～2014 年的社会进步指数得分均保持在较高水平，稳居三甲（见图 7 - 2），其中上海市优势最为明显，各项指标遥遥领先，历年得分波动不大，且皆在 20 分以上（见图 7 - 1）。上海市依靠强大的经济实力提高了居民生活质量，拥有复旦大学、同济大学等全国著名高等院校，培养了大批优秀海洋科研人才，其雄厚的经济基础也为科研机构提供了强有力的支持。山东省、江苏省的社会进步发展实力相当，但与上海市有一定的差距。从 2010～2014 年山东省和江苏省的社会进步指数得分的变化情况来看，虽然基本保持同升同降，但两省之间的差距有继续拉大的趋势。山东省拥有较多数量的海洋专业在校生，科研队伍强大，潜力优于江苏省。

天津市、浙江省、广东省、辽宁省的社会进步指数得分处于中等水平，仍基本保持在 10 分以上（见图 7 - 3）。2010～2014 年辽宁省的社会进步指数得分波动不大，几乎没有变化。辽宁省的大专及以上海洋专业在校生数量、大专及以上海洋相关专业点数为其社会进步做了贡献，但是城镇居民人均可支配收入以及渔民人均纯收入偏低，且不稳定，还应继续发挥海洋专业人才较多的优势，提升科研机构建设能力。

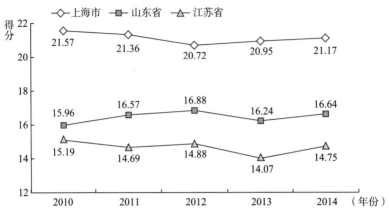

图 7－1　上海市、山东省、江苏省社会进步指数得分变化趋势

134

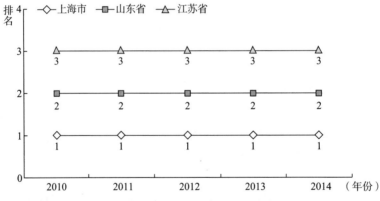

图 7－2　上海市、山东省、江苏省社会进步指数排名变化趋势

　　广东省和浙江省的社会进步指数得分波动较大，且都在 2013 年处于低谷，广东省 2013 年的城镇居民人均可支配收入排名下滑明显和渔民人均纯收入排名靠后，对社会进步指数总体排名影响较大。浙江省居民生活质量较高，优势明显，但是教育水平指数和科技水平指数的得分处于相对劣势，在海洋科研机构人才培养和海洋科研经费投入方面还应继续加大力度。

　　2010～2014 年天津市的社会进步指数得分持续下降，社会进步水平处于中等，但是生活质量指数、科技水平指数基本保持在第 3、4 名，而教育水平指数则是第 8 名，且 2010～2014 年发展进步不大，虽然有南开大学、天津大学等著名学府，但是增加海洋相关专业的设置以及加强专业人才的培养是近几年的重点努力方向。

从图 7 - 3 可以看出，四省份社会进步水平差距明显，而且在生活质量指数、教育水平指数、科技水平指数方面都稍有偏废，应查缺补漏，均衡发展。四省份的社会进步指数排名变化趋势如图 7 - 4 所示。

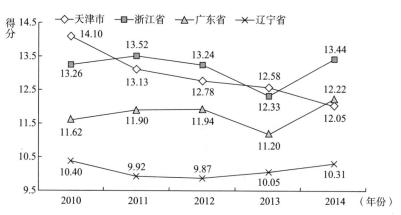

图 7 - 3　天津市、浙江省、广东省、辽宁省社会进步指数得分变化趋势

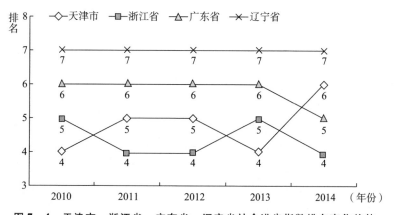

图 7 - 4　天津市、浙江省、广东省、辽宁省社会进步指数排名变化趋势

通过对图 7 - 5、图 7 - 6 的分析可以看出，福建省、广西壮族自治区、河北省、海南省的社会进步指数得分较低，都在 10 分以下，排名靠后，薄弱环节明显。

福建省的社会进步指数得分略高于其他三省份，并且从趋势上看波动不大，稳中有升。福建省社会进步指数排名中教育水平靠前，科技水平次之，生活质量靠后。虽然在第三梯队表现良好，但与上一梯队的辽宁省差

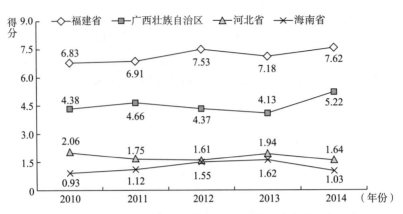

图 7－5　福建省、广西壮族自治区、河北省、海南省社会进步
指数得分变化趋势

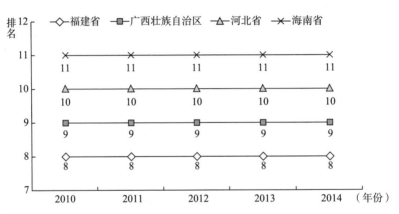

图 7－6　福建省、广西壮族自治区、河北省、海南省社会进步
指数排名变化趋势

距较大，渔民生活水平较低，应充分利用国家海洋局第三海洋研究所以及厦门大学的平台，为科研机构、国家重点实验室培养更多的海洋专业人才。

　　广西壮族自治区在 2010～2013 年社会进步指数发展趋势比较平缓，2014 年有了较大幅度的提升。在社会进步指数的构成中，广西壮族自治区的渔民人均纯收入是相对较高的，教育水平指数和科技水平指数得分较低，无论是在人才培养还是在科研经费收入方面都处于劣势。

　　河北省和海南省在沿海地区中社会进步指数得分较低，且 2010～2014 年变化不明显，呈现基数小、增长慢的特点。河北省在教育水平、科技水平方面都优于海南省，但两省与其他地区的差距不言而喻。

2. 生活质量指数动态分析

由表 7–9 分析得出，上海市、浙江省、天津市、江苏省的生活质量指数得分名列前茅。上海市以绝对的优势始终遥遥领先，城镇居民人均可支配收入在 2012 年就突破 40000 元大关，是同年河北省的近两倍；截至 2014 年，上海市渔民人均纯收入也是同年河北省的两倍；从 2010～2014 年的生活质量指数得分总体水平来看，上海市远超其他地区。

浙江省的生活质量指数得分波动较大，2011～2013 年一直处于下滑状态，原因主要是 2013 年城镇居民人均可支配收入突然减少，影响总体得分。此时，一直平稳发展的天津市生活质量指数得分也在 2013 年超越了浙江省。2014 年浙江省城镇居民人均可支配收入的大幅度增加，使其生活质量指数得分依然高于天津市，但仍低于自身前几年的水平。

2010～2012 年江苏省城镇居民人均可支配收入以及渔民人均纯收入都在逐年增加，使生活质量指数得分呈现平稳上升的趋势，2012 年达到最高峰，2013 年受城镇居民人均可支配收入减少 5000 元的影响，其生活质量指数得分有所下降。总体来说，通过对图 7–7、图 7–8 的分析可以看出，上海市、天津市、江苏省生活质量指数得分相对稳定，浙江省的生活质量指数得分稍有波动。

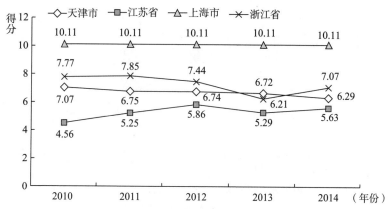

图 7–7 天津市、江苏省、上海市、浙江省生活质量指数得分变化趋势

通过对表 7–9 分析可以看出，山东省、辽宁省、广西壮族自治区、广东省的生活质量指数得分处于中等水平，且普遍波动较大，有下降趋势，只有山东省的总体趋势相对稳定，但进步不大。

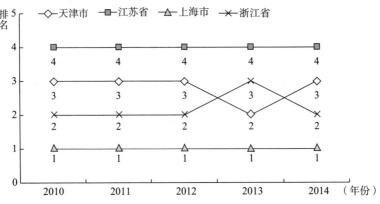

图7-8 天津市、江苏省、上海市、浙江省生活质量指数排名变化趋势

2010年辽宁省和广东省在城镇居民人均可支配收入和渔民人均纯收入两方面都很有优势，但2011年同时下降。广东省在2012年和2013年受城镇居民人均可支配收入的影响出现大幅波动，并在2014年降落至中等水平，渔民人均纯收入虽然在逐年增长，但增幅很小。辽宁省的生活质量指数得分在2012年后趋于平稳（见图7-9）。

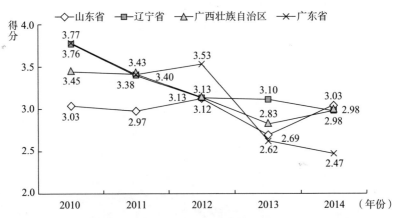

图7-9 山东省、辽宁省、广西壮族自治区、广东省生活质量
指数得分变化趋势

广西壮族自治区在2013年城镇居民人均可支配收入锐减约7000元，呈现急剧下滑的趋势，2014年开始回升。山东省也同样出现了这种情况。从图7-9的生活质量指数得分趋势中可以看出，山东省、广西壮族自治区、广东省都在2013年出现了大幅度下降，2014年山东省、广西壮族自治区又

回升到了与前几年实力相当的水平。四省份的生活质量指数排名变化趋势如图 7 − 10 所示。

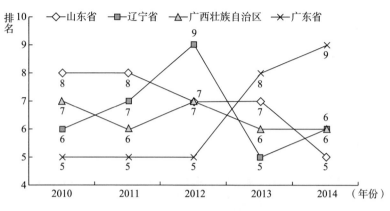

图 7 − 10　山东省、辽宁省、广西壮族自治区、广东省生活质量
指数排名变化趋势

图 7 − 11 是福建省、海南省、河北省的生活质量指数得分变化趋势，从图中可以看出三省的生活质量水平总体较低，波动幅度较小，2010 ～ 2014 年的生活质量指数得分基本低于 3 分，但也有一定的差距。2010 ～ 2012 年福建省城镇居民人均可支配收入和渔民人均纯收入逐年增加，使生活质量指数得分达到最高值 3.21 分，2013 年城镇居民人均可支配收入由 28055.24 元减少到 21217.9 元，使生活质量指数得分出现明显下降。海南省、河北省城镇居民人均可支配收入和渔民人均纯收入基本处于当年最低水平，自身波动变化小，河北省生活质量指数得分明显偏低。三省份的生活质量指数排名变化趋势如图 7 − 12 所示。

3. 教育水平指数动态分析

通过表 7 − 10 分析可以得出，辽宁省、山东省、江苏省、上海市教育水平指数得分处于领先水平，其中山东省拥有的大专及以上海洋专业在校生数量、大专及以上海洋相关专业点数最多，有较好的教育资源，培养了大批海洋专业人才。江苏省次之，增长趋势相对平稳，2013 年大专及以上海洋专业在校生数量减少，教育水平指数得分有所下降。

2010 年上海市依靠较多的大专及以上海洋相关专业点数，其教育水平指数得分稍高于辽宁省，2010 ～ 2014 年辽宁省的大专及以上海洋专业在校生数量和大专及以上海洋相关专业点数逐年增加，近五年增长速度平缓，

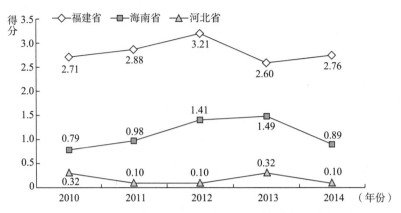

图 7 – 11 福建省、海南省、河北省生活质量指数得分变化趋势

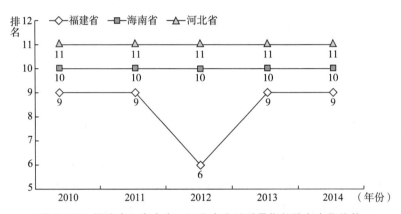

图 7 – 12 福建省、海南省、河北省生活质量指数排名变化趋势

并在 2011 年凭借大专及以上海洋专业在校生数量和大专及以上海洋相关专业点数分别以 9.4%、12.5% 的增速，使其教育水平指数得分在 2012 年超越上海市，未来增长潜力巨大。2010～2012 年上海市大专及以上海洋专业在校生数量和大专及以上海洋相关专业点数都在减少，使其教育水平指数得分整体呈下降趋势，2013 年、2014 年有所回升。通过对图 7 – 13、图 7 – 14 的分析，总体来说，辽宁省、山东省、江苏省、上海市的教育水平指数得分较高、排名靠前，其在大专及以上海洋专业在校生数量和大专及以上海洋相关专业点数方面都有较大优势，教育资源以及海洋专业人才实力雄厚。

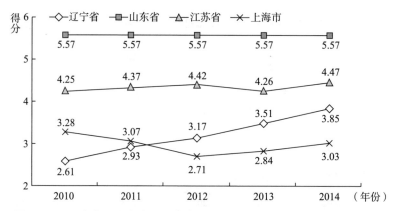

图 7-13 辽宁省、山东省、江苏省、上海市教育水平指数得分变化趋势

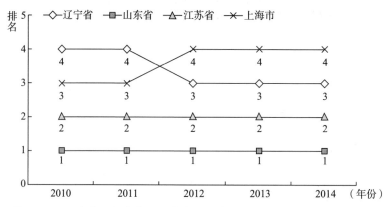

图 7-14 辽宁省、山东省、江苏省、上海市教育水平指数排名变化趋势

教育水平指数得分在 1 分以上的中等水平地区有天津市、浙江省、福建省、广东省。由图 7-15、图 7-16 教育水平指数得分和排名在 2010~2014 年变化趋势可以看出，天津市变化较小，总体水平比较平稳，进展缓慢。浙江省、福建省、广东省的教育水平指数得分则都是稳中有升。广东省在 2010~2012 年大专及以上海洋专业在校生数量和大专及以上海洋相关专业点数都逐年增长，2012 年大专及以上海洋相关专业点数增加近 13%，教育水平指数得分整体增速较快，2012 年之后增速较为平缓。

浙江省、福建省的教育水平指数得分增长趋势基本一致，以 2012 年为节点，由之前的平缓趋势转为快速增长。虽然浙江省的大专及以上海洋专业在校生数量稍微低于福建省，但是其大专及以上海洋相关专业点数增长迅速，使其 2010~2014 年教育水平指数得分整体高于福建省。

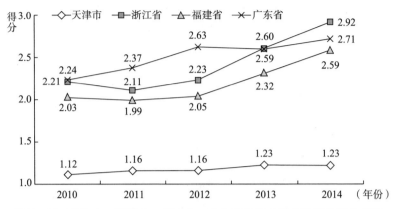

图 7 – 15　天津市、浙江省、福建省、广东省教育水平指数得分变化趋势

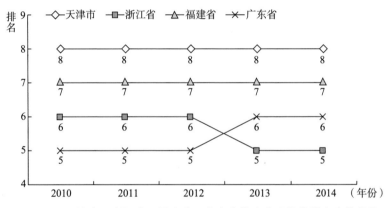

图 7 – 16　天津市、浙江省、福建省、广东省教育水平指数排名变化趋势

　　从表 7 – 10 可以看出，沿海地区中，海南省、河北省、广西壮族自治区的教育水平指数得分整体较低，基本不足 1 分。2010～2013 年海南省大专及以上海洋专业在校生数量逐年减少，大专及以上海洋相关专业点数时有波动，但增长缓慢，是沿海地区教育发展的最低水平，亟须加大建设力度。河北省以 2012 年为分界线，其教育水平指数得分先下降后上升，并在 2013 年大专及以上海洋相关专业点数由 36 个增加为 45 个，增速为 25%。广西壮族自治区 2012 年的大专及以上海洋专业在校生数量和大专及以上海洋相关专业点数都有大幅增加，使其教育水平指数得分增速较快，2012 年之后增速减缓，但一直保持平稳上升的趋势。截至 2014 年，广西壮族自治区整体教育水平指数得分低于河北省。通过对图 7 – 17、图 7 – 18 的分析发现，海南省、河北省、广西壮族自治区教育水平指数得分整体处于低水平，排名靠后，无论是大专及以上海洋专业在校生

数量还是大专及以上海洋相关专业点数都处于明显劣势，应加快教育重点建设，培养海洋专业人才。

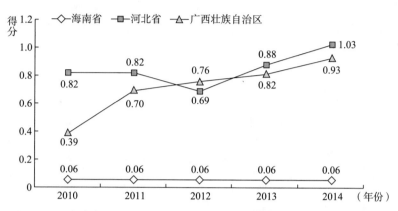

图 7 - 17　海南省、河北省、广西壮族自治区教育水平指数得分变化趋势

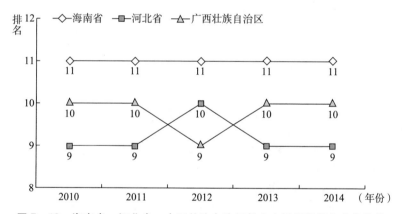

图 7 - 18　海南省、河北省、广西壮族自治区教育水平指数排名变化趋势

4. 科技水平指数动态分析

表 7 - 11 是沿海各地区 2010 ~ 2014 年科技水平指数得分，从中可以看出，处于较高水平的地区有广东省、天津市、山东省、江苏省、上海市，得分在 [4.52，8.19] 区间。从图 7 - 19、图 7 - 20 可以看出，2010 ~ 2014 年上海市和山东省科技水平指数得分总体保持稳定，波动较小，排名靠前；广东省总体呈现平稳上升的趋势；天津市和江苏省则是逐年下降。

2010 年上海市在大专及以上海洋科技活动人员数方面略高于山东省，使其科技水平指数得分整体处于优势地位，但 2011 年之后，山东省在大专及以上海洋科技活动人员数以及海洋科研机构经费收入总额两方面与上海市基本追平，截至2014年，两地区科技水平指数得分基本处于相当水平，并且与同样表现良好的广东省、天津市、江苏省差距明显。广东省的大专及以上海洋科技活动人员数以及海洋科研机构经费收入总额基本保持逐年增长，2011年和2014年增速较快，逐渐缩小与上海市、山东省两地区的差距。天津市和江苏省2010年的科技水平指数得分略高于广东省，但是2011年之后两者都总体呈现下降趋势，发展前景不容乐观。

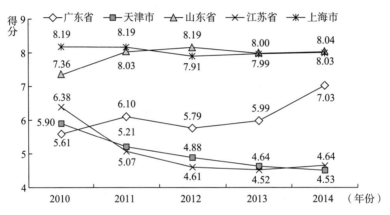

图 7-19　广东省、天津市、山东省、江苏省、上海市科技水平
指数得分变化趋势

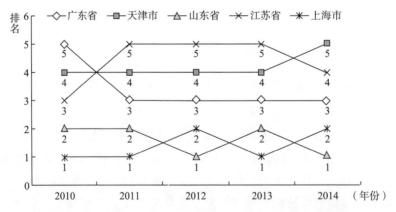

图 7-20　广东省、天津市、山东省、江苏省、上海市科技水平
指数排名变化趋势

科技水平指数得分处于中等水平的地区有辽宁省、浙江省、福建省，

得分区间为 [2.04, 4.03]。福建省的科技水平指数得分明显低于其他两地区，基本发展趋势比较平稳，2012 年海洋科研机构经费收入总额增加了319193 万元，使其科技水平指数得分有了较大提升，其他年份提升不明显。2010 年浙江省大专及以上海洋科技活动人员数为 986 人，海洋科研机构经费收入总额为 856514 万元；辽宁省的大专及以上海洋科技活动人员数以及海洋科研机构经费收入总额分别为 1310 人、862859 万元，优势明显。但是2011 年浙江省大专及以上海洋科技活动人员数有所增加，科技水平指数得分与辽宁省基本持平，2012 ~ 2014 年两省都稳定在 3.5 分左右，差距不明显（见图 7 - 21）。三省份的科技水平指数排名变化趋势如图 7 - 22 所示。

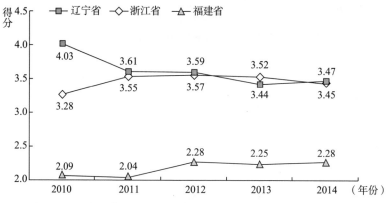

图 7 - 21 辽宁省、浙江省、福建省科技水平指数得分变化趋势

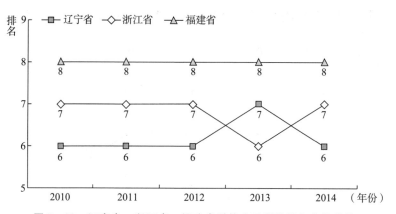

图 7 - 22 辽宁省、浙江省、福建省科技水平指数排名变化趋势

如图 7 - 23、图 7 - 24 所示，科技水平指数得分偏低的地区为广西壮族自治区、海南省、河北省，得分在 [0.08, 1.30] 区间，排名靠后。海南省无论是在大专及以上海洋科技活动人员数还是在海洋科研机构经费收入总额方面都远低于其他地区，是沿海地区最后一名，进步缓慢，海洋科技实力薄弱明显。2010～2013年河北省和广西壮族自治区科技水平指数得分有下降趋势，但是幅度较小，河北省的整体水平高于广西壮族自治区。2013年后河北省大专及以上海洋科技活动人员数减少，导致科技水平指数得分突然下降，2014年下降至0.51分。而2014年广西壮族自治区大专及以上海洋科技活动人员数增加247人，近70%的增长率，使得其科技水平指数得分激速增长至1.30分，并远远超越了河北省。但从总体上看，广西壮族自治区、海南省、河北省三地的科技发展水平整体处于较低水平，还有很大的努力空间。

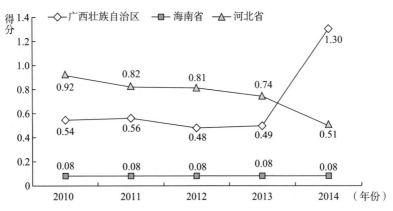

图7-23 广西壮族自治区、海南省、河北省科技水平指数得分变化趋势

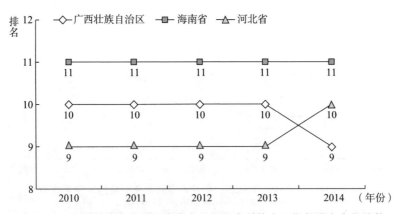

图7-24 广西壮族自治区、海南省、河北省科技水平指数排名变化趋势

三 社会进步水平解读

沿海地区社会进步水平状况差异明显，每个地区的发展也都有自己的特点和阶段。因此，对每个地区社会进步现状以及生活质量、教育水平、科技水平指标的具体分析，有利于明确各地区发展优势和不足，为进一步制定相关的发展战略提供依据。

（一）辽宁省

辽宁省的社会进步指数得分在沿海 11 个地区中处于中等水平，历年社会进步指数得分均排第 7 名。从图 7－25 可以看出，历年社会进步指数得分变化不大，基本保持在 10 分左右，生活质量指数、教育水平指数、科技水平指数也大都在 3~4 分，三项二级指标发展比较均衡。辽宁省城镇居民人均可支配收入在 2010~2012 年一直保持逐年增加，2013 年有所减少，2014 年则由 20817.8 元增长至 29081.7 元（见表 7－13），实现很大突破；渔民人均纯收入、大专及以上海洋专业在校生数量、大专及以上海洋相关专业点数、大专及以上海洋科技活动人员数、海洋科研机构经费收入总额都保持持续上升的趋势，但增幅较小，没有对社会进步水平的提升产生实质影响。

由图 7－25 可知，辽宁省生活质量指数和科技水平指数的得分在 2010~2014 年有所下降，但科技水平指数得分总体高于生活质量指数得分，城镇居民人均可支配收入和渔民人均纯收入有待提高。教育水平指数得分在 2010~2014 年逐年增加，并在 2013 年超越了生活质量指数得分和科技水平指数得分。教育水平指数中大专及以上海洋相关专业点数贡献最大，增速较快，也吸引了更多的海洋专业学生，发展潜力巨大。

表 7－13 辽宁省各项指标原始数据

指标	2010 年	2011 年	2012 年	2013 年	2014 年
沿海地区城镇居民人均可支配收入（元）	17712.58	20466.84	23222.67	20817.8	29081.7
沿海地区渔民人均纯收入（元）	12300	13000	13800	14600	16021.59
大专及以上海洋专业在校生数量（人）	15967	17467	18860	20047	20095

147

续表

指标	2010 年	2011 年	2012 年	2013 年	2014 年
大专及以上海洋相关专业点数（个）	64	72	77	87	92
大专及以上海洋科技活动人员数（人）	1310	1381	1476	1530	1677
海洋科研机构经费收入总额（万元）	862859	1051461	1134138	1134799	1296498

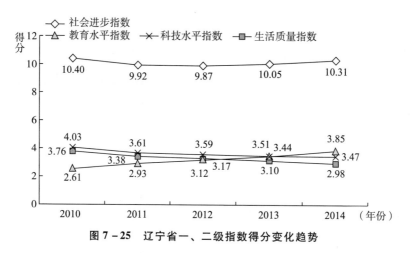

图 7-25 辽宁省一、二级指数得分变化趋势

总体来说，辽宁省在生活质量、教育水平、科技水平三方面发展均衡，没有明显的优劣势，但是所测年份中生活质量和科技水平实力有所减弱，应加快海洋专业人才培养和专业、学科建设，提升海洋科研机构科研实力，依托大连海事大学等平台，为辽宁省涉海经济社会的发展做贡献。

（二）河北省

河北省社会进步指数得分在沿海地区中属于较低层次，2010～2014 年社会进步指数得分大多不足 2 分。2010～2012 年，河北省大专及以上海洋专业在校生数量大量减少，城镇居民人均可支配收入、渔民人均纯收入、大专及以上海洋相关专业点数、大专及以上海洋科技活动人员数、海洋科研机构经费收入总额等社会进步指标增长缓慢，使得社会进步指数得分呈下降趋势。2013 年虽然城镇居民人均可支配收入、大专及以上海洋专业在校生数量等指标不升反降，但是大专及以上海洋相关专业点数由 36 个增加至 45 个（见表 7-14），增速为 25%，使社会进步指数得分有所回升，2014 年又回落至较低水平。

河北省社会进步指数二级指标中生活质量指数得分最低，在沿海地区总排名中也相当靠后，由图 7-26 可以看出，生活质量指数得分的峰值为 2010 年和 2013 年的 0.32 分。2010~2013 年河北省的科技水平指数得分比较平稳，但 2014 年大专及以上海洋科技活动人员数有所减少，使其科技水平指数得分开始下降。教育水平指数得分在 2010~2012 年大专及以上海洋专业在校生数量锐减的情况下呈现下降趋势，之后随着两个三级指标的增加回升，在 2013 年超过科技水平指数得分。

表 7-14 河北省各项指标原始数据

指标	2010 年	2011 年	2012 年	2013 年	2014 年
沿海地区城镇居民人均可支配收入（元）	16263.43	18292.23	20543.44	15189.6	24141.3
沿海地区渔民人均纯收入（元）	8500	9180	9639.01	10600	11922.12
大专及以上海洋专业在校生数量（人）	5021	4548	3445	3200	3176
大专及以上海洋相关专业点数（个）	35	35	36	45	48
大专及以上海洋科技活动人员数（人）	440	475	500	501	473
海洋科研机构经费收入总额（万元）	110173	131596	124021	138739	142818

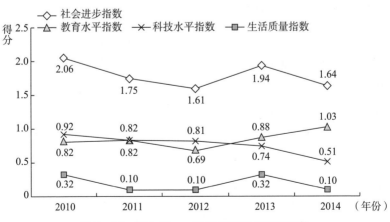

图 7-26 河北省一、二级指数得分变化趋势

河北省社会进步指数的各项指标都很薄弱，海洋资源优势未得到充分发挥，今后应着力改善居民生活，尤其是应通过加快海洋专业人才的培养克服传统海洋的弊端，提升渔民收入，提高海洋科研队伍教育水平和科研能力。

（三）天津市

通过对社会进步指数的各项指标原始数据的分析发现，天津市的社会进步指数得分属于中等水平，在［12.05，14.10］的区间。2010～2014年，天津市城镇居民人均可支配收入、大专及以上海洋专业在校生数量、大专及以上海洋相关专业点数、海洋科研机构经费收入总额等指标有升有降（见表7－15），但是增幅较小，因此，社会进步指数得分总体呈现下降趋势。2010～2014年天津市的生活质量指数、科技水平指数、教育水平指数得分较为平稳，变化较小。通过对二级指标的分析得出，生活质量指数得分相对较高，教育水平指数得分相对较低（见图7－27）。在海洋教育方面，天津市拥有的大专及以上海洋专业在校生数量、大专及以上海洋相关专业点数较少，虽然拥有国家海洋信息中心、南开大学、天津大学等重要科研单位，但是人才培养环节与经济发展不相协调。

天津市应继续加强与"一带一路"沿线国家之间的国际投资贸易合作，加强与沿线国家的科技、旅游和人文合作，拓展新的发展空间。

表7－15 天津市各项指标原始数据

指标	2010 年	2011 年	2012 年	2013 年	2014 年
沿海地区城镇居民人均可支配收入（元）	24292.6	26920.86	29626.41	26359.2	31506
沿海地区渔民人均纯收入（元）	13700	15070.07	17355.01	20600	22392
大专及以上海洋专业在校生数量（人）	7961	8182	8080	7628	7354
大专及以上海洋相关专业点数（个）	36	35	37	41	38
大专及以上海洋科技活动人员数（人）	1682	1892	1934	2014	2107
海洋科研机构经费收入总额（万元）	1597189	1593334	1636931	1550800	1677311

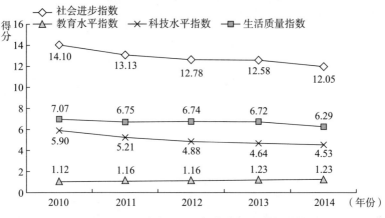

图 7 - 27　天津市一、二级指数得分变化趋势

（四）山东省

在沿海地区社会进步指数测评中，山东省发展状况较好，社会进步指数得分基本在 16 分以上，测算年份内得分波动较小，实力稳定。2010 ~ 2012 年，山东省社会进步指数各二级指标总体都在平稳增长，2013 年城镇居民人均可支配收入、大专及以上海洋专业在校生数量有所减少，使社会进步指数得分有所减少，2014 年城镇居民人均可支配收入和海洋科研机构经费收入总额指标为社会进步指数得分的回升做了贡献。山东省社会进步指数二级指标的发展水平由高到低依次为科技水平、教育水平、生活质量，三项指标 2010 ~ 2014 年保持了原有的发展实力，尤其是海洋科研机构经费收入总额优势明显，但在城镇居民人均可支配收入和渔民人均纯收入方面还应继续关注和努力（见表 7 - 16、图 7 - 28）。

山东省拥有中国海洋大学、中科院海洋研究所、国家海洋局第一海洋研究所等科研平台，大专及以上海洋专业在校生数量占有绝对优势，科研实力雄厚。近年山东大学、哈尔滨工程大学的高等院校落户青岛，国家级实验室和研究中心、航天十三所海洋光机电研究中心落户蓝色硅谷，重点进行海洋石油高端装备研究所、海水淡化研究所等建设，为青岛市乃至山东省的海洋教育以及科研建设提供了更多的资源和动力。山东省人口众多，在城镇居民人均可支配收入和渔民人均纯收入方面还应继续加大民生工程项目的建设力度，提高居民生活质量。

表7-16 山东省各项指标原始数据

指标	2010年	2011年	2012年	2013年	2014年
沿海地区城镇居民人均可支配收入（元）	19945.83	22791.84	25755.19	19008.3	29221.9
沿海地区渔民人均纯收入（元）	10416	11387	12533	14400	16012.38
大专及以上海洋专业在校生数量（人）	27918	27481	27287	25828	24632
大专及以上海洋相关专业点数（个）	136	145	145	154	144
大专及以上海洋科技活动人员数（人）	2131	2787	2902	3029	3140
海洋科研机构经费收入总额（万元）	1889731	2545958	3166172	3247585	3818248

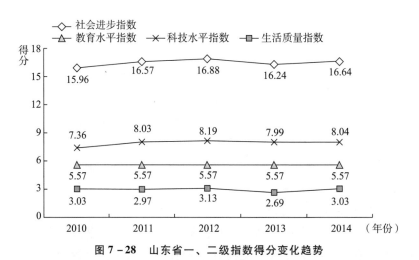

图7-28 山东省一、二级指数得分变化趋势

（五）江苏省

江苏省社会进步状况属于沿海地区较高水平，社会进步指数得分保持在14分以上。2013年，城镇居民人均可支配收入、大专及以上海洋专业在校生数量有所减少，使社会进步指数得分跌至低谷，2014年城镇居民人均可支配收入和海洋科研机构经费收入总额分别由2013年的24775.5元、2085246万元增长至34346.3元、2440990万元（见表7-17），使社会进步指数得分有所回升。

由图 7 – 29 可以看出，江苏省生活质量指数、教育水平指数、科技水平指数三方面发展比较均衡，得分区间为［4.25，6.38］。2011 年大专及以上海洋科技活动人员数由 2010 年的 2033 人降至 1726 人，使科技水平指数得分有所下降，2011～2014 年则较为稳定；教育水平指数得分在所测年份内几乎没有变化；生活质量指数得分在 2010～2012 年呈上升趋势，并在 2011 年超过科技水平指数得分，2012～2014 年稍有下降，但影响不大。

表 7 – 17　江苏省各项指标原始数据

指标	2010 年	2011 年	2012 年	2013 年	2014 年
沿海地区城镇居民人均可支配收入（元）	22944.26	26340.73	29676.97	24775.5	34346.3
沿海地区渔民人均纯收入（元）	11110.63	13100	15710	18000	19542.42
大专及以上海洋专业在校生数量（人）	22791	22682	21656	19574	18693
大专及以上海洋相关专业点数（个）	103	113	119	124	125
大专及以上海洋科技活动人员数（人）	2033	1726	1576	1613	1775
海洋科研机构经费收入总额（万元）	1320846	1726401	2009956	2085246	2440990

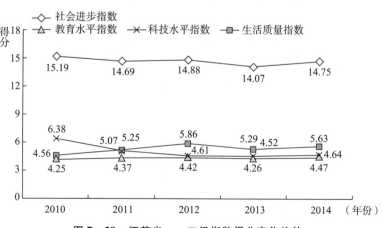

图 7 – 29　江苏省一、二级指数得分变化趋势

（六）上海市

2010～2014 年上海市社会进步指数得分在沿海 11 个地区中最高，历年均在 20 分以上，与其他地区之间的差距较大。在测评年份中上海市社会进步指数得分充分展示了其实力和优势。社会进步指数的二级指标中生活质量指数得分高于科技水平指数得分，科技水平指数得分高于教育水平指数得分（见图 7 - 30），这三个方面的发展在沿海地区中都属于先进水平。城镇居民人均可支配收入已接近 5 万元，渔民人均纯收入、大专及以上海洋专业在校生数量、大专及以上海洋相关专业点数、大专及以上海洋科技活动人员数、海洋科研机构经费收入总额等三级指标的原始绝对数值都名列前茅（见表 7 - 18）。但对于上海市自身来说，在教育方面的投入较少。复旦大学、上海海洋大学等都是海洋专业人才培养的重要基地，良好的经济发展为海洋科研提供了充足的资金。2014 年 7 月 29 日，上海市海洋局组织研究通过了《科技兴海经济统计核算评价体系及方法研究报告》，设计形成上海海洋经济统计指标体系及核算方法，分析了科技进步贡献率在海洋经济分析评价应用中的必要性和可行性，为进一步提升科研成果的应用转化比率指明了方向。

表 7 - 18　上海市各项指标原始数据

指标	2010 年	2011 年	2012 年	2013 年	2014 年
沿海地区城镇居民人均可支配收入（元）	31838.08	36230.48	40188.34	42173.6	48841.4
沿海地区渔民人均纯收入（元）	14400.05	15850	18200.16	21453	22476.73
大专及以上海洋专业在校生数量（人）	14944	14352	12554	12590	11971
大专及以上海洋相关专业点数（个）	95	92	84	92	94
大专及以上海洋科技活动人员数（人）	2256	2797	2908	3154	3222
海洋科研机构经费收入总额（万元）	2262120	2674753	2897953	3072266	3638014

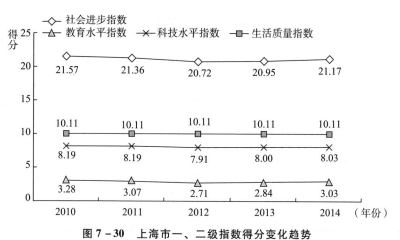

图 7-30 上海市一、二级指数得分变化趋势

（七）浙江省

在沿海地区发展蓝色指标的测评中，浙江省的社会进步状况相对较好，指数得分基本在 13 分以上（见图 7-31）。2013 年，浙江省城镇居民人均可支配收入减少 4700 多元（见表 7-19），大专及以上海洋专业在校生数量、大专及以上海洋科技活动人员数、海洋科研机构经费收入总额增长缓慢，使得当年社会进步指数得分有所下降，2014 年得益于城镇居民人均可支配收入近 36% 的增幅回升到原来水平。

浙江省社会进步指数二级指标生活质量、教育水平、科技水平之间的指数得分有一定差距，生活质量指数得分稍微领先，2013 年和 2014 年受城镇居民人均可支配收入指标的波动影响呈先降后升的态势。教育水平和科技水平的指数得分相当，且 2010~2014 年保持稳定，截至 2014 年，两指标指数得分相近（见图 7-31）。浙江省不断加快浙江大学海洋学院建设和浙江交通职业技术学院建设、组织开展大学生海洋知识竞赛、支持立项涉海类创新项目等促进海洋专业人才的培养，积极引导涉海类高校创新资源服务海洋经济，推动海洋科研成果的转化以及实际应用效率，一系列举措将在未来教育水平、科技水平的指数得分提升中发挥作用。

表 7-19 浙江省各项指标原始数据

指标	2010 年	2011 年	2012 年	2013 年	2014 年
沿海地区城镇居民人均可支配收入（元）	27359.02	30970.68	34550.3	29775	40392.7

续表

指标	2010 年	2011 年	2012 年	2013 年	2014 年
沿海地区渔民人均纯收入（元）	13350	14820	16160	17840	19729.92
大专及以上海洋专业在校生数量（人）	9550	9390	9606	10135	10570
大专及以上海洋相关专业点数（个）	73	70	76	92	95
大专及以上海洋科技活动人员数（人）	986	1296	1361	1456	1570
海洋科研机构经费收入总额（万元）	856514	1114879	1318163	1333885	1449886

图 7-31　浙江省一、二级指数得分变化趋势

（八）福建省

福建省的社会进步指数测评结果显示，2010~2014 年社会进步指数得分区间为 [6.83，7.62]（见图 7-32），在沿海地区中相对较低，并稍有波动。2010~2012 年，各项指标总体稳定增长，尤其是海洋科研机构经费收入总额由 2011 年的 527127 万元增长至 2012 年的 846320 万元（见表 7-20），增幅近 61%，使社会进步指数得分有所增加；2013 年受城镇居民人均可支配收入和海洋科研机构经费收入总额下降的影响，社会进步指数得分稍有减少，但是 2014 年回升至最高水平，为 7.62 分。

福建省生活质量、教育水平、科技水平的指数得分相差较小，且在

2014 年基本保持在同一水平，但整体发展状况较差。近年来，福建省加快了科技兴海和创新平台建设，厦门市也被认定为国家海洋高技术产业基地试点城市，为福建省海洋科技创新发展和专业人才的培养打开了新的窗口。

表 7 - 20　福建省各项指标原始数据

指标	2010 年	2011 年	2012 年	2013 年	2014 年
沿海地区城镇居民人均可支配收入（元）	21871.31	24907.4	28055.24	21217.9	30722.4
沿海地区渔民人均纯收入（元）	9167.93	10333.81	11601.32	13324	14633.68
大专及以上海洋专业在校生数量（人）	10661	10726	10785	11479	11339
大专及以上海洋相关专业点数（个）	62	60	63	73	77
大专及以上海洋科技活动人员数（人）	743	867	918	1074	1015
海洋科研机构经费收入总额（万元）	436869	527127	846320	699473	1178354

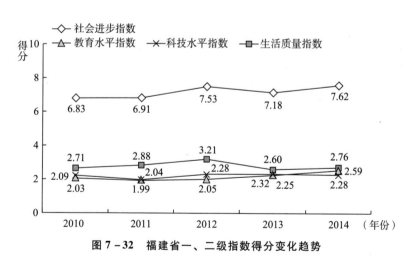

图 7 - 32　福建省一、二级指数得分变化趋势

（九）广西壮族自治区

广西壮族自治区社会进步指数测评结果显示，得分总体处于较低水平，在 ［4.13，5.22］ 区间（见图 7 - 33）。在社会进步指数的构成中，生活质量指数贡献最大，科技水平指数和教育水平指数的得分都较低，是广西壮

族自治区社会进步的明显薄弱环节。2010～2014年大专及以上海洋专业在校生数量变化不大，大专及以上海洋相关专业点数有所增加，使教育水平指数平稳上升，但增速相当缓慢；2014年，广西壮族自治区城镇居民人均可支配收入比2013年增加约10587元，海洋科研机构经费收入总额增加709617万元，是上一年度的6.7倍（见表7-21）。

广西壮族自治区社会进步状况整体较差，各二级指标也没有优势项目，海洋科技人才稀缺，创新平台较少，科研成果转化率低。近日，国家海洋局与广西壮族自治区就共建国家海洋局第四海洋研究所的相关事项达成了一致意见，共同签署了《国家海洋局广西壮族自治区人民政府关于共建国家海洋局第四海洋研究所的商谈备忘录》，这一举措，为广西壮族自治区加快海洋人才培养和增强海洋科研实力提供了新的发展机遇，与此同时带来的资源倾斜等政策将为广西壮族自治区的社会进步添砖加瓦。

表7-21　广西壮族自治区各项指标原始数据

指标	2010年	2011年	2012年	2013年	2014年
沿海地区城镇居民人均可支配收入（元）	17063.89	18854.06	21242.8	14082.3	24669
沿海地区渔民人均纯收入（元）	12172.91	13712.56	14896.23	17000	18221.9
大专及以上海洋专业在校生数量（人）	3911	4704	4533	4481	4514
大专及以上海洋相关专业点数（个）	22	29	35	37	38
大专及以上海洋科技活动人员数（人）	297	346	352	354	601
海洋科研机构经费收入总额（万元）	76308	83236	93599	123638	833255

（十）广东省

通过表7-22和图7-34可分析出，广东省的社会进步指数得分处于中等水平，区间为［11.20，12.22］。2011～2012年社会进步指数得分在各指标的贡献下平稳增长，其中城镇居民人均可支配收入在2012年由2011年的26897.48元增长至30226.71元，大专及以上海洋相关专业点数净增加10个；2013年城镇居民人均可支配收入降至23420.7元，是测量年份的最低

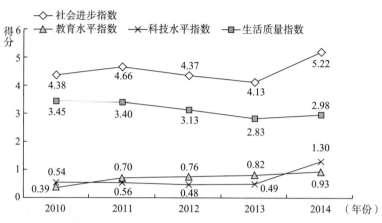

图 7 - 33　广西壮族自治区一、二级指数得分变化趋势

水平，社会进步指数得分也进入低谷；2014 年城镇居民人均可支配收入比 2013 年增长 8727.4 元，海洋科研机构经费收入总额比 2013 年增加 791536 万元，前景可喜。

　　广东省以良好的经济发展水平、开放的环境和众多的机遇等优势吸引较多的高尖端人才，为海洋科研的发展提供优秀的人才队伍，加上增长迅速的海洋科研机构经费收入总额，使得广东省社会进步指数得分中，科技水平指数得分最高，与生活质量指数得分、教育水平指数得分之间也拉开了一定距离。2010～2012 年生活质量指数得分和教育水平指数得分基本稳定，之后稍有下降，广东省社会进步指数的三个方面发展不均衡。

　　广东省强大的经济实力突出表现为高的城镇居民人均可支配收入和海洋科研机构经费收入总额，在民生方面，尤其是渔民人均纯收入较低，相较于本地区消费水平，甚至低于部分海洋经济中等发达的地区。对此，广东省在海洋经济发展中转变传统渔业模式、增加渔民收入、改善渔民生活应为重中之重。2014 年，广东省成立了海洋与渔业宣传教育中心，承担海洋经济、科技、环境等的海洋意识的普及教育，与此相对应，应加快科研院所平台的建设和优化，将大量外来人口培养为专业的海洋科技人才。

表 7 - 22　广东省各项指标原始数据

指标	2010 年	2011 年	2012 年	2013 年	2014 年
沿海地区城镇居民人均可支配收入（元）	23897.8	26897.48	30226.71	23420.7	32148.1

续表

指标	2010 年	2011 年	2012 年	2013 年	2014 年
沿海地区渔民人均纯收入（元）	9698	10261.77	11136.78	12300	13371.42
大专及以上海洋专业在校生数量（人）	9785	10083	10750	11711	12424
大专及以上海洋相关专业点数（个）	72	78	88	85	79
大专及以上海洋科技活动人员数（人）	1586	2255	2360	2585	3068
海洋科研机构经费收入总额（万元）	1532153	1744704	1774881	1960673	2752209

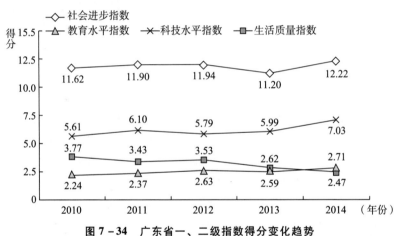

图 7 - 34　广东省一、二级指数得分变化趋势

（十一）海南省

由表 7 - 23 和图 7 - 35 分析可知，海南省社会进步的重要贡献指标是生活质量，教育水平指数和科技水平指数的得分在沿海地区排名几乎最低，仅为 0.06 分和 0.08 分，且 2010 ~ 2014 年变化不明显。生活质量指数在 2010 ~ 2013 年有了大幅增长，其中 2012 年海洋科研机构经费收入总额比 2011 年增加 47106 万元，贡献最大，2014 年开始下滑。海南省海洋科技研究起步较晚，水平较低。目前全国有 300 多个国家重点实验室和科研平台，但海南省一个也没有，这直接制约了海南省海洋科技的发展，因此急需大量海洋科学高端人才助力海南科技水平的提升。另外，海南省 2017 年的《政府工作报告》中提

到，新的一年要加快"智慧海洋"建设，建设海洋应用大数据中心、中国电科海洋信息产业基地，争取国家重大海洋科技项目落户海南省，支持建设国家级研发平台，构筑海洋科技创新高地。

表 7 - 23　海南省各项指标原始数据

指标	2010 年	2011 年	2012 年	2013 年	2014 年
沿海地区城镇居民人均可支配收入（元）	15581.05	18368.95	20917.71	15733.3	24486.5
沿海地区渔民人均纯收入（元）	9397.56	10478	11839.44	13100	13611.33
大专及以上海洋专业在校生数量（人）	2542	2036	1926	1776	1834
大专及以上海洋相关专业点数（个）	14	12	15	15	13
大专及以上海洋科技活动人员数（人）	120	113	119	134	234
海洋科研机构经费收入总额（万元）	41810	52398	99504	62439	99138

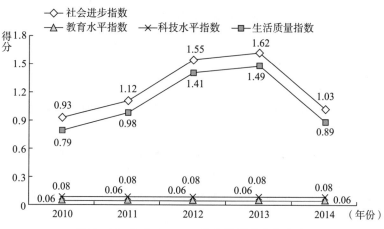

图 7 - 35　海南省一、二级指数得分变化趋势

第八章 政治建设指数测评

海洋发展政治建设指向的是海洋管理服务质量和水平，包括海洋政策、法规的制定和实行以及职能部门的设置和运行等内容。进行政治建设指数测评，既能够将沿海地区管理服务水平立体化展现，也能为提高沿海地区政治建设能力提供模型支持。本书从沿海地区自身实际出发，构建了法治规划、公共服务、管理能力三个要素层，海洋法律法规数量、海洋政策规划出台数、人命救助成功率、海滨观测台站分布数、确权海域面积占比、海上遇险次数六个具体测量指标的政治建设指数测算体系，进而分析沿海各地区政治建设的成果和不足，从而为未来发展提供参考方向。

一 政治建设个体指数测算

(一) 指标选取及解释

1. 指标选取

在分析国内外相关指标体系、明确研究对象的基础上，充分考虑数据的典型性以及可获得性，最终确定政治建设指数的二级指标有法治规划、公共服务、管理能力；每个二级指标下又各有两个三级指标，是二级指标的具体表现方面，可直接测量。它们依次为海洋法律法规数量、海洋政策规划出台数、人命救助成功率、海滨观测台站分布数、确权海域面积占比指数、海上遇险次数指数（见表8-1）。最终的数据收集主要来源于比较权威的海洋统计资料《中国海洋统计年鉴》（2011~2015年）、《中国海洋年鉴》（2011~2015年）以及地方海事年鉴如《山东海事年鉴》、地方海洋网站、相关学术论文等。

表 8 – 1　政治建设指数测算指标体系

一级指标	二级指标	三级指标
A3 政治建设指数	B7 法治规划	C13 海洋法律法规数量
		C14 海洋政策规划出台数
	B8 公共服务	C15 人命救助成功率
		C16 海滨观测台站分布数
	B9 管理能力	C17 确权海域面积占比
		C18 海上遇险次数

2. 指标解释

（1）政治建设指数

海洋事务日益增多，需要相应的政治建设进行保障。我国的政治建设要实现政府与社会的和谐互动，建设责任型政府、服务型政府以及法治型政府。海洋管理也需要紧跟需求变化。"海洋事业是人民事业，海洋管理涉及利益主体众多，需要革新现有的管理方式、方法，形成完善的管理体制。政府管理与政策性因素是海洋发展的动力机制之一，具有指导性、强制性、直接性等特点。"① 政府作为政策性因素的主导者，对于构建符合海洋发展规律的行政管理体制、机制，管理方式和职能具有重要意义。因此，将从法治规划、公共服务、管理能力三个方面来衡量政治建设水平。法治规划指数主要是考察地区海洋法律法规健全度（以海洋法律法规数量来衡量）以及海洋政策规划完备度（以海洋政策规划出台数来衡量）。公共服务指数主要是衡量地区海上救助能力以及海洋公益服务能力，其中海上救助能力从硬件设施、救援队伍等客观条件来看，暂时没有相关统计可做测量，因此考虑从海上事件发生时的搜救角度来衡量救助能力，即人命救助成功率，且各地区对每年的海上搜救有效率都有确切的统计数据；海洋公益服务能力也是如此，提供公益服务的过程无法测量，但是客观服务能力中海滨观测台站分布数是各地区较为完整的数据，较容易获得。在海洋管理能力中，以确权海域面积占比衡量地区海洋行政能力，海上遇险次数指标是从事件处理角度侧面衡量地区海洋执法能力。因此，政治建设指数的具体测量指标包括海洋法律法规数量、海洋政策规划出台数、人命救助成功率、海滨

---

① 郑敬高：《海洋管理与海洋行政管理》，《青岛海洋大学学报》（社会科学版）2001 年第 4 期。

163

观测台站分布数、确权海域面积占比、海上遇险次数六个。

（2）法治规划指数

法治规划指数主要是考察地区海洋法律法规健全度以及海洋政策规划完备度。为确保海洋开发、利用、保护等活动的顺利进行，政府需要出台一系列政策、法律法规，对海洋发展的战略规划、总体目标、具体思路、工作方法、实施措施等做出规范性指导和说明。近年来，国家对海洋发展越来越重视，有关法律法规越来越完善，本书通过对有关资料的收集和整理，选取海洋法律法规数量、海洋政策规划出台数两个指标来衡量沿海地区的法治规划水平。

沿海各地区根据其自身所辖海域的实际需求与具体状况，在依照国家法律法规的前提下，因地制宜地出台了一些管理规定和细则。在国家海洋规划与政策的指导下，结合各省（区、市）实际需要与具体情况，制定了与其相适应的地方海洋规划，作为地方海洋事业发展的总体思路与目标，并适时提出了海洋事业应该达到的奋斗目标、遵循的行动原则、完成的明确任务、实行的工作方式、采取的具体措施和一般步骤。每年出版的《中国海洋年鉴》中，较为详细地记载了当年各省（区、市）制定的涉海法律法规，并就本年的重大规划和政策施行发出通知、公告等，可以以此为依据来统计沿海各省（区、市）每年颁布的涉海法律法规的数量以及政策规划出台数。

（3）公共服务指数

公共服务是21世纪公共行政和政府改革的核心理念，包括加强城乡公共设施建设，发展教育、科技、文化、卫生、体育等公共事业，为社会公众参与社会经济、政治、文化活动等提供保障。海洋公共服务应以建立服务型政府为目标，以公众海洋权利需求为导向；海洋公共服务的理念与价值是实现人海和谐，确保人民（主要是指沿海居民）共享海洋发展成果，即为沿海居民所共同享用，满足海洋发展、海洋生产和公众海洋权利需要的具有非排他性和非竞争性的有形产品或无形服务。本书中沿海地区海洋公共服务指数衡量的是地区海上救助能力以及海洋公益服务能力，用人命救助成功率和海滨观测台站分布数来测量。

海上搜救指的是国家或者部门针对海上事故等做出的搜寻、救援等工作。海上搜救相比于陆地搜救有更多的不可预测性，因此它的难度也更大，各省（区、市）所配备的搜救设施、搜救人员的能力以及搜救体系可以通过人命救助成功率直观展现出来。海洋公益服务能力注重于事前管理，是为认识海洋环境、减轻和预防海洋灾害、保障海上活动安全而为社会所提供的服务。2008年国务院批准的《国家海洋事业发展规划纲要》中，对海洋公益服务做了专业分类，海洋公益服务包含海洋调查与测绘、海洋监测、海洋信息化、海洋预报、海上交通安全保证、海洋防灾减灾、海洋标准计量等。而与海上作业人员密切相关的便是沿海各省（区、市）所建设的海滨观测台站，它能够为海洋信息化提供一手数据，可以进行海洋监测，保障海上交通安全。

（4）管理能力指数

海洋管理政府职能是指国家海洋行政主管部门依据宪法和与海洋相关的法律法规赋予的职权，对与海洋有关的国家行政事务和社会公共事务进行管理时应承担的职责和具有的功能。海洋开发活动的复杂性对于海洋管理活动提出了更高要求，我国海洋管理政府职能已经发生了现代化演变，但管理范围需要进一步扩大，管理职能分配需要进一步明确，管理的手段和方法需要进一步科学化。为了衡量当前沿海地区海洋管理水平，本书根据现有资料主要衡量地区海洋行政能力、海洋执法能力两个方面，用确权海域面积占比和海上遇险次数来测量。

确权海域面积占比是确权各地区所辖海洋中的使用面积，即经政府批准取得海域使用权的项目用海面积，与该地区所辖海域面积相比得出。海洋行政管理区别于海洋管理，海洋行政管理更加强调政府对海洋实践活动的管理，其基本职责包括执行国家意志，调整海洋实践活动主体的利益关系，规范各种涉海行为，提供发展海洋事业的公共产品。[①] 确权海域面积占比可以很直接地展现一个地区的海洋行政能力及管理效力。海洋执法是根据海洋法律法规，国家海洋执法机关运用船舶、飞机及其他执法装备，监视、监控和查处违法违规的行为。在地区海事年鉴中，记录有沿海各省（区、市）的搜救行动次数，展现的是地方海洋与渔业系统预防和处理突发公共事件的应急能力，以此来衡量沿海地区海洋执法能力和有效性。

（二）数据预处理及指标权重的测算

1. 数据预处理

政治建设指数主要来源于比较权威的海洋统计资料《中国海洋统计年鉴》（2011～2015年）、《中国海洋年鉴》（2011～2015年）以及地方海事年鉴如《山东海事年鉴》、地方海洋网站、相关学术论文等。《中国海洋年

---

① 郑敬高：《海洋管理与海洋行政管理》，《青岛海洋大学学报》（社会科学版）2001年第4期。

鉴》中对本年度地区出台的法律法规、政策规划都有记录，统计数量即可；地方网站每年都会公布关于海上搜救方面的数据，其中包括人命救助成功率，海滨观测台站也固定可数；《中国海洋统计年鉴》对按年度公布地区确权海域使用面积与所辖海域面积相比即可得出，海上遇险次数则在地方年鉴中可以找到。

政治建设指数作为一级指标同时又包含 3 个二级指标、6 个三级指标。不同指标收集到的原始数据性质不同，单位相异，因此必须进行标准化处理后统一代入权重函数计算，本书运用德尔菲法、层次分析法对指标权重及标准等级进行确定，建立了计算模型。政治建设指数在处理数据时首先采用（样本值 - 最小值）/（最大值 - 最小值）的方法进行无量纲化处理，然后将无量纲化后的结果统一做线性处理（加减乘除四则运算都是线性变换，不影响比较大小的结果），使得每一个结果都在［1，100］的区间，最后代入已计算好的权重函数，得出每个指标的指数得分。

2. 指标权重的测算

沿海地区海洋发展蓝色指标体系分为一级指标 4 个、二级指标 11 个、三级指标 22 个。在一级指标政治建设指数的权重结构中，A3 政治建设指数的权重为 0.15；根据专家打分得出二级指标的权重分别为 B7 法治规划 0.04、B8 公共服务 0.08、B9 管理能力 0.03；三级指标权重分别为 C13 海洋法律法规数量 0.02、C14 海洋政策规划出台数 0.02、C15 人命救助成功率 0.05、C16 海滨观测台站分布数 0.03、C17 确权海域面积占比 0.01、C18 海上遇险次数 0.02。各级指标权重计算结果见表 8 - 2（为了方便表述，此处的权重只保留两位小数，但计算过程中采用的是原始数据，不影响测算结果，下同）。

表 8 - 2　政治建设指数各指标权重分配

一级指标	权重	二级指标	权重	三级指标	权重
A3 政治建设指数	0.15	B7 法治规划	0.04	C13 海洋法律法规数量	0.02
				C14 海洋政策规划出台数	0.02
		B8 公共服务	0.08	C15 人命救助成功率	0.05
				C16 海滨观测台站分布数	0.03
		B9 管理能力	0.03	C17 确权海域面积占比	0.01
				C18 海上遇险次数	0.02

(三) 政治建设指数测算

政治建设指数主要包括海洋法律法规数量指数、海洋政策规划出台数指数、人命救助成功率指数、海滨观测台站分布数指数、确权海域面积占比指数、海上遇险次数指数等六个具体可量化指标,利用标准化处理后的数据和指标的权重按照公式(8-1)对各个政治建设指数的得分进行测算。测算结果分别见表8-3、表8-4、表8-5、表8-6、表8-7、表8-8。

$$I_j = Z_j W_j (j = 1,2,3,4,5,6) \qquad (8-1)$$

其中,I_1、I_2、I_3、I_4、I_5、I_6分别代表某一地区在某一年中的海洋法律法规数量指数、海洋政策规划出台数指数、人命救助成功率指数、海滨观测台站分布数指数、确权海域面积占比指数、海上遇险次数指数的得分;Z_j代表第j个指标经过标准化处理后的数据;W_j代表第j个指标的权重。

表8-3 海洋法律法规数量指数得分及排名

地区	2010 年		2011 年		2012 年		2013 年		2014 年	
	得分	排名	得分	排名	得分	排名	得分	排名	得分	排名
辽宁省	1.62	2	0.21	10	0.82	6	0.02	11	0.55	9
河北省	0.02	8	0.02	11	0.55	8	0.31	6	1.35	2
天津市	1.62	2	0.41	6	1.09	3	0.31	6	0.82	5
山东省	1.09	4	2.15	1	1.62	2	1.3	2	2.15	1
江苏省	0.02	8	0.41	6	1.09	3	0.31	6	0.02	11
上海市	2.15	1	0.41	6	0.29	10	0.73	3	0.55	9
浙江省	0.55	6	0.41	6	0.55	8	2.15	1	0.82	5
福建省	0.02	8	0.6	4	1.09	3	0.59	4	0.82	5
广西壮族自治区	0.55	6	1.18	2	2.15	1	0.31	6	1.09	4
广东省	1.09	4	0.6	4	0.82	6	0.31	6	1.35	2
海南省	0.02	8	1.18	2	0.02	11	0.59	4	0.82	5

表8-4 海洋政策规划出台数指数得分及排名

地区	2010 年		2011 年		2012 年		2013 年		2014 年	
	得分	排名	得分	排名	得分	排名	得分	排名	得分	排名
辽宁省	0.45	5	0.60	6	0.02	9	0.02	10	0.76	5

167

地区	2010 年		2011 年		2012 年		2013 年		2014 年	
	得分	排名	得分	排名	得分	排名	得分	排名	得分	排名
河北省	0.89	2	1.03	3	0.51	6	0.69	5	0.55	7
天津市	0.31	6	1.03	3	0.42	7	0.18	9	0.55	7
山东省	0.52	4	1.32	2	1.61	1	0.77	3	1.08	2
江苏省	0.31	6	0.52	7	0.12	8	0.02	10	0.65	6
上海市	0.02	10	0.45	8	0.02	9	0.60	6	0.97	3
浙江省	0.60	3	0.02	11	0.91	3	1.02	2	0.02	11
福建省	0.02	10	0.31	10	1.31	2	0.35	7	0.97	3
广西壮族自治区	0.31	6	1.61	1	0.02	9	0.27	8	0.55	7
广东省	1.61	1	0.81	5	0.71	4	1.61	1	1.61	1
海南省	0.31	6	0.45	8	0.61	5	0.77	3	0.55	7

表 8-5　人命救助成功率指数得分及排名

地区	2010 年		2011 年		2012 年		2013 年		2014 年	
	得分	排名	得分	排名	得分	排名	得分	排名	得分	排名
辽宁省	4.27	2	2.64	6	1.20	10	1.14	10	2.69	4
河北省	2.90	4	2.78	5	2.34	6	2.82	6	4.67	2
天津市	1.58	6	3.89	3	4.73	1	2.36	8	4.42	3
山东省	0.67	10	1.94	8	0.05	11	0.05	11	1.15	8
江苏省	1.09	8	2.36	7	2.30	7	2.60	7	1.48	5
上海市	1.23	7	0.91	9	2.44	5	4.73	1	1.43	6
浙江省	0.81	9	0.05	11	2.46	4	2.09	9	0.05	10
福建省	1.83	5	3.36	4	3.47	2	3.60	5	0.49	9
广西壮族自治区	4.22	3	4.73	1	2.19	8	3.80	3	4.73	1
广东省	4.73	1	4.38	2	2.72	3	3.88	2	1.37	7
海南省	0.05	11	0.89	10	1.65	9	3.67	4	0.05	10

表 8-6　海滨观测台站分布数指数得分及排名

地区	2010 年		2011 年		2012 年		2013 年		2014 年	
	得分	排名	得分	排名	得分	排名	得分	排名	得分	排名
辽宁省	0.83	6	0.96	7	1.17	7	1.32	5	2.32	3

续表

地区	2010 年		2011 年		2012 年		2013 年		2014 年	
	得分	排名	得分	排名	得分	排名	得分	排名	得分	排名
河北省	0.44	9	0.40	9	0.20	10	0.17	10	0.16	10
天津市	0.03	11	0.03	11	0.03	11	0.03	11	0.03	11
山东省	1.82	2	1.88	3	1.92	2	2.15	3	2.12	4
江苏省	0.65	8	1.09	6	1.34	6	1.10	8	1.08	8
上海市	1.24	5	1.47	5	1.73	5	1.15	7	2.05	5
浙江省	1.79	3	1.60	4	1.75	3	1.92	4	1.91	6
福建省	1.62	4	1.93	2	1.75	3	3.15	1	3.15	1
广西壮族自治区	0.30	10	0.40	9	0.49	8	0.32	9	0.31	9
广东省	3.15	1	3.15	1	3.15	1	3.14	2	3.09	2
海南省	0.73	7	0.65	8	0.30	9	1.17	6	1.13	7

表 8-7 确权海域面积占比指数得分及排名

地区	2010 年		2011 年		2012 年		2013 年		2014 年	
	得分	排名	得分	排名	得分	排名	得分	排名	得分	排名
辽宁省	1.44	1	0.78	2	1.44	1	1.44	1	0.83	2
河北省	0.37	4	1.44	1	0.22	2	0.11	6	1.44	1
天津市	0.41	3	0.20	4	0.17	4	0.22	4	0.24	5
山东省	0.10	5	0.05	7	0.22	2	0.38	3	0.42	3
江苏省	0.54	2	0.48	3	0.06	6	0.57	2	0.35	4
上海市	0.02	9	0.03	8	0.02	9	0.02	9	0.03	8
浙江省	0.08	6	0.11	6	0.05	7	0.08	7	0.05	7
福建省	0.04	8	0.03	8	0.03	8	0.04	8	0.03	8
广西壮族自治区	0.08	6	0.16	5	0.09	5	0.12	5	0.17	6
广东省	0.02	9	0.02	10	0.02	9	0.02	9	0.02	10
海南省	0.01	11	0.01	11	0.01	11	0.01	11	0.01	11

表 8-8 海上遇险次数指数得分及排名

地区	2010 年		2011 年		2012 年		2013 年		2014 年	
	得分	排名	得分	排名	得分	排名	得分	排名	得分	排名
辽宁省	0.64	6	0.42	9	0.65	9	0.60	9	0.34	9

169

地区	2010 年		2011 年		2012 年		2013 年		2014 年	
	得分	排名	得分	排名	得分	排名	得分	排名	得分	排名
河北省	0.07	10	0.20	10	0.34	10	0.15	10	0.02	11
天津市	0.02	11	0.02	11	0.02	11	0.02	11	0.11	10
山东省	0.93	4	0.84	6	1.36	7	0.93	6	0.74	8
江苏省	1.14	2	1.34	3	1.68	4	1.44	4	1.28	3
上海市	0.58	7	1.08	5	2.01	1	1.50	3	1.27	4
浙江省	1.08	3	1.41	2	1.83	2	1.65	2	1.47	2
福建省	0.76	5	1.11	4	1.62	5	1.15	5	0.75	7
广西壮族自治区	0.28	9	0.55	8	1.38	6	0.80	7	1.09	5
广东省	2.01	1	2.01	1	1.78	3	2.01	1	2.01	1
海南省	0.35	8	0.56	7	0.92	8	0.71	8	1.00	6

二 政治建设指数测算及分析

(一) 指数测算

根据上面求得的海洋法律法规数量指数、海洋政策规划出台数指数、人命救助成功率指数、海滨观测台站分布数指数、确权海域面积占比指数、海上遇险次数指数的得分,利用算术求和的方法,按照公式(8-2)求得沿海地区 2010～2014 年的法治规划指数、公共服务指数、管理能力指数的得分,计算结果见表8-9、表8-10、表8-11。

$$R_j = I_{2j-1} + I_{2j}(j = 1,2,3) \qquad (8-2)$$

其中,R_1、R_2、R_3 分别表示某一地区某一年中的法治规划指数、公共服务指数、管理能力指数的得分;I_{2j-1}、I_{2j} 代表相邻两个三级指标的指数得分(不重复相加)。

表 8 - 9 法治规划指数得分及排名

地区	2010 年		2011 年		2012 年		2013 年		2014 年	
	得分	排名	得分	排名	得分	排名	得分	排名	得分	排名
辽宁省	2.07	3	0.81	10	0.84	9	0.04	11	1.31	9

续表

地区	2010 年		2011 年		2012 年		2013 年		2014 年	
	得分	排名	得分	排名	得分	排名	得分	排名	得分	排名
河北省	0.91	7	1.05	6	1.07	8	0.99	6	1.90	3
天津市	1.92	4	1.44	4	1.50	5	0.49	9	1.37	7
山东省	1.61	5	3.47	1	3.23	1	2.07	2	3.23	1
江苏省	0.33	9	0.93	7	1.20	7	0.32	10	0.68	11
上海市	2.17	2	0.86	9	0.30	11	1.33	5	1.53	6
浙江省	1.15	6	0.42	11	1.47	6	3.17	1	0.84	10
福建省	0.04	11	0.91	8	2.40	2	0.94	7	1.79	4
广西壮族自治区	0.86	8	2.79	2	2.17	3	0.57	8	1.63	5
广东省	2.70	1	1.42	5	1.53	4	1.92	3	2.96	2
海南省	0.33	9	1.63	3	0.64	10	1.36	4	1.37	7

表 8 - 10　公共服务指数得分及排名

地区	2010 年		2011 年		2012 年		2013 年		2014 年	
	得分	排名	得分	排名	得分	排名	得分	排名	得分	排名
辽宁省	5.11	2	3.61	6	2.37	9	2.46	9	5.00	2
河北省	3.34	5	3.18	8	2.54	8	2.98	8	4.83	3
天津市	1.61	10	3.92	4	4.76	3	2.39	10	4.46	4
山东省	2.49	7	3.81	5	1.97	10	2.20	11	3.27	8
江苏省	1.74	9	3.45	7	3.63	6	3.70	7	2.56	9
上海市	2.47	8	2.38	9	4.16	5	5.88	3	3.49	7
浙江省	2.60	6	1.65	10	4.21	4	4.01	6	1.95	10
福建省	3.45	4	5.29	2	5.22	2	6.76	2	3.64	6
广西壮族自治区	4.52	3	5.13	3	2.68	7	4.12	5	5.04	1
广东省	7.89	1	7.53	1	5.88	1	7.02	1	4.46	4
海南省	0.78	11	1.55	11	1.95	11	4.84	4	1.18	11

表 8 - 11　管理能力指数得分及排名

地区	2010 年		2011 年		2012 年		2013 年		2014 年	
	得分	排名	得分	排名	得分	排名	得分	排名	得分	排名
辽宁省	2.08	1	1.20	5	2.08	1	2.04	1	1.17	7

171

地区	2010 年		2011 年		2012 年		2013 年		2014 年	
	得分	排名	得分	排名	得分	排名	得分	排名	得分	排名
河北省	0.45	8	1.64	3	0.56	10	0.26	10	1.46	4
天津市	0.43	9	0.22	11	0.19	11	0.24	11	0.34	11
山东省	1.04	5	0.89	8	1.57	7	1.31	6	1.16	8
江苏省	1.68	3	1.83	2	1.74	5	2.01	3	1.62	2
上海市	0.60	7	1.11	7	2.03	2	1.51	5	1.30	5
浙江省	1.16	4	1.52	4	1.88	3	1.73	4	1.52	3
福建省	0.80	6	1.15	6	1.64	6	1.19	7	0.78	10
广西壮族自治区	0.36	10	0.71	9	1.47	8	0.92	8	1.27	6
广东省	2.03	2	2.03	1	1.80	4	2.03	2	2.03	1
海南省	0.36	10	0.58	10	0.93	9	0.73	9	1.02	9

根据上面求得的法治规划指数、公共服务指数、管理能力指数的得分，利用算术求和的方法，按照公式（8－3）求得沿海地区 2010～2014 年的政治建设指数得分，计算结果见表 8－12。

$$Q = R_1 + R_2 + R_3 \qquad (8-3)$$

其中，Q 表示某一地区某一年的政治建设指数得分，R_1、R_2、R_3 分别表示某一地区在某一年中的法治规划指数、公共服务指数、管理能力指数的得分。

表 8－12　政治建设指数得分及排名

地区	2010 年		2011 年		2012 年		2013 年		2014 年	
	得分	排名	得分	排名	得分	排名	得分	排名	得分	排名
辽宁省	9.26	2	5.61	7	5.28	9	4.53	9	7.49	5
河北省	4.70	7	5.87	6	4.16	10	4.24	10	8.18	2
天津市	3.96	9	5.58	8	6.45	7	3.11	11	6.17	8
山东省	5.14	5	8.18	3	6.77	4	5.58	8	7.65	4
江苏省	3.76	10	6.21	5	6.58	5	6.03	6	4.86	9
上海市	5.24	4	4.35	9	6.49	6	8.73	4	6.31	6
浙江省	4.91	6	3.59	11	7.55	3	8.92	2	4.31	10
福建省	4.29	8	7.35	4	9.27	1	8.89	3	6.21	7

续表

地区	2010 年		2011 年		2012 年		2013 年		2014 年	
	得分	排名	得分	排名	得分	排名	得分	排名	得分	排名
广西壮族自治区	5.74	3	8.64	2	6.32	8	5.61	7	7.94	3
广东省	12.62	1	10.98	1	9.21	2	10.96	1	9.45	1
海南省	1.47	11	3.76	10	3.52	11	6.93	5	3.56	11

（二）动态分析

1. 政治建设指数动态分析

从表 8 - 12 中可以看出，广东省、山东省、福建省、广西壮族自治区政治建设指数得分较高。从图 8 - 1 和图 8 - 2 可以看出，在 2010 ~ 2014 年的统计数据中，广东省的政治建设指数得分总体最高，基本保持在第 1 名的成绩，但是除在 2012 ~ 2013 年呈上升趋势外，其余年份均呈下降趋势。福建省的政治建设指数得分在所测年份中波动较大，2010 ~ 2012 年呈上升趋势，2012 年后则呈下降趋势，在 2012 年，其在沿海地区跃居为第 1 名，但最低成绩则是第 8 名。山东省和广西壮族自治区在 2010 ~ 2014 年的政治建设指数得分变化趋势基本吻合，同增同降，但除 2012 年外，广西壮族自治区基本稍高于山东省，排名情况也是如此。

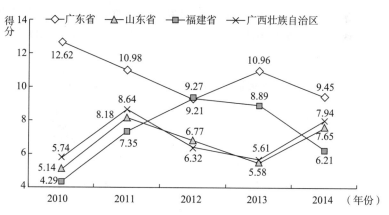

图 8 - 1　广东省、山东省、福建省、广西壮族自治区政治建设
指数得分变化趋势

从表 8 - 12 中可以看出，辽宁省、河北省、江苏省、上海市、浙江省政治建设指数得分处于中等水平。从图 8 - 3 可以分析得出，以上省份在 2010 ~

173

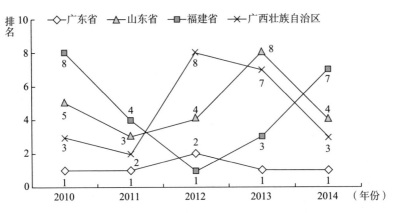

图 8－2　广东省、山东省、福建省、广西壮族自治区政治建设
指数排名变化趋势

2014 年的政治建设指数得分波动都很大，总的得分区间为［3.59，9.26］，其中浙江省的指数得分最不稳定，最高为 8.92 分，排名跃居第 2 位，最低为 3.59 分，排名降至第 11 位（见图 8－4）。2011～2013 年上海市和浙江省同为上升趋势并且浙江省总体得分稍高，其余年份为下降趋势并且上海市较为领先。江苏省的政治建设指数得分变化幅度最小，以 2012 年为节点，呈现先上升后下降的趋势特点。河北省在 2010～2011 年和 2012～2014 年两个时段呈上升趋势，在 2011～2012 年呈下降趋势。辽宁省在 2010 年的政治建设指数得分遥遥领先，但是在 2011～2013 年一直呈下降趋势，直至 2014 年才有所回升，但仍低于 2010 年的水平。

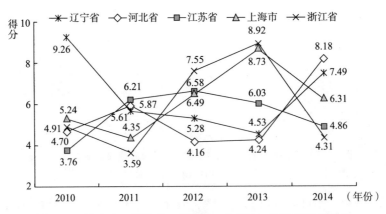

图 8－3　辽宁省、河北省、江苏省、上海市、浙江省政治建设
指数得分变化趋势

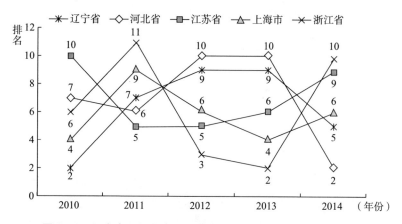

图8-4 辽宁省、河北省、江苏省、上海市、浙江省政治建设
指数排名变化趋势

从表8-12中可以看出，海南省、天津市在2010～2014年的政治建设
指数得分较低。由图8-5可知，海南省、天津市的政治建设指数得分区间
为 [1.47，6.93]。2010～2012年，两省份政治建设指数得分均总体呈上升
趋势，且天津市高于海南省，二者有一定差距，2012～2014年，两省份的
得分变化趋势相反，一升一降，差距依然明显。从图8-6中分析得出，海
南省的指数排名变化幅度较大，最好成绩为2013年的6.93分，排名第5
位，但有3个年份排名第11位，天津市排名则相对稳定。

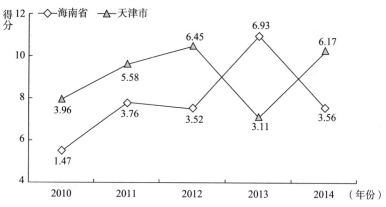

图8-5 海南省、天津市政治建设指数得分变化趋势

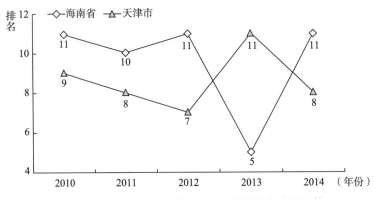

图8-6　海南省、天津市政治建设指数排名变化趋势

2. 法治规划指数动态分析

由表8-9分析得出，山东省、广东省、广西壮族自治区、天津市、河北省的法治规划指数得分较高，得分区间为［0.49，3.47］，山东省由2010年的1.61分增加到2011年的3.47分，并上升到第1名的位置，但是自身在2011～2013年呈下降趋势，2014年有所回升。广西壮族自治区的法治规划指数得分变化趋势基本与山东省保持一致，但得分略低。广东省在2010～2011年呈下降趋势，之后指数得分持续增加，增长势头良好，并在2014年回升至第2位的成绩。天津市的法治规划指数得分区间为［0.49，1.92］，基数小、变化幅度大，2010～2013年总体在下降，2014年有所提升，但仍低于2010年的水平。河北省的法治规划指数得分相对较低，2010～2013年基本没有进展，2014年有了较大幅度提升，排名跃居第3位。各地区法治规划指数得分及排名变化趋势见图8-7、图8-8。

由表8-9分析得出，福建省、上海市、海南省、浙江省法治规划指数得分处于中等水平，得分区间为［0.04，3.17］。浙江省的法治规划指数得分波动最大，2010～2011年和2013～2014年均为下降趋势，2011～2013年持续增长，且在2013年跃居为第1位。福建省波动幅度次之，2010～2012年和2013～2014年为上升趋势，且在2012年达到最高点，为2.40分，排名第2位。上海市在2010年的法治规划指数得分远高于海南省，但在2011年被反超，2012～2014年二者均呈增长趋势，2014年上海市再一次超过海南省，排名第6位。四地区法治规划指数得分及排名变化趋势见图8-9、图8-10。

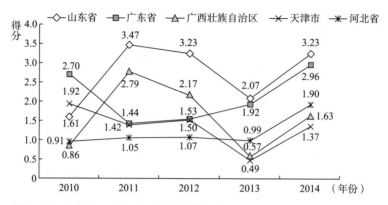

图 8 - 7 山东省、广东省、广西壮族自治区、天津市、河北省法治规划指数得分变化趋势

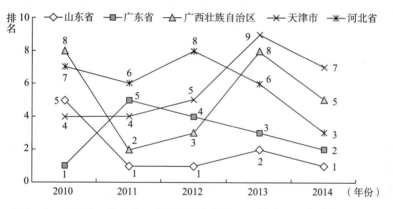

图 8 - 8 山东省、广东省、广西壮族自治区、天津市、河北省法治规划指数排名变化趋势

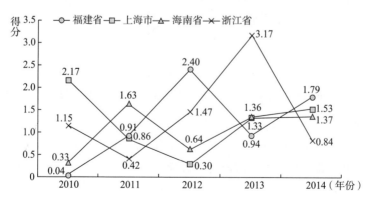

图 8 - 9 福建省、上海市、海南省、浙江省法治规划指数得分变化趋势

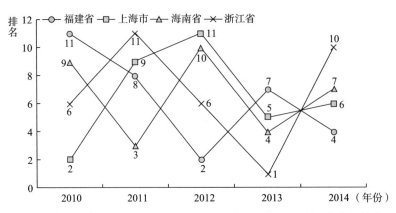

图 8-10　福建省、上海市、海南省、浙江省法治规划指数排名变化趋势

由表 8-9 分析得出，辽宁省、江苏省法治规划指数得分较低，得分区间为［0.04，2.07］，两省在 2010~2014 年的得分基本小于 2 分。由图 8-11 和图 8-12 分析得知，2010 年辽宁省的法治规划指数得分较江苏省要高且地区排名为第 3 位，但在 2011 年被反超，直至 2013 年，江苏省一直保持优势。2013 年辽宁省的法治规划指数得分为最低点，在沿海地区排名最后，2014 年有所回升，排名第 9 位，江苏省排名最后。

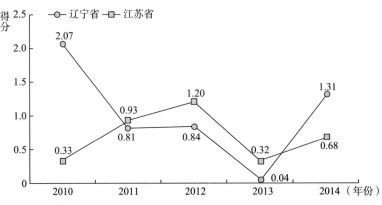

图 8-11　辽宁省、江苏省法治规划指数得分变化趋势

3. 公共服务指数动态分析

由表 8-10 分析得出，广东省、福建省、广西壮族自治区的公共服务指数得分处于较高水平，得分区间为［2.68，7.89］。由图 8-13、图 8-14 分析可知，广东省的公共服务指数得分较为领先，2010~2013 年一直保持在第 1 名的位置，但整体呈下降趋势，2014 年跌至第 4 名。福建省的公共服务指数

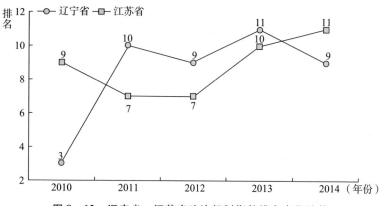

图 8 – 12 辽宁省、江苏省法治规划指数排名变化趋势

得分略低于广东省，2010～2013 年总体在增加，2013 年达到最高水平，为 6.76 分，且 2011～2013 年保持在第 2 名的成绩，2014 年下降幅度较大，跌至第 6 名。广西壮族自治区的公共服务指数得分变化幅度较大，但在 2012 年之后保持良好的增长态势，在 2014 年超过广东省成为第 1 名。

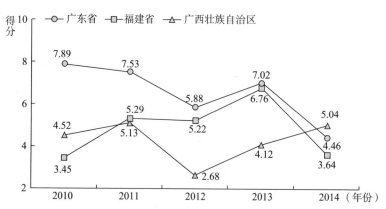

图 8 – 13 广东省、福建省、广西壮族自治区公共服务指数得分变化趋势

由表 8 – 10 分析得出，辽宁省、河北省、天津市、上海市公共服务指数得分处于中等水平，得分区间为 [1.61, 5.88]。从图 8 – 15、图 8 – 16 可观察得知，天津市和上海市的公共服务指数得分不稳定，波动幅度较大，上海市最高得分为 5.88 分，排第 3 名，最低得分为 2.38 分，排第 9 名。天津市在 2010～2012 年和 2013～2014 年为上升趋势，2012～2013 年有所下降。辽宁省、河北省的变化趋势比较接近，但是辽宁省的变化幅度稍大，虽然在 2010～2011 年的公共服务指数得分稍高，但之后则低于河北省，直至 2014 年才逐渐

超越，在地区排第 2 名。

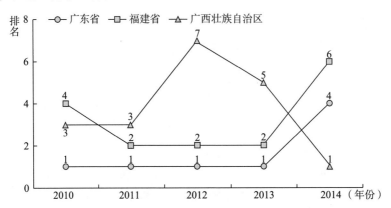

图 8 - 14　广东省、福建省、广西壮族自治区公共服务指数排名变化趋势

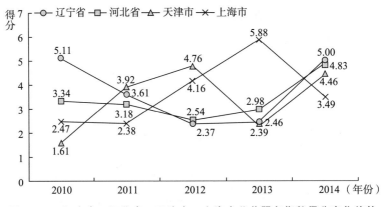

图 8 - 15　辽宁省、河北省、天津市、上海市公共服务指数得分变化趋势

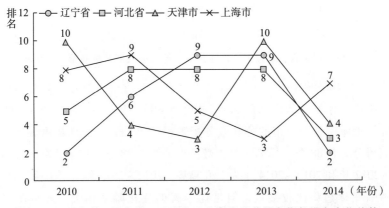

图 8 - 16　辽宁省、河北省、天津市、上海市公共服务指数排名变化趋势

由表 8 – 10 分析得出,公共服务指数得分处于较低水平的有浙江省、江苏省、山东省、海南省,得分区间为 [0.78,4.84]。浙江省在 2010 ~ 2014年的公共服务指数得分变化较大,除 2011 ~ 2012 年得分提升 2.56 分外,其余年份均呈下降趋势,最好成绩在地区排第 4 名,而 2014 年降至第 10 名。江苏省在 2010 ~ 2013 年公共服务指数得分持续增长,但增幅较小,2014 年有所下降。山东省的公共服务指数得分除在 2011 ~ 2012 年有所下降之外,其余年份均在增长,2014 年得分为 3.27 分,地区排名第 8 位。海南省在2010 ~ 2013 年的公共服务指数得分有了较大增长,2013 年得分最高,为4.84 分,地区排名第 4 位,但是 2014 年则出现了断崖式的下降,回落至第11 位。四省公共服务指数得分及排名具体变化趋势见图 8 – 17、图 8 – 18。

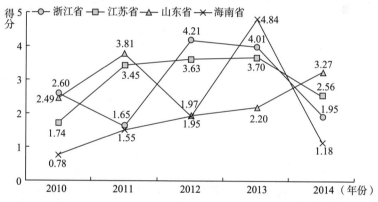

图 8 – 17　浙江省、江苏省、山东省、海南省公共服务指数得分变化趋势

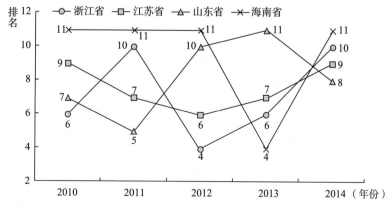

图 8 – 18　浙江省、江苏省、山东省、海南省公共服务指数排名变化趋势

4. 管理能力指数动态分析

由表 8 - 11 分析得出，沿海地区管理能力指数得分较高的省份有广东省、江苏省、辽宁省、浙江省，得分均大于 1 分，区间为［1.16，2.08］。由图 8 - 19 和图 8 - 20 分析可知，广东省的管理能力指数得分总体较高并相对稳定，排名也保持在前 4 位。而辽宁省则波动较大，所测年份中最高得分为 2.08 分，地区排名第 1 位，最低得分为 1.17 分，地区排名第 7 位。江苏省在 2010 ~ 2013 年的管理能力指数得分基本呈上升趋势，稍有波动，2014 年有所下降，但地区总体排名保持在前 5 位。浙江省的管理能力指数得分基本呈先上升后下降的趋势，地区排名在第 3 位和第 4 位之间交替出现。

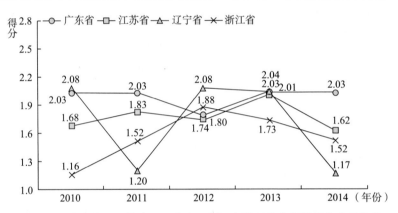

图 8 - 19　广东省、江苏省、辽宁省、浙江省管理能力指数得分变化趋势

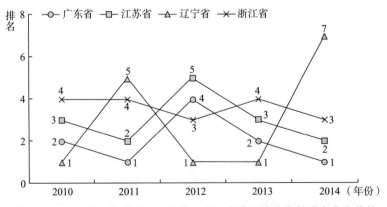

图 8 - 20　广东省、江苏省、辽宁省、浙江省管理能力指数排名变化趋势

由表 8 - 11 分析得出，上海市、河北省、山东省、福建省的管理能力指

数得分处于中等水平，得分区间为［0.26，2.03］。从图 8 – 21、图 8 – 22
观察可知，2010～2014 年管理能力指数得分波动最大的是河北省，最高得
分为 1.64 分，地区排名第 3 位，最低得分为 0.26 分，地区排名第 10 位。
2011～2012 年山东省的管理能力指数得分增长了近一倍，但 2012～2014 年
又部分回落，排名的最好成绩是 2010 年的第 5 位。上海市和福建省的管理
能力指数得分变化趋势基本一致，上海市以较快的增长速度在 2012 年超越
福建省，并持续保持领先，但之后的下降趋势使得两地区在 2014 年的排名
分别落至第 5 位和第 10 位。

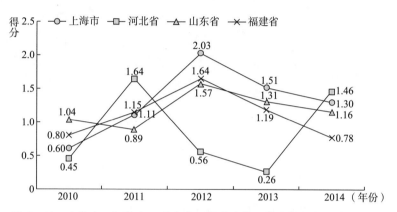

图 8 – 21　上海市、河北省、山东省、福建省管理能力指数得分变化趋势

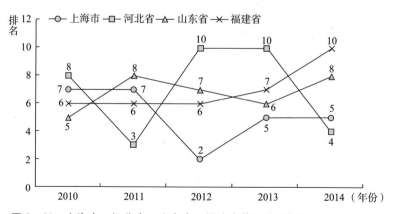

图 8 – 22　上海市、河北省、山东省、福建省管理能力指数排名变化趋势

　　由表 8 – 11 分析得出，管理能力指数得分较低的地区有广西壮族自治区、
海南省、天津市，得分均小于 1.50 分，区间为［0.19，1.47］。广西壮族自治
区和海南省的管理能力指数得分变化趋势基本一致，2010～2012 年和 2013～

2014 年有所增加，2012～2013 年有所下降，但是广西壮族自治区的增幅和降幅略大，总体得分高于海南省，排名最好成绩为 2014 年的第 6 位。天津市在 2010～2012 年的管理能力指数得分呈下降趋势，之后有所提升，2014 年与 2012 年相比增长了近一倍，但总体排名基本处于最后 1 位，在海洋行政能力和执法能力方面还需继续努力。广西壮族自治区、海南省、天津市管理能力指数得分及排名变化趋势见图 8 - 23、图 8 - 24。

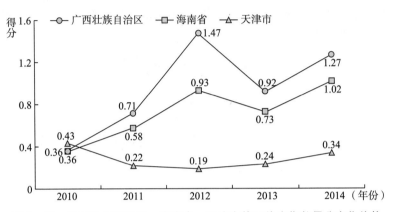

图 8 - 23　广西壮族自治区、海南省、天津市管理能力指数得分变化趋势

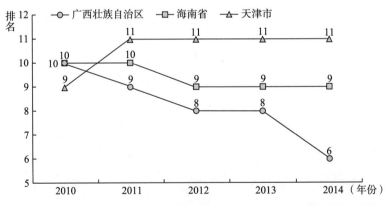

图 8 - 24　广西壮族自治区、海南省、天津市管理能力指数排名变化趋势

三　政治建设水平解读

只有筑牢海洋法律法规体系，提升海洋政策规划合理性和海洋执法检查效力，增强海洋公益服务能力和海洋行政能力，完善海洋应急建设，才能切实实现海洋政治建设走向成熟，为海洋开发保驾护航。因此，对于沿海地区进行海洋政治建设指数测算，能够将沿海地区海洋政治建设成效立体化展现。

（一）辽宁省

辽宁省的政治建设指数得分在沿海地区处于中等水平，从图 8-25 观察可知，历年政治建设指数得分波动较大，最低分为 2013 年的 4.53 分，最高分为 2010 年的 9.26 分。辽宁省政治建设指数二级指标中贡献最大的是公共服务指数，其次是管理能力指数，最后是法治规划指数，且三者之间有一定差距。

2010～2014 年辽宁省出台、修订了《辽宁省海洋经济发展"十二五"规划》《辽宁省海洋与渔业行政处罚自由裁量权标准》《辽宁省海洋与渔业厅行政执法监督规则》《辽宁省海岛保护规划》等法律法规 11 项、政策规划 45 项（见表 8-13）来推进法治规划进程，但总体来看发展较为缓慢，大量的法律法规仍处于论证阶段，其海洋法治规划仍有较大的发展空间。在公共服务指数方面，2011 年辽宁省海洋系统在外部水上安全隐患突出、内部改革发展任务繁重的双重压力下，辖区水上安全形势稳中趋好，成功救助遇险人员 744 人，人命救助成功率达 96.30%；而到 2014 年，辽宁省海上安全监管取得新成绩，成功救助遇险人员 848 人、船舶 37 艘，人命救助成功率达 96.80%。辽宁省救助能力稳中有升，但是整体水平只处于中游水平，仍应继续完善救助设备，保证人命救助成功率。辽宁省海滨观测台站分布数从 2010 年的 68 处，逐步增加到 2014 年的 165 处，大大提高了海洋观测能力，为海洋开发提供了良好的信息来源。辽宁省海域管理通过"区划统筹、规划引导、计划调节、市场配置"等手段，全面推进海域和海岛管理的各项工作，优化用海布局，规范用海秩序，围绕国家海洋功能区划合理利用确权海域面积。2010～2014 年，辽宁省在完成海上搜救应急预案修订工作，推动沿海各市成立海上搜救志愿者队伍，提升应急响应监察能力方面有了很大进步，大大减少了海上遇险次数。

表 8-13 辽宁省各项指标原始数据

指标	2010 年	2011 年	2012 年	2013 年	2014 年
海洋法律法规数量（项）	4	1	3	1	2
海洋政策规划出台数（项）	11	12	7	6	9

续表

指标	2010 年	2011 年	2012 年	2013 年	2014 年
人命救助成功率（%）	97.09	96.30	94.72	95.10	96.80
海滨观测台站分布数（处）	68	64	61	103	165
确权海域面积占比（%）	2.5538	1.8121	3.2884	3.5075	2.5118
海上遇险次数（次）	157	86	84	105	66

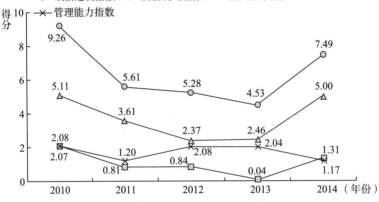

图 8 - 25　辽宁省一、二级指数得分变化趋势

（二）河北省

2010～2014 年河北省政治建设指数得分在沿海地区处于中等水平，从图 8-26 观察可知，河北省政治建设指数得分在波动中上升，尤其是 2014 年的最高分是 2012 年最低分的约两倍。在政治建设指数二级指标中，公共服务指数得分最高，法治规划指数得分和管理能力指数得分水平相当，但与公共服务指数得分有一定的差距，发展不均衡。

2010～2014 年河北省出台、修订了包括《河北省海洋经济发展"十二五"规划》《河北省海洋功能区划（2011—2020 年)》《河北省海域海岛海岸带整治修复保护规划（2014—2020 年)》在内的海洋法律法规 11 项、海洋政策规划 68 项。总体而言，河北省在此期间并未颁布大量的海洋法律法规，而海洋政策规划出台数也随着时间推进而相应减少。2010～2014 年，河北省海上搜救成功率处于中间水平，波动较小。2011 年河北省辖区海上交通安全形势持续向好，人命救助成功率有所提高，达 96.40%。2012～2014 年，河北省制定实施了多方面有特色、有实效的务实举措，在强化落实的推动下，确保了辖区水上交通形势持续安全稳定。随着河北省沿海开放战略的深入推进，海洋事业发展的同时，各种安全隐患会不断出现。应继续加大投入力度，扩充海滨观测台站分布数，不断完善海上救助力量的建设。河北省所辖海洋面积相比于其他省份较少，所以在确权海域面积占比上居于前列。2010 年河北省共确权海域面积 4679.83 公顷，征收海域使用金 6.15 亿元，同比增长了 293%；2011 年河北省共确权海域面积达 24419.71 公顷，这有赖于本年度所制定下发的《河北省国土资源厅（省海洋局）关于做好围填海造地管理中用海与用地衔接工作的意见》，明确了海陆管理分界线与管理分工；2012 年河北省按照保急需、保重点、保民生原则，共确权海域面积 3435.34 公顷，加强建设项目用海预审和确权服务，保障了一大批重点项目的用海需求；2014 年延续 2013 年的用海工作，深入推进各项工作的发展，着力推进重点项目建设，并吸取上一年度行政经验，确权海域面积达 31541.9 公顷。而相对于其他省（区、市），河北省所辖海域面积较少，因此确权海域面积在其中的比重会有很明显的波动，而对于海洋事故的发生次数也会处于较低水平，所以河北省五年间的海上遇险次数处于下游水平。河北省政治建设指数相关原始数据见表 8-14。

表 8-14　河北省各项指标原始数据

指标	2010 年	2011 年	2012 年	2013 年	2014 年
海洋法律法规数量（项）	1	0	2	3	5
海洋政策规划出台数（项）	17	18	12	14	7
人命救助成功率（%）	96.10	96.40	96.42	96.63	97.70
海滨观测台站分布数（处）	42	33	21	34	34
确权海域面积占比（%）	0.6475	3.3786	0.4753	0.2353	4.3640
海上遇险次数（次）	43	47	51	39	17

（三）天津市

天津市政治建设指数得分在沿海地区处于较低水平，由图 8-27 可知，指数得分区间为［3.11，6.45］，且在 2010~2014 年波动较大。首先在政治建设指数二级指标中公共服务指数与政治建设指数变化趋势基本一致，贡献最大。其次是法治规划指数，除 2013 年外，波动幅度较小。最后是管理能力指数，得分在 0.5 分以内，对天津市政治建设水平提升掣肘明显。

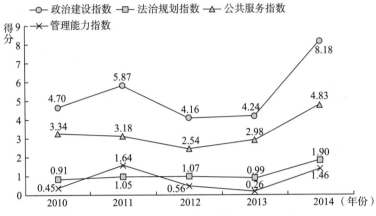

图 8-26　河北省一、二级指数得分变化趋势

天津市海洋法律法规体系已趋完善，所以整体态势呈现下滑趋势。2010~2014 年，天津市出台、完善了《天津市海洋环境保护与防灾减灾"十二五"规划》《天津市海洋经济和海洋事业发展"十二五"规划》《天津古海岸与湿地国家级自然保护区管理办法》等海洋法律法规 16 项、海洋政策规划 53 项。天津市海上搜救力量总体上比较薄弱，其搜救行动主要依托于社会搜救力量，现已建立起来的机制、预案及基础设施情况还不能完全适应目前天津市的滨海新区开发开放和大面积用海项目所带来的搜救挑战。天津市所辖海域面积较小，但在 2010 年及 2013 年的海上人命救助成功率排序靠后，充分暴露了其海上搜救力量总体上比较薄弱、专业队伍缺乏的现状。2010~2014 年天津市紧紧围绕发展海洋经济和服务滨海新区开发开放大局，加强海域管理能力建设，大力提高海洋资源利用效率，努力构建海域管理科学化、规范化、法制化新格局，结合确权海域面积，合理规范用海，重点保障重大项目，提高海域管理服务水平。随着天津市海洋开发进程的推进，海洋开放程度的加深，其所遇到的海上险情也呈现上升趋势，而其中 2013 年，天津市海上遇险次数为 19 次，人命救助成功率为 96.21%，仅高于 2010 年的 95.15%，这也从侧面印证了天津市目前的海上救助力量的薄弱，亟须加大投入，增强专业力量，以应对日益增加的海上险情。天津市政治建设指数原始数据见表 8-15。

表 8 – 15　天津市各项指标原始数据

指标	2010 年	2011 年	2012 年	2013 年	2014 年
海洋法律法规数量（项）	4	2	4	3	3
海洋政策规划出台数（项）	9	18	11	8	7
人命救助成功率（%）	95. 15	97. 18	1. 00	96. 21	97. 59
海滨观测台站分布数（处）	15	13	14	26	26
确权海域面积占比（%）	0. 7167	0. 4436	0. 3616	0. 5007	0. 6870
海上遇险次数（次）	32	15	17	19	30

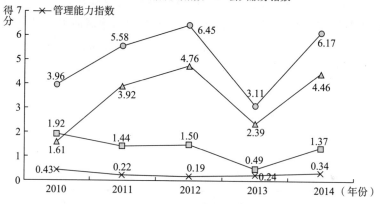

图 8 – 27　天津市一、二级指数得分变化趋势

（四）山东省

山东省政治建设指数得分在沿海地区排名靠前，由图 8 – 28 分析可知，山东省在 2010 ~ 2014 年的政治建设指数得分波动较大，但总体得分都大于 5 分，得分区间为［5. 14，8. 18］。在政治建设指数二级指标中，法治规划指数得分和公共服务指数得分较高，总体水平相当，管理能力指数得分明显低于前两者，是山东省政治建设的短板。

作为全国最早制定地方性海洋法律法规的省份之一，山东省经过多年的实践，海洋政治建设较为成熟，已经形成了完善的海洋法律法规管理体系，该体系由《山东省海洋环境保护条例》《山东省海域使用管理条例》《山东省签发废弃物海洋倾倒普通许可证管理暂行办法》《山东省渔业资源保护办法》等多部法规以及配套实施办法组成，且成效日显，因此在海洋立法方面山东省已经走在了全国前列。2010 ~ 2014 年共出台海洋法律法规

38 项、海洋政策规划 84 项。山东省所辖海域面积较广，所面临的海上险情挑战巨大，而就目前的海上人命救助成功率而言，山东省的海上搜救能力较为薄弱，仍需加紧建设，培训专业搜救人员，配备专业的搜救设备，以最大程度保证海上人群的生命安全。随着山东省海洋经济区的发展，海上安全系数会明显下降，这就对山东省海上监察力量提出了巨大挑战，目前，山东省海滨观测台站分布数较多，处于全国前列，能够在一定程度上保障海上作业的安全，随着进一步发展，山东省需要更多的观测台站给予海上保障。在海域使用方面，为不断规范海域使用管理工作，2010～2014 年，山东省出台了一系列措施，如《山东省海洋功能区划（2011—2020 年）》《山东省区域建设用海规划范围内非经营性公共设施用海登记暂行办法》《关于加强养殖用海管理的若干意见》《山东省县级海域使用规划管理办法》，在明确确权海域面积的前提下，提高用海质量。山东省海上应急响应设备较为完善，海上应急力量出动迅速，能够切实地给予求救响应。但是结合上一部分的人命救助成功率来看，山东省海上应急力量突出，而海上应急处置力量仍需进一步加强，队伍的专业素质有待进一步提高。山东省政治建设指数各项原始数据见表 8－16。

表 8－16   山东省各项指标原始数据

指标	2010 年	2011 年	2012 年	2013 年	2014 年
海洋法律法规数量（项）	3	11	6	10	8
海洋政策规划出台数（项）	12	22	23	15	12
人命救助成功率（%）	94.50	95.80	93.00	94.10	96.10
海滨观测台站分布数（处）	133	114	92	153	153
确权海域面积占比（%）	0.1603	0.0858	0.4743	0.9049	1.2402
海上遇险次数（次）	215	161	160	154	127

（五）江苏省

江苏省政治建设指数得分在沿海地区处于中等水平。从图 8－29 观察可知，江苏省在 2010～2014 年政治建设指数得分区间为 [3.76，6.58]，总体呈先上升后下降的趋势。江苏省政治建设指数的三个二级指标指数得分差距明显，从高到低依次是公共服务指数、管理能力指数、法治规划指数，发展不均衡。

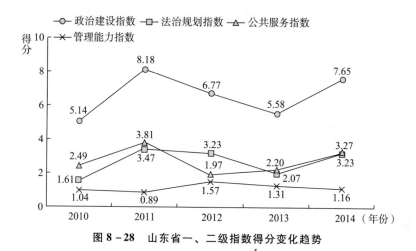

图 8－28 山东省一、二级指数得分变化趋势

2010～2014 年江苏省制定实施了包括《省政府关于促进沿海开发的若干政策意见》《江苏沿海滩涂围垦开发利用规划纲要》《江苏省海洋产业发展指导目录》、《江苏省国有渔业水域养殖权流转管理办法》《江苏省海岛保护规划（2011—2020）》《江苏省"十二五"海洋经济发展规则》《江苏省海洋观测网建设规划（2013—2020 年）》等在内的海洋法律法规 10 项、海洋政策规划 42 项，进一步加强海洋综合管理。2010 年江苏省所辖海域内成功救起 2519 人，人命救助成功率为 94.80%，2011 年为 96.10%，2012 年为 96.36%，2013 年为 96.43%，2014 年为 96.25%。整体上，江苏省五年来人命救助成功率稳中有升，维持在 96.00% 上下，但相较于其他各省份的人命救助成功率，排序靠后，仍有较大的进步空间，专业力量应及时加强。江苏省海滨观测台站分布数排序一直处于中游水平，与海上救助能力的排序所处梯度一致，应进一步推动观测站的建设，完善海上监管监察体系。2010～2014 年，江苏省海洋行政主管部门围绕服务沿海开发，在加强海域使用审批管理，严格依照《江苏省沿海地区发展规划》执行用海服务，落实海洋功能区划、海洋权属管理、海域有偿使用 3 项制度，提高用海质量，优化海域使用行政审批服务方面成果显著，海上遇险次数也有所减少。江苏省政治建设指数各项指标原始数据见表 8－17。

表 8 - 17　江苏省各项指标原始数据

指标	2010 年	2011 年	2012 年	2013 年	2014 年
海洋法律法规数量（项）	1	2	4	3	0
海洋政策规划出台数（项）	9	11	8	6	8
人命救助成功率（%）	94.80	96.10	96.36	96.43	96.25
海滨观测台站分布数（处）	56	71	68	90	90
确权海域面积占比（%）	0.9509	1.1094	0.1111	1.3655	1.0173
海上遇险次数（次）	257	250	195	230	209

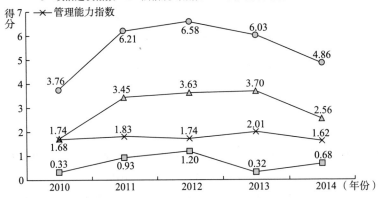

图 8 - 29　江苏省一、二级指数得分变化趋势

（六）上海市

上海市政治建设指数得分在沿海地区属于中等水平。由图 8 - 30 观察可知，上海市政治建设指数得分在 2010 ~ 2011 年和 2013 ~ 2014 年呈下降趋势，在 2011 ~ 2013 年则有较大提升，在 2013 年得分最高，为 8.73 分。政治建设指数二级指标中，公共服务指数得分最高且与政治建设指数得分变化趋势一致。2010 ~ 2013 年法治规划指数得分和管理能力指数得分升降趋势相反，2013 ~ 2014 年二者指数得分逐渐持平，但与公共服务指数得分差距较大，发展不均衡。

2010 ~ 2014 年上海市将海洋事业与上海"四个中心"的建设结合起来，充分发挥区位优势和资源优势，平稳有序推进各项海洋事业的发展，重点抓好海洋经济"十二五"规划编制和上海海洋功能区划修编工作，出台了《关于进一步规范海域使用项目审批工作的实施意见》《上海市海洋功能区划》《上海市海洋管理综合保障基地专项规划》《上海市海洋赤潮应急预案》《上海市海洋环境保护规划》等海洋法律法规 16 项、海洋政策规划 46 项。2010 年上海市海上人命救助成功率为 94.90%，2011 年为 95.07%，2012 年为 96.57%，2013 年为 98.38%，2014 年为 96.23%。整体上，上海市海上人命救助成功率的走势是上升的，并逐步保持在 97.00% 上下，凸显了近年来上海市海上救助队伍中专业力量的加强，队伍素质能力的提升。上海市所辖海域面积较小，但海滨观测台站分布数较多，一直维持在全国中上游水平，这也保证了上海市海上人命救助成功率的总体提升。2010～2014 年上海市规范海域使用项目审批工作，落实海域管理基本制度，实现海域使用审批与土地储备机制衔接，并就海域适用范围与海域管理范围做出具体研究。其中，2014 年上海市海洋局完成海域海岛管理行政权力清单的梳理，全部海洋事项办理实现电子化，共确权海域面积 489.2 公顷，完成了《上海市集约节约用海指标体系和管理制度研究》。而上海市应急能力也在不断提升，搜救次数稳中有升，与人命救助成功率同步，与上一部分所得结论一致，具有良好的应急基础以及潜力空间。上海市政治建设指数各项指标原始数据见表 8 - 18。

表 8 - 18   上海市各项指标原始数据

指标	2010 年	2011 年	2012 年	2013 年	2014 年
海洋法律法规数量（项）	5	2	1	6	2
海洋政策规划出台数（项）	5	10	7	13	11
人命救助成功率（%）	94.90	95.07	96.57	98.38	96.23
海滨观测台站分布数（处）	95	92	84	93	149
确权海域面积占比（%）	0.0126	0.0378	0.0060	0.0088	0.0544
海上遇险次数（次）	145	203	230	238	208

（七）浙江省

浙江省政治建设指数得分在沿海地区属于中等水平。从图 8 - 31 观察可知，浙江省在 2010～2014 年政治建设指数得分区间为 [3.59，8.92]，有较大波动。在政治建设指数二级指标中，公共服务指数得分最高。2011～2013 年，浙江省政治建设指数得分有了大幅增加，得益于海洋法律法规数量、海洋政策规划出台数，尤其是海滨观测台站分布数的大量增加（见表 8 -

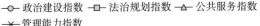

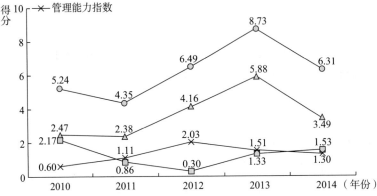

图 8 - 30　上海市一、二级指数得分变化趋势

19）。管理能力指数得分在 2010 ~ 2014 年变化不大，对政治建设指数影响最小。

2010 ~ 2014 年浙江省加强和规范海域使用管理，出台《浙江省海洋功能区划》、开展《浙江省无居民海岛开发利用管理办法》的立法工作，施行《浙江省海域使用管理条例》、完成《浙江省渔港渔业船舶管理条例》和《浙江省渔业管理条例》的修改工作等，出台海洋法律法规 25 项、海洋政策规划 53 项。2010 年浙江省成功救助遇险人员 2156 人，人命救助成功率为 94.60%；2011 年除搜救中心的中坚力量之外，来自民间的海上搜救志愿者队伍撑起了应急保障的"半边天"，成功救助海上遇险人员 1997 人，人命救助成功率达 94.46%；2012 年浙江省与多方联动，人命救助成功率大增，达到 96.60%；2013 年新型救助模式逐步完善，成功救助 1714 人，人命救助成功率为 95.97%；2014 年浙江省编制完成《浙江省社会力量参与海上搜救奖励管理办法》，继续鼓励社会力量参与到海上搜救中，人命救助成功率达 95.60%。浙江省虽有社会力量参与到救援之中，但是相比于其他公共部门，专业救助能力较弱，仍需提升海上社会力量救援的人命救助知识，培养救助能力，以期切实提升海上人命救助成功率。2010 ~ 2014 年，浙江省海域使用管理工作以加强围填海和养殖用海管理为抓手，合理配置海域资源。2013 年，共确权海域面积 7618.1 公顷，2014 年各级政府确权登记用海面积 4895.57 公顷。浙江省管辖海域广阔，相对而言近海地区开发有限，因此在确权海域面积占比上存在一定劣势。而其复杂的海域环境，督促着海洋系统时刻注意海上安全，因此对于海上应急能力的建设十分关注，其海滨观测台站分布数一直位于全国前列。浙江省政治建设指数各项指标原始数据见表8-19。

表8-19 浙江省各项指标原始数据

指标	2010年	2011年	2012年	2013年	2014年
海洋法律法规数量（项）	2	2	2	16	3
海洋政策规划出台数（项）	13	4	16	18	2
人命救助成功率（%）	94.60	94.46	96.60	95.97	95.60
海滨观测台站分布数（处）	131	99	85	139	140
确权海域面积占比（%）	0.1097	0.2216	0.0784	0.1636	0.1103
海上遇险次数（次）	245	262	211	261	239

195

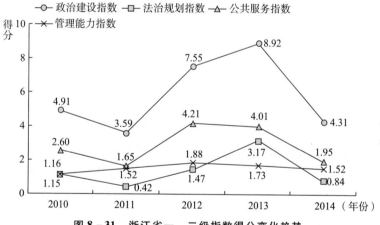

图8-31 浙江省一、二级指数得分变化趋势

（八）福建省

福建省政治建设指数得分在沿海地区处于较高水平。从图8-32分析可知，福建省在2010～2014年政治建设指数得分区间为 [4.29，9.27]，以2012年为节点，先升后降。在政治建设指数二级指标中，福建省公共服务指数的影响力最大，指数得分远超另外两个指标，但在所测年份中指数得分波动较大。法治规划指数得分和管理能力指数得分相当，但法治规划指数得分稍有波动。政治建设指数各方面发展不均衡。

2010～2014年福建省组织编制了《福建省海岛保护规划》、切实实施了《福建省海域使用管理条例》、修订了《福建省海域使用管理条例》、公布了《福建省招标拍卖挂牌出让海域使用权管理办法》、起草了《福建省海洋生态补偿管理办法》等海洋法律法规16项、海洋政策规划54项。2011年厦门水域发生的超大型集装箱船"达飞利波拉"搁浅，全年福建省海上人命救助成功率为96.81%；2012年兴化湾海域发生的集装箱船"巴莱里"触礁，全年海上人命救助成功率为98.12%；2013年，福建省发生三起重大海上交通事故，海上人命救助成功率为97.35%；2014年平潭海域发生的化学品船"云翔58"轮触礁，海上人命救助成功率为95.80%。虽然每年都有重大事故发生，但海上人命救助的专业力量在这种天灾人祸的情况中得到了巩固，海滨观测台站的大量分布也避免了一定的危险情况，在基数庞大的基础上，整体上福建省海上人命救助成功率较高，各方力量配合得当，为人民生命安全切实起到了保驾护航的作用。2010年，福建省加强海域规划的引导服务，启动新一轮海洋工程区划修编，全年共确权海域面积6537.53公顷，确保了涉海大项目、好项目能够顺利落地。2011年，福建省海域规划进一步完善，全面完成《福建省湾外围填海规划》编制工作，全年共确权海域面积5891.36公顷。2012年全年共确权海域面积4185.74公顷。2013年，福建省创新海域管理机制，全年共确权海域面积7697公顷，较好地满足了重大项目用海需求。2014年，福建省加强海域海岛使用管理，简政放权，出台了一系列政策提高审批效率，全年共确权海域面积4583.4公顷。福建省政治建设指数各项指标原始数据见表8-20。

表8-20　福建省各项指标原始数据

指标	2010年	2011年	2012年	2013年	2014年
海洋法律法规数量（项）	1	3	4	5	3
海洋政策规划出台数（项）	5	8	20	10	11
人命救助成功率（%）	95.33	96.81	98.12	97.35	95.80
海滨观测台站分布数（处）	120	117	85	213	216
确权海域面积占比（%）	0.0481	0.0433	0.0308	0.0566	0.0337
海上遇险次数（次）	181	209	188	187	129

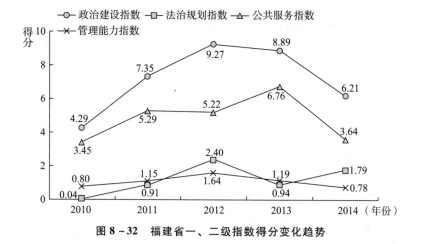

图 8 - 32　福建省一、二级指数得分变化趋势

（九）广西壮族自治区

广西壮族自治区政治建设指数得分在沿海地区处于较高水平。根据图 8 - 33 分析可知，广西壮族自治区在 2010～2014 年政治建设指数得分区间为 [5.61，8.64]，有小幅波动。政治建设指数二级指标的指数得分差距较大，发展不均衡。其中公共服务指数得分最高，以 2012 年为节点，总体呈现先降后升的趋势。2010～2012 年，法治规划指数得分较管理能力指数得分稍高，之后差距缩小。

2010～2014 年广西壮族自治区按照《关于共同推进广西海洋管理工作促进广西经济社会发展的合作备忘录》的要求，组织编制了《广西海洋观测预报业务体系发展规划》、出台了《广西壮族自治区海洋局海域使用审查报批会审制度》、出台了《广西壮族自治区海洋环境保护条例》、印发了《广西壮族自治区海洋功能区划（2011—2020 年)》、出台了《广西壮族自治区海洋局关于无居民海岛使用审批管理工作的通知》等海洋法律法规 23 项、海洋政策规划 58 项。广西壮族自治区海上人命救助成功率较高，基本在 97% 以上，只有在 2012 年出现了 96.20% 的人命救助成功率，而整体上海洋经济发展较为落后，沿海城市较少，所以布置的海滨观测台站较少。2010 年广西壮族自治区与国家海洋局通力合作，发展海洋事业，共同推动海域资源开发，全年确权海域面积达 2163.12 公顷；2011 年出台多项制度保障海域使用，确权海域面积大幅上升，达 6340.28 公顷；2012 年开始进行海域试点工作，全年确权海域面积达 3070.99 公顷；2014 年积极探索市场化配置海域使用权，全年确权海域面积达 8708 公顷。整体上广西壮族自治区的确权海域面积稳步增加,不断探索完善用海、审海事宜。而广西壮族自治区的应急能力建设仍有很大的提升空间,亟须培养专业力量。广西壮族自治区政治建设指数各项指标原始数据见表8-21。

表8-21 广西壮族自治区各项指标原始数据

指标	2010年	2011年	2012年	2013年	2014年
海洋法律法规数量(项)	2	6	8	3	4
海洋政策规划出台数(项)	9	26	7	9	7
人命救助成功率(%)	97.05	97.78	96.20	97.53	97.73
海滨观测台站分布数(处)	33	33	33	43	43
确权海域面积占比(%)	0.1215	0.3562	0.1725	0.2631	0.4892
海上遇险次数(次)	84	109	163	135	181

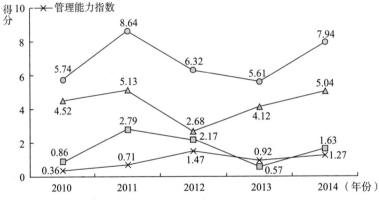

图8-33 广西壮族自治区一、二级指数得分变化趋势

(十)广东省

广东省政治建设指数得分在沿海地区属于较高水平。根据图8-34分析可知,广东省在2010~2014年政治建设指数得分区间为[9.21,12.62],有较小幅度波动,但仍在沿海地区处于领先地位。在政治建设指数二级指标中,广东省公共服务指数是主要贡献者,得分远高于其他两项指标。法治规划指数得分和管理能力指数得分相当,都是今后海洋政治建设提升的主要内容。

2010~2014年广东省完成了《广东省海洋综合开发规划》《广东省渔港和渔业船舶管理条例》《广东海洋经济综合试验区发展规划》《广东省海洋功能

区划（2011—2020 年)》《广东省滨海旅游发展规划（2011—2020 年)》等海洋法律法规 17 项、海洋政策规划 98 项。至 2014 年多项涉海法律法规列入立法计划，依法推动海洋行政工作，推进编制各项规划，推进"十三五"规划研究。2010～2014 年，广东省海上救助能力几乎位于全国前列水平，人命救助成功率维持在 97.00% 上下，这与广东省历年来与各方联合救助的关系分不开，使得广东省海上救助能力稳步提升。而广东省海滨观测台站的大量建设，也使其能够及时地应对海上突发情况。广东省所辖海域面积位居全国第二，辖区内海上形势复杂，虽然确权海域面积占比排序居后，但是确权海域面积较大，充分满足了本省的开发需求。而广东省所辖海域，多有海浪、台风等突发灾害以及特殊冲突，多年来广东省的应急能力不断提升，反应及时，在最大程度上保证了海上人民的安全。广东省政治建设指数各项指标原始数据见表 8 - 22。

表 8 - 22　广东省各项指标原始数据

指标	2010 年	2011 年	2012 年	2013 年	2014 年
海洋法律法规数量（项）	3	3	3	3	5
海洋政策规划出台数（项）	27	15	14	25	17
人命救助成功率（%）	97.42	97.53	97.00	97.60	96.20
海滨观测台站分布数（处）	221	184	143	212	212
确权海域面积占比（%）	0.0161	0.0173	0.0189	0.0147	0.0127
海上遇险次数（次）	431	368	205	314	321

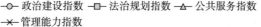

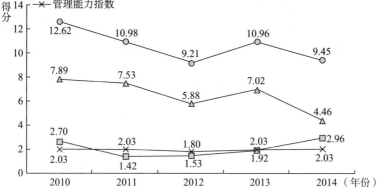

图 8 - 34　广东省一、二级指数得分变化趋势

（十一）海南省

海南省政治建设指数得分在沿海地区处于较低水平。从图8-35观察可知，海南省在2010~2014年政治建设指数得分区间为［1.47，6.93］，2010~2013年总体有大幅提升，2013年后开始下降。在政治建设指数二级指标中，公共服务指数变化趋势与政治建设指数基本一致，且对其影响最大。法治规划指数得分稍有波动，但远低于公共服务指数得分，管理能力指数得分最低，所测年份中的指数得分基本不足1分，是海南省政治建设水平提升的主要限制性因素。

2010~2014年海南省为保障海洋环境编制了《海南省海洋观测网建设发展总体规划（2011—2020年）》、出台了《海南省海洋功能区划（2011—2020年）》、编制了《海南省海洋环境保护规划（2011—2020年）》、印发了《中共海南省委海南省人民政府关于加快建设海洋强省的决定》、编制了《海南省海域使用规划》等海洋法律法规15项、海洋政策规划54项，目前仍处于建设海洋法律法规体系的培育阶段，这也与其排序基本符合，整体处于波动中缓慢上升的状态。海南省以"革命化、正规化、现代化"建设为引领思维，着力提升海事管控能力和服务水平，海上交通安全形势向好，海上人命救助成功率也有所提升，2011年海上人命救助成功率为95.06%，2012年上升至95.40%，2014年再进一步上升至95.60%，但相对于死亡率而言，海南省仍需继续提升海上救助专业队伍素质。海滨观测台站分布数总体也在增加，但是从整体分布上来看，目前的分布数量对应其所辖海域面积仍有不足。海南省经济发展水平落后，管辖着我国三分之二的海域面积，其中包括南海海域等广大海面，对于远海的利用人力所不能及，所以其确权海域面积占比一直处于全国最后。而如此广大的海域，海南省能够进行有效的应急活动空间有限，其搜救次数能够维持在全国中等水平已可见其目前的海洋应急能力的建设实力。海南省政治建设指数各项指标原始数据见表8-23。

表8-23　海南省各项指标原始数据

指标	2010年	2011年	2012年	2013年	2014年
海洋法律法规数量（项）	1	6	0	5	3
海洋政策规划出台数（项）	9	10	13	15	7
人命救助成功率（%）	94.05	95.06	95.40	97.41	95.60
海滨观测台站分布数（处）	61	47	25	94	93

指标	2010 年	2011 年	2012 年	2013 年	2014 年
确权海域面积占比（％）	0.0007	0.0008	0.0010	0.0015	0.0005
海上遇险次数（次）	98	111	113	122	167

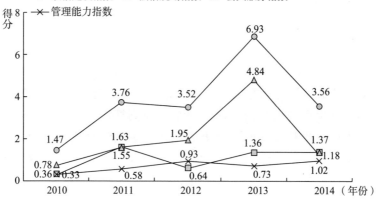

图 8 - 35　海南省一、二级指数得分变化趋势

第九章　生态建设指数测评

在沿海地区经济社会发展过程中，随着海洋环境污染日益严重、海洋资源趋紧、生态系统退化等问题的出现，海洋生态建设被放在更加突出的位置。本书从生态健康和治理修复两个方面测算沿海地区生态建设水平。其中，生态健康指数反映的是健康的海洋生态系统自我发展的持续活力，具体的测量指标是健康类海洋生态监控区和海洋类型自然保护区面积两个；治理修复衡量的是沿海地区对环境污染、生态破坏等问题的处理能力和效果，测量的是沿海地区污染废水治理项目数和近海及海岸湿地生态修复面积。

一　生态建设个体指数测算

（一）指标选取及解释

1. 指标选取

经过专家咨询、海洋生态概念厘清、数据频度统计后，笔者掌握了不同地区间同一指标的可比性、数据的可得性和真实性等因素。经过综合分析后，确定海洋发展蓝色指数中的生态建设指数的二级指标有生态健康和治理修复；每个二级指标下又各有两个三级指标，是二级指标的具体表现方面，可直接测量。它们依次为健康类海洋生态监控区、海洋类型自然保护区面积、沿海地区污染废水治理项目数和近海及海岸湿地生态修复面积（见表9-1）。最终的数据收集主要来源于国家海洋局在官网上出台的当年《中国海洋环境状况公报》、《中国海洋统计年鉴》（2011～2015年）。

表 9 - 1　生态建设指数测算指标体系

一级指标	二级指标	三级指标
A4 生态建设指数	B10 生态健康	C19 健康类海洋生态监控区
		C20 海洋类型自然保护区面积
	B11 治理修复	C21 沿海地区污染废水治理项目数
		C22 近海及海岸湿地生态修复面积

2．指标解释

（1）生态建设指数

十八大报告将生态文明建设与经济建设、政治建设、文化建设、社会建设并列，形成建设中国特色社会主义"五位一体"的总布局。2012 年初，我国海洋部门提出建设海洋生态文明的要求。测算我国沿海地区的海洋生态建设指数，有利于考察我国生态文明建设的实际操作水平，查漏补缺，有的放矢地推动生态文明建设、海洋生态文化的建设与发展。

叶属峰和房建孟在探索长江三角洲海洋生态建设与区域海洋经济可持续发展中，对我国的海洋生态建设做了全方位的诠释。[①] 他们提出海洋生态建设战略目标是：以科学发展观为指导，在传统双赢战略反思中强调区域环境尺度上的生态整合，物质生产消费方式的生态转型，人的素质观念的升华，建立复合生态管理，发展海洋经济，为构建和谐社会、实现小康社会奠定基础。就长江三角洲近海海洋生态建设而言，其基本框架包括五个方面：区域生态保育与生态景观建设、海域环境整治与生态修复、海洋生态产业发展与循环经济建设、海洋生态文化培育与能力建设、海洋生态系统管理与联合执法。现有海洋统计资料中，生态建设方面的数据缺失严重，根据指标的合理性和数据的可获得性，用生态健康和治理修复两个指标来衡量沿海地区生态建设水平，并分别将其操作化为健康类海洋生态监控区、海洋类型自然保护区面积、沿海地区污染废水治理项目数、近海及海岸湿地生态修复面积四个测量指标。

（2）生态健康指数

生态健康即区域生态保育与生态景观建设，主要内容包括沿江沿海防

[①]　叶属峰、房建孟：《长江三角洲海洋生态建设与区域海洋经济可持续发展》，《海洋环境科学》2006 年第 25 期。

护林带建设、自然保护区体系与特别保护区建设、多功能生态鱼礁群建设等三个方面。

本书将生态健康操作化为健康类海洋生态监控区和海洋类型自然保护区面积两个指标。

健康类海洋生态监控区是指依据海洋生态特征和问题冲突特点而确定的、通过生态监测和评价而提出的保护管理和开发利用调控对策的海洋区域。自2004年开始，国家海洋局在全国范围内实施生态监控区制度，由15个发展到2005年的18个，总面积达5.2万平方公里，主要生态类型包括河口、海湾、滨海湿地、珊瑚礁、红树林和海草床等典型海洋生态系统。[①] 18个全国海洋生态监控区分布见附录1。

根据《海洋自然保护区管理办法》（国海法发〔1995〕251号）的第二条的内容，海洋自然保护区是指以海洋自然环境和资源保护为目的，依法把包括保护对象在内的一定面积的海岸、河口、岛屿、湿地或海域划分出来，进行特殊保护和管理的区域。我国的海洋自然保护区分为地方级和国家级两种类型（见附录2、附录3），为了维护海洋生态的稳定和可持续发展，我国各级别的海洋自然保护区个数和面积不断增加，数据呈现动态向上发展。我们收集的数据主要是沿海地区各省（区、市）的海洋自然保护区2010~2014年的数据。

（3）治理修复指数

治理修复即海域环境整治与生态修复，主要内容包括污染总量控制、重要经济鱼类种群资源生态修复、滨海湿地生态修复、重大工程区生态功能修复、长江口盐水入侵治理及防治等五个方面。根据现有资料汇总分析、数据取舍，将治理修复操作化为沿海地区污染废水治理项目数和近海及海岸湿地生态修复面积两个方面。

沿海地区污染废水治理项目数是指该地区当年竣工污染废水治理项目数。在《中国海洋统计年鉴2014》中，当年安排施工项目数是指报告期内由国家、部门、地方或企业单位安排开工的，并以治理废水、废气、固体废物、噪声和其他（如电磁波、恶臭等）环境污染的环境治理工程的总数，不包括"三同时"项目。当年竣工项目数则是指报告期内竣工投入运行的

---

① 摘自叶属峰、张朝晖《海洋生态监控—回顾与展望》，国家海洋局东海环境监测中心，http://www.docin.com/p-363894017.html，最后访问日期：2016年12月22日。

治理废水、废气、固体废物、噪声及其他环境污染的环境工程项目的总数。以此类推，搜索的数据依据的指标定义是指报告期内由国家、部门、地方或企业单位竣工且已投入运行的，以治理废水这类环境污染的环境治理工程的总数，不包括"三同时"项目。

近海及海岸湿地生态修复中的湿地是指天然或人工、长久或暂时性的沼泽地、泥炭地或水域地带，包括静止或流动的淡水、半咸水、咸水体，低潮时水深不超过 6 米的水域以及海岸地带地区的珊瑚滩和海草床、滩涂、红树林、河口、河流、淡水沼泽、湖泊、盐沼及盐湖。海洋生态修复是指利用大自然的自我修复能力，在适当的人工措施的辅助作用下，使受损的生态系统恢复到原有或与原来相近的结构和功能状态，使生态系统的结构、功能不断恢复。我国海域海洋生态环境将面临前所未有的威胁和破坏。海岸带作为人类开发利用海洋的密集区，其开发活动的不断加剧，使自然资源的消耗速度也急剧加快，从而引发了海洋环境恶化、红树林消失、滨海湿地萎缩、生物多样性下降等一系列的生态退化问题，已严重威胁到海岸带地区经济的可持续发展。为了便于数字化处理，该指标收集的是近海及海岸湿地生态修复面积。

（二）数据预处理及指标权重的测算

1. 数据预处理

2010～2014 年我国 18 个海洋生态监控区的检测情况主要来源于国家海洋局在官网上发布的当年《中国海洋环境状况公报》，由于 2011 年的海洋生态监控区检测情况数据缺失，特进行了求取 2010 年和 2012 年的得分均值处理的方式，将逐年的表格数据进行汇总后形成最终数据（见附录 4）。数据汇总之后，对每个健康状态进行打分量化处理。经专家分析，打分采用 10 分制，监测水平健康计 10 分、亚健康计 5 分、不健康计 1 分。每个省（区、市）的监控区得分最后取均值代表该地区该年的健康类海洋生态监控区得分，由此，2011 年的数值可以采取 2010 年和 2012 年数据均值的处理方式。我国海洋类型自然保护区面积 2010～2014 的数据来自《中国海洋统计年鉴》（2011～2015 年）中沿海地区海洋类型自然保护区建设情况统计，采取直接引用的方式收集数据。沿海地区污染废水治理项目数和近海及海岸湿地生态修复面积来源于《中国海洋统计年鉴》（2011～2015 年）。

生态建设指数作为一级指标同时又包含 2 个二级指标、4 个三级指标。不同指标收集到的原始数据性质不同，单位相异，因此必须进行标准化处理后统一代入权重函数计算，本书运用德尔菲法、层次分析法对指标权重及标准等级进行确定，建立了计算模型。生态建设指数在处理数据时首先采用（样本值－最小值）／（最大值－最小值）的方法进行无量纲化处理，然后将无量纲化后的结果统一做线性处理（加减乘除四则运算都是线性变换，不影响比较大小的结果），使得每一个结果都在［1，100］的区间，最后代入已计算好的权重函数，得出每个指标的指数得分。

2. 指标权重的测算

沿海地区海洋发展蓝色指标体系分为一级指标 4 个、二级指标 11 个、三级指标 22 个。在一级指标生态建设指数的权重结构中，A4 生态建设指数的权重为 0.25；根据专家打分得出二级指标的权重分别为 B10 生态健康 0.14、B11 治理修复 0.11；三级指标权重为 C19 健康类海洋生态监控区 0.06、C20 海洋类型自然保护区面积 0.08、C21 沿海地区污染废水治理项目数 0.05、C22 近海及海岸湿地生态修复面积 0.06。各级指标权重计算结果见表 9－2（为了方便表述，此处的权重只保留两位小数，但计算过程中采用的是原始数据，不影响测算结果，下同）。

表 9－2　生态建设指数各指标权重分配

一级指标	权重	二级指标	权重	三级指标	权重
A4 生态 建设指数	0.25	B10 生态健康	0.14	C19 健康类海洋生态监控区	0.06
				C20 海洋类型自然保护区面积	0.08
		B11 治理修复	0.11	C21 沿海地区污染废水治理项目数	0.05
				C22 近海及海岸湿地生态修复面积	0.06

（三）生态建设指数测算

生态建设指数主要包括健康类海洋生态监控区指数、海洋类型自然保护区面积指数、沿海地区污染废水治理项目数指数、近海及海岸湿地生态修复面积指数，利用标准化处理后的数据和指标的权重按照公式（9－1）对各个生态建设指数的得分进行测算。测算结果分别见表 9－3、表 9－4、表 9－5、表 9－6。

$$I_j = Z_j W_j (j = 1,2,3,4) \tag{9-1}$$

其中，I_1、I_2、I_3、I_4 分别代表某一地区在某一年中的健康类海洋生态监控区指数、海洋类型自然保护区面积指数、沿海地区污染废水治理项目数指数、近海及海岸湿地生态修复面积指数的得分；Z_j 代表第 j 个指标经过标准化处理后的数据；W_j 代表第 j 个指标的权重。

表 9 – 3　健康类海洋生态监控区指数得分及排名

地区	2010 年		2011 年		2012 年		2013 年		2014 年	
	得分	排名	得分	排名	得分	排名	得分	排名	得分	排名
辽宁省	0.05	9	0.05	9	0.05	9	0.05	9	0.05	9
河北省	2.35	3	2.35	4	2.35	4	1.85	4	1.99	3
天津市	2.35	3	2.35	4	2.35	4	1.85	4	1.99	3
山东省	2.35	3	2.35	4	2.35	4	1.85	4	1.99	3
江苏省	2.35	3	2.35	4	2.35	4	1.85	4	1.99	3
上海市	0.05	9	0.05	9	0.05	9	0.05	9	0.05	9
浙江省	0.05	9	0.05	9	0.05	9	0.05	9	0.05	9
福建省	2.35	3	2.35	4	2.35	4	1.85	4	1.99	3
广西壮族自治区	5.23	1	5.23	1	5.23	1	5.23	1	4.42	2
广东省	2.35	3	3.31	3	4.27	2	3.36	2	1.99	3
海南省	4.27	2	4.27	2	4.27	2	3.36	2	5.23	1

表 9 – 4　海洋类型自然保护区面积指数得分及排名

地区	2010 年		2011 年		2012 年		2013 年		2014 年	
	得分	排名	得分	排名	得分	排名	得分	排名	得分	排名
辽宁省	0.66	2	0.26	3	3.28	2	3.33	2	3.36	2
河北省	0.10	8	0.08	10	0.21	6	0.16	10	0.16	10
天津市	0.10	8	0.08	10	0.08	11	0.17	9	0.17	9
山东省	0.41	4	0.16	4	1.82	3	1.89	3	1.98	3
江苏省	0.13	7	0.09	7	0.21	6	0.29	7	0.29	7
上海市	0.14	6	0.10	5	0.28	5	0.36	6	0.36	6
浙江省	0.16	5	0.09	7	0.20	8	0.29	7	0.29	7
福建省	0.09	10	0.10	5	0.20	8	0.41	5	0.41	5
广西壮族自治区	0.08	11	0.09	7	0.12	10	0.08	11	0.08	11
广东省	0.42	3	8.37	1	1.32	4	1.32	4	1.33	4
海南省	8.37	1	0.57	2	8.37	1	8.37	1	8.37	1

表9-5 沿海地区污染废水治理项目数指数得分及排名

地区	2010 年		2011 年		2012 年		2013 年		2014 年	
	得分	排名	得分	排名	得分	排名	得分	排名	得分	排名
辽宁省	0.24	10	0.38	8	0.39	9	0.26	9	0.14	10
河北省	0.37	8	1.05	7	0.71	7	0.94	7	0.19	9
天津市	0.37	8	0.27	9	0.05	11	0.26	9	0.46	7
山东省	2.27	4	3.69	4	5.29	1	1.97	4	0.92	6
江苏省	2.23	5	5.15	2	3.66	4	3.22	3	2.06	3
上海市	0.66	7	0.18	10	0.6	8	0.53	8	1.33	4
浙江省	5.29	1	5.29	1	4.95	2	5.29	1	5.29	1
福建省	4.56	2	1.68	5	2.2	5	1.75	5	1.33	4
广西壮族自治区	1.3	6	1.34	6	1.94	6	0.99	6	0.28	8
广东省	3.85	3	4.14	3	4.37	3	3.41	2	5.11	2
海南省	0.05	11	0.05	11	0.08	10	0.05	11	0.05	11

表9-6 近海及海岸湿地生态修复面积指数得分及排名

地区	2010 年		2011 年		2012 年		2013 年		2014 年	
	得分	排名	得分	排名	得分	排名	得分	排名	得分	排名
辽宁省	3.59	4	3.59	4	3.59	4	3.76	4	3.77	4
河北省	1.21	9	1.21	9	1.21	9	0.84	9	0.84	9
天津市	0.06	11	0.06	11	0.06	11	0.06	11	0.06	11
山东省	6.04	1	6.04	1	6.04	1	3.86	3	3.86	3
江苏省	4.14	3	4.14	3	4.14	3	6.04	1	6.04	1
上海市	1.34	8	1.34	8	1.34	8	1.78	7	1.78	7
浙江省	2.74	5	2.74	5	2.74	5	3.64	5	3.64	5
福建省	1.68	6	1.68	6	1.68	6	2.93	6	2.93	6
广西壮族自治区	1.57	7	1.57	7	1.57	7	1.00	8	1.00	8
广东省	5.04	2	5.04	2	5.04	2	4.38	2	4.39	2
海南省	0.74	10	0.74	10	0.74	10	0.66	10	0.65	10

二 生态建设指数测算及分析

(一) 指数测算

根据上面求得的健康类海洋生态监控区指数、海洋类型自然保护区面积指数、沿海地区污染废水治理项目数指数、近海及海岸湿地生态修复面积指数的得分，利用算术求和的方法，按照公式（9-2）求得沿海地区 2010 ~ 2014 年的生态健康指数、治理修复指数的得分，计算结果见表 9-7、表 9-8。

$$R_j = I_{2j-1} + I_{2j}(j = 1,2) \qquad (9-2)$$

209

其中，R_1、R_2 分别表示某一地区某一年中的生态健康指数、治理修复指数的得分；I_{2j-1}、I_{2j} 代表相邻两个三级指标的指数得分（不重复相加）。

表 9-7 生态健康指数得分及排名

地区	2010 年		2011 年		2012 年		2013 年		2014 年	
	得分	排名	得分	排名	得分	排名	得分	排名	得分	排名
辽宁省	0.71	9	0.31	9	3.33	5	3.38	5	3.42	4
河北省	2.45	6	2.44	7	2.57	6	2.01	9	2.16	8
天津市	2.45	6	2.44	7	2.44	9	2.02	8	2.16	8
山东省	2.76	4	2.51	4	4.18	4	3.74	4	3.98	3
江苏省	2.48	5	2.45	5	2.56	7	2.14	7	2.29	7
上海市	0.19	11	0.15	10	0.33	10	0.41	10	0.42	10
浙江省	0.21	10	0.14	11	0.25	11	0.34	11	0.34	11
福建省	2.44	8	2.45	5	2.55	8	2.26	6	2.41	6
广西壮族自治区	5.31	2	5.32	2	5.35	3	5.31	2	4.51	2
广东省	2.77	3	11.67	1	5.59	2	4.67	3	3.33	5
海南省	12.64	1	4.84	3	12.64	1	11.72	1	13.60	1

表 9-8 治理修复指数得分及排名

地区	2010 年		2011 年		2012 年		2013 年		2014 年	
	得分	排名	得分	排名	得分	排名	得分	排名	得分	排名
辽宁省	3.83	6	3.96	5	3.98	5	4.02	6	3.91	6
河北省	1.58	9	2.26	8	1.91	9	1.78	9	1.03	9

地区	2010 年		2011 年		2012 年		2013 年		2014 年	
	得分	排名	得分	排名	得分	排名	得分	排名	得分	排名
天津市	0.43	11	0.33	11	0.11	11	0.32	11	0.52	11
山东省	8.31	2	9.73	1	11.33	1	5.83	4	4.78	4
江苏省	6.37	4	9.29	2	7.80	3	9.27	1	8.10	3
上海市	2.01	8	1.52	9	1.95	8	2.31	7	3.11	7
浙江省	8.03	3	8.03	4	7.69	4	8.93	2	8.93	2
福建省	6.24	5	3.36	6	3.88	6	4.68	5	4.26	5
广西壮族自治区	2.87	7	2.91	7	3.50	7	2.00	8	1.28	8
广东省	8.89	1	9.18	3	9.41	2	7.79	3	9.49	1
海南省	0.80	10	0.80	10	0.82	10	0.71	10	0.71	10

根据上面求得的生态健康指数、治理修复指数的得分,利用算术求和的方法,按照公式(9-3)求得沿海地区 2010~2014 年的生态建设指数得分,计算结果见表 9-9。

$$Q = R_1 + R_2 \tag{9-3}$$

其中,Q 表示某一地区某一年的生态建设指数得分,R_1、R_2 分别表示某一地区在某一年中的生态健康指数、治理修复指数的得分。

表 9-9 生态建设指数得分及排名

地区	2010 年		2011 年		2012 年		2013 年		2014 年	
	得分	排名	得分	排名	得分	排名	得分	排名	得分	排名
辽宁省	4.54	8	4.27	9	7.31	7	7.40	6	7.33	6
河北省	4.03	9	4.69	8	4.48	9	3.79	9	3.18	10
天津市	2.88	10	2.77	10	2.55	10	2.34	11	2.69	11
山东省	11.07	3	12.24	2	15.51	1	9.57	4	8.75	5
江苏省	8.85	4	11.73	3	10.36	4	11.41	3	10.38	3
上海市	2.20	11	1.67	11	2.28	11	2.73	10	3.52	9
浙江省	8.24	6	8.17	5	7.93	6	9.27	5	9.27	4
福建省	8.68	5	5.81	6	6.43	8	6.94	8	6.66	7
广西壮族自治区	8.18	7	8.22	4	8.85	5	7.31	7	5.79	8
广东省	11.66	2	20.85	1	15.00	2	12.47	1	12.82	2
海南省	13.44	1	5.64	7	13.46	3	12.43	2	14.30	1

（二）动态分析

1. 生态建设指数动态分析

通过权重函数计算，得到我国沿海地区的一级指标海洋生态建设指数的得分（见表9-9），其得分在［1.67，20.85］区间。从表中可以看出，上海市、天津市和河北省生态建设指数得分较低。这三个地区从2010年至2014年，海洋生态建设指数得分均低于5分，且各个省市内部的波动幅度不大（见图9-1）。可见，与其他地区相比较而言，这三个地区的海洋生态建设起步晚，成效低，尚存在很大的建设和发展空间，需要进一步加强相关的海洋生态保护、修复和治理工作，重视海洋生态文明和文化的建设。其中，上海市的生态建设指数得分总体出现了小幅增长，天津市的指数得分总体出现了小幅下降，而河北省的指数得分自2011年后出现逐年下降的情况，虽然降幅不大，但生态建设工程的压力可见一斑，需引起相关部门的重视，力挽生态建设疲软的局面。

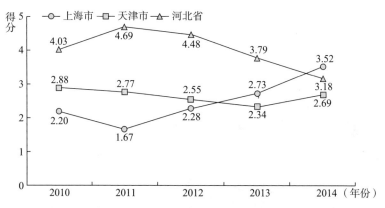

图9-1 上海市、天津市、河北省生态建设指数得分变化趋势

从图9-2可以看出，上海市、天津市和河北省排名大体靠后，基本没有突破第8名。相比而言，在2012年后，上海市的排名有所上升，海洋生态建设初见成效，而天津市和河北省的建设水平则不容乐观。

从表9-9中可以看出，福建省、辽宁省、广西壮族自治区、浙江省生态建设指数得分处于中等水平，基本保持在第4~9名（见图9-4）。其中，辽宁省的名次总体在上升，但仍没有突破第5名；浙江省的生态建设指数得分相对稳定，且一直保持在中等偏上水平；福建省和广西壮族自治区的生态建设状况则在2011年后排名总体靠后，海洋生态建设水平逐渐降低。总体而言，

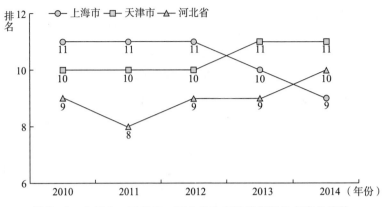

图 9-2 上海市、天津市、河北省生态建设指数排名变化趋势

这四个地区的海洋生态建设水平波动不大。这四个地区的海洋生态建设指数总体得分在 [4.27, 9.27] 区间，变化幅度略大（见图 9-3）。其中，浙江省的生态建设指数得分相对较为稳定，波动不大，呈现小幅增长的趋势；增长效果最为明显的是辽宁省，从 2010 年的 4.54 分增长到 2014 年的 7.33 分，增长速度最为明显，但是截至 2014 年，其生态建设水平仍逊于浙江省；福建省 2010 年的得分在中等水平中排名第 1 位，但在后续的几年发展中波动比较大，2011 年成为其海洋生态建设指数得分的最低点，之后出现小幅增长，水平停留在 6.5 分左右；广西壮族自治区生态建设指数得分下降最明显，2012 年出现小幅上升，但未能保持住喜人局面，生态建设水平日渐落后。

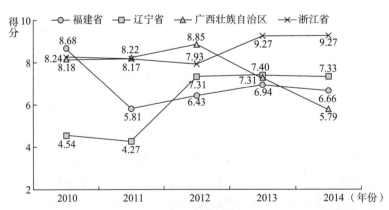

图 9-3 福建省、辽宁省、广西壮族自治区、浙江省生态建设
指数得分变化趋势

从表 9-9 中可以看出，江苏省、山东省、广东省、海南省生态建设指

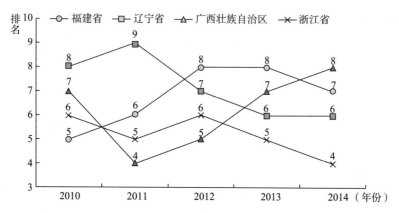

图9-4　福建省、辽宁省、广西壮族自治区、浙江省生态建设
指数排名变化趋势

数得分较高。江苏省、山东省这两个地区的海洋生态建设指数得分在〔8.85，15.51〕区间（见图9-5），基础得分都偏上等，且在2010年至2014年间依旧保持良好的发展水平。但两者的生态建设依然存在细微的差别，江苏省本身变化浮动不大，发展水平较为稳定；相对而言，山东省的生态建设指数得分变化幅度较大，2012年出现一个最高得分，为15.51分，在此之后出现了较大幅度的分数降低情况，可见，后半段，山东省的海洋生态建设的力度不够持续，截至2014年，其生态建设水平略逊于江苏省。海南省、广东省这两个地区的海洋生态建设指数得分在〔5.64，20.85〕区间，两个地区在2010年的生态建设指数得分都偏高，于2011年产生明显差距，海南省在2011年出现了一个最低分，而广东省则分数激增，出现了一个最高分，而两地区于2012年后分数趋于接近，这两省是11个沿海地区中，海洋生态建设指数得分变化幅度最大的，但最后的发展水平仍处于较优水平（见图9-5）。

从图9-6可以看出，广东省和江苏省代表的是我国海洋生态建设较高水平且发挥持续稳定的地区，这两个省份的排名基本保持在前3位，且名次浮动相对小很多。就海洋生态建设而言，这两个省份的政策规划和执行经验具有相当大的借鉴意义，值得引起其他地区的关注和参考。在11个沿海地区中，海南省和山东省排名波动较大，海南省在2011年出现了一个第7位的名次，其他年份的名次均排在前3位；山东省则是在2012年出现了一个最优名次，排名第1位，其他年份大都低于第3名，自2012年后山东省的排名逐渐落后。

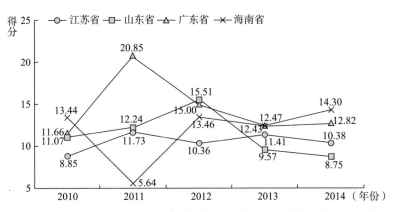

图9-5　江苏省、山东省、广东省、海南省生态建设指数得分变化趋势

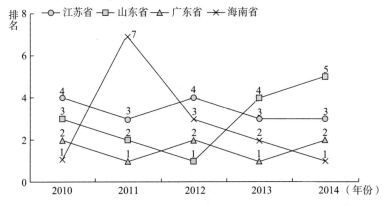

图9-6　江苏省、山东省、广东省、海南省生态建设指数排名变化趋势

2. 生态健康指数动态分析

由表9-7可以看出，海南省、广东省、广西壮族自治区和山东省的生态健康指数得分在沿海地区属于较高水平。从图9-7可以看出，海南省、广东省、广西壮族自治区和山东省的生态健康指数得分均高于2.5分。其中，海南省的分数除了在2011年出现陡降外，其余年份均高于5分，在生态健康测评方面具备明显优势；广东省则是在2011年陡升至11.67分，然而并没有良好地保持，2011年后其生态健康指数得分逐年下降，截至2014年分数下降到3.33分，生态健康的维护工作出现疲软颓势；广西壮族自治区和山东省则发展比较稳定，5年间分数没有太大的波动，特别是山东省，

其生态健康指数得分总体在缓慢上升。从图 9 - 8 可以看出，生态健康指数
地区排名总体较为稳定，山东省在 2010 ~ 2013 年均排名第 4 位，2014 年排
名第 3 位；广西壮族自治区除 2012 年排名第 3 位之外，其余年份均排名第 2
位；海南省除 2011 年排名第 3 位之外，其余年份均排名第 1 位；广东省
2011 年后排名持续下降，2014 年落至第 5 名。

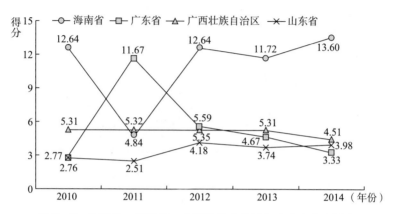

图 9 - 7　海南省、广东省、广西壮族自治区和山东省生态健康
指数得分变化趋势

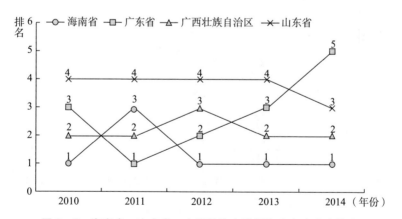

图 9 - 8　海南省、广东省、广西壮族自治区和山东省生态健康
指数排名变化趋势

由表 9 - 7 可以看出，福建省、江苏省、天津市和河北省生态健康指数
得分在沿海地区处于中等水平。从图 9 - 9 可以看出，福建省、江苏省、天
津市和河北省的生态健康指数得分大部分在 [2，2.6] 区间，且发展轨迹

非常相似。2010~2012 年总体缓步提升，只在 2013 年出现小幅下降，而后出现小幅增加的趋势。相对而言，这四个地区的生态健康水平逐渐趋于稳定。在排名方面，江苏省由第 5 名滑落至第 7 名之后保持稳定，天津市在 2012 年落至第 9 名后稳定在第 8 名，福建省和河北省的排名相对波动较大（见图 9 - 10）。

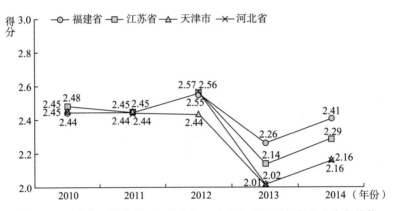

图 9 - 9　福建省、江苏省、天津市和河北省生态健康指数得分变化趋势

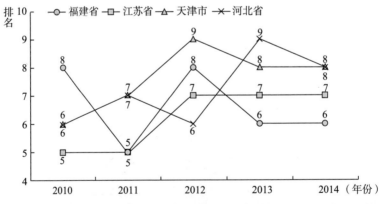

图 9 - 10　福建省、江苏省、天津市和河北省生态健康指数排名变化趋势

由表 9 - 7 可以看出，辽宁省、上海市和浙江省生态健康指数得分在沿海地区处于较低水平。从图 9 - 11 可以看出，辽宁省、上海市、浙江省的生态健康指数得分都是从 1 分以下起步，然而其发展轨迹存在很大的差别。上海市和浙江省的生态健康指数得分大面积重合，且分数一直保持在低于 0.5 分的状况，海洋生态健康状况不容乐观。辽宁省则表现大为不同，在 2011 年后出现起底反弹，此后的生态健康指数得分均高于 3 分，可见其对生态健康的重视程度，并达到了显著的改善水平。从图 9 - 12 观察可知，上海市 2011 年提升 1 名至第 10 位之后保持稳定，浙江省 2011 年落至第 11 位之后没有进展，辽宁省的生态健康指数排名则一路走高，2014 年跃居第 4 位。

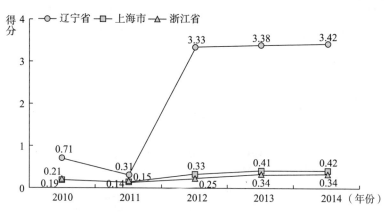

图 9 - 11　辽宁省、上海市、浙江省生态健康指数得分变化趋势

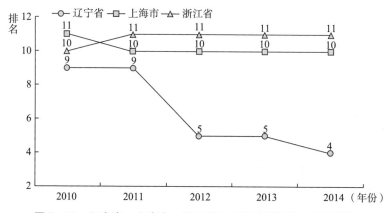

图 9 - 12　辽宁省、上海市、浙江省生态健康指数排名变化趋势

3. 治理修复指数动态分析

由表 9 - 8 分析得出，广东省、浙江省、江苏省、山东省治理修复指数得分在沿海地区处于较高水平。从图 9 - 13 可以看出，广东省、浙江省、江苏省和山东省的治理修复指数得分大都分布在 6 分以上，海洋治理修复水平较佳。其中，山东省的治理修复指数得分在 2012 年创新高，之后却呈现持续走低的状况，截至 2014 年，得分低至该档次的最后 1 名；浙江省的治理修复指数得分持续保持在 8 分左右，5 年内的治理修复水平保持稳定；广东省则在前 3

年基本持平，只在 2013 年出现细微降低，于 2014 年再度回到平均得分；江苏省则相对而言变化波动比较大，2011 年和 2013 年的得分相对较高。根据图 9-14 分析得知，山东省和浙江省的排名变化趋势相反，浙江省先降再升，最后至第 2 名，山东省先升后降，最后至第 4 名。广东省则在前 3 名中来回波动，江苏省排名变化相对较大，高至第 1 名，低至第 4 名。

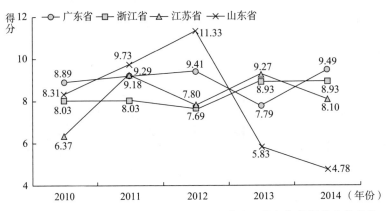

图 9-13　广东省、浙江省、江苏省和山东省治理修复指数得分变化趋势

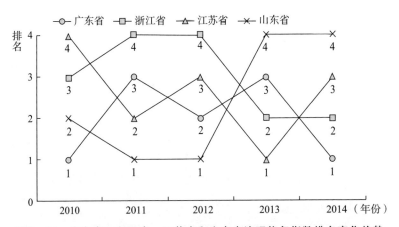

图 9-14　广东省、浙江省、江苏省和山东省治理修复指数排名变化趋势

由表 9-8 分析得出，治理修复指数得分处于中等水平的地区有广西壮族自治区、福建省、辽宁省。从图 9-15 可以看出，广西壮族自治区、福建省和辽宁省治理修复指数得分大都分布在 [2，5] 的区间，处于 11 个省（区、市）中海洋治理修复的中等水平。其中，广西壮族自治区的治理修复指数得分相对较低，大多低于 3 分，且自 2012 年以来得分不断下滑；辽宁

省的治理修复指数得分最为稳定，几乎是一条平滑直线．治理修复水平多年基本保持一致；福建省则相对变化幅度较大，从 2010 年的最高分即 6.24 分，降低到 2014 年的 4.26 分，治理修复水平波动起伏。根据图 9 – 16 分析可知，三地区治理修复指数排名基本保持稳定，福建省和辽宁省在第 5 名和第 6 名之间交替，而广西壮族自治区在 2010 ~ 2012 年为第 7 名，2013 年和 2014 年为第 8 名。

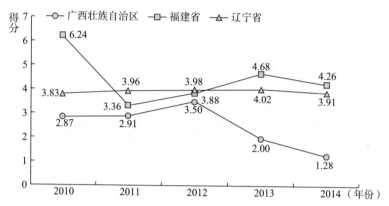

图 9 – 15 广西壮族自治区、福建省、辽宁省治理修复指数得分变化趋势

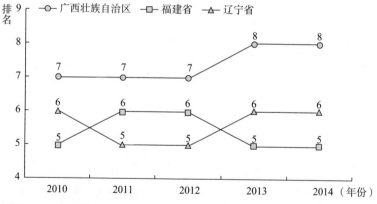

图 9 – 16 广西壮族自治区、福建省、辽宁省治理修复指数排名变化趋势

由表 9 – 8 分析得出，治理修复指数得分较低的地区包括海南省、天津市、河北省和上海市。从图 9 – 17 可以看出，海南省、天津市、河北省和上海市的治理修复指数得分大部分低于 2.5 分，属于治理修复效果不佳的区域。其中，天津市和海南省的得分均低于 1 分，在 11 个地区中得分垫底，且 5 年内波动范围不大；上海市和河北省则呈现了两种不同的走势，上海市的得分在 2011 年后持续走高，在四地区中总体得分最高，河北省的得分则在 2011 年后持续走低，出现治理修复建设疲软的现象。根据图 9–18 分析可知，天津市和海南省在 2010~2014 年治理修复指数排名一直是最后 1 位和倒数第 2 位，没有进步。河北省除 2011 年排名第 8 位之外，其余年份均为第 9 名，上海市则从最低排名第 9 位升至第 7位。

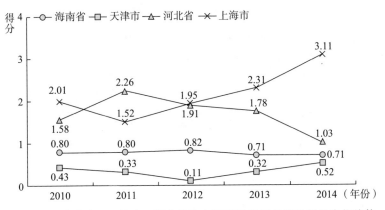

图 9–17　海南省、天津市、河北省和上海市治理修复指数得分变化趋势

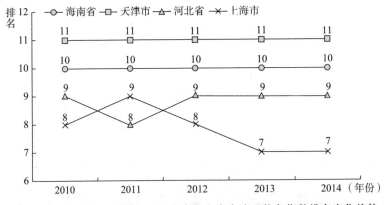

图 9–18　海南省、天津市、河北省和上海市治理修复指数排名变化趋势

三　生态建设水平解读

党的十八大以来，海洋要素扮演着日益重要的角色，面对海洋环境污染日益严重、海洋资源日益趋紧、海洋生态系统日益退化的严峻形势，在海洋经济社会发展过程中，必须把海洋生态文明建设放在更加突出的地位。在此背景下，海洋生态文明建设需要沿海地区结合实际探索创新的经验，为进一步提升海洋生态文明建设水平提供丰富的经验基础。基于此，生态建设子系统重点考察近 5 年来沿海地区海洋生态文明建设水平。

（一）辽宁省

如图 9 - 19 所示，2010 ~ 2014 年，辽宁省的海洋生态建设指数得分在 2012 年出现大幅增长，而后基本保持稳定。其中二级指标治理修复指数得分基本无增幅，而二级指标生态健康指数得分则在 2012 年亦大幅增长，主要得益于海洋类型自然保护区面积的增加（见表 9 - 10），增长轨迹基本与一级指标生态建设指数的走势保持一致。可见，辽宁省的海洋生态建设的主要助力方面的工作是生态健康层面的建设，治理修复相对而言贡献度有待提升。辽宁省的海洋生态建设起步早，成效显著。近年来，辽宁省海洋与渔业厅高度重视沿海开发区的环境保护与管理工作，运用科学有效措施，防患于未然，大力遵循海洋的合理开发与有效保护相结合的发展原则。第一，科学处理沿海经济带和海洋环境的关系。为最大限度地减少围填海项目对海洋生态环境的影响，严格依法管理围填海活动，加强海岸线保护和海岸带整治，实施生态补偿，促进经济和环境的可持续发展。第二，严把项目审批关，包括实行环保一票否决制，坚决拒绝或限制污染严重、耗能高、技术含量低的企业进入沿海开发区，规范环境准入审批权限等。第三，严查环境违法行为，加大环境保护监管力度、增加检测频次。第四，加强环境基础设施建设。辽宁省重点落实环境监测工作，同时，出台了有利于海洋生态建设的规划与政策，比如《辽宁省海洋功能区划（2011—2020年）》《辽宁省海洋生态保护和建设规划》等，实现对海洋环境监测评价体系的规范化、科学化、系统化管理。

表 9 - 10 辽宁省各项指标原始数据

指标	2010 年	2011 年	2012 年	2013 年	2014 年
健康类海洋生态监控区（个）	3	3	3	3	3
海洋类型自然保护区面积（平方公里）	9370	9022	9860	9860	9860
沿海地区污染废水治理项目数（项）	24	42	33	13	2
近海及海岸湿地生态修复面积（万公顷）	738.1	738.1	738.1	713.0	713.2

221

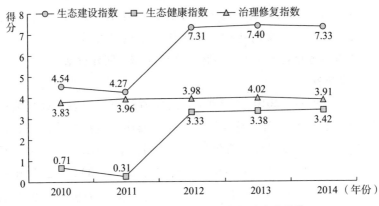

图 9 - 19　辽宁省一、二级指数得分变化趋势

（二）河北省

如图 9 - 20 所示，河北省的海洋生态建设指数得分在 2010 ~ 2014 年基本处于降低的趋势，除在 2011 年和 2012 年分数相对较高外，2012 年后分数逐年降低。其中，二级指标生态健康指数得分波动相对较小。对其一级指标生态建设指数得分影响较大的是二级指标治理修复指数得分，这一指标的分数间距较大，数据波动在很大程度上拉低了一级指标的分数，如 2012 年沿海地区污染废水治理项目数的减少（见表 9 - 11），深刻影响了河北省的海洋生态建设水平。河北省率先完成了海域分类定级和估价，科学评定了不同用海类型的质量等级状况，对全国开展海域分类定级与估价也具有重要作用。2012 年，河北省出台了《河北省海洋功能区划（2011—2020 年）》，对海洋功能区的科学规划具有重大作用，推动了海洋生态文明的进一步发展。

表 9 - 11　河北省各项指标原始数据

指标	2010 年	2011 年	2012 年	2013 年	2014 年
健康类海洋生态监控区（个）	5	5	5	5	5
海洋类型自然保护区面积（平方公里）	339	342	743	339	344
沿海地区污染废水治理项目数（项）	34	86	45	50	3
近海及海岸湿地生态修复面积（万公顷）	278.8	278.8	278.8	232.0	231.9

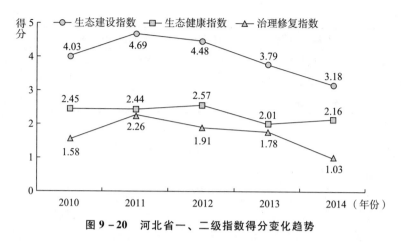

图 9 – 20 河北省一、二级指数得分变化趋势

（三）天津市

如图 9 – 21 所示，2010 ~ 2014 年，天津市的海洋生态建设指数得分呈现前四年降低，第五年小幅回升的趋势。其中，二级指标生态健康指数得分发展轨迹基本与一级指标生态建设指数得分的发展趋势保持一致。其治理修复指数得分一直保持在低于 1 分的水平，在很大程度上影响了生态建设的整体水平。然而天津市在 2012 年后，二级指标治理修复指数得分出现小幅回升的迹象，主要得益于 2013 年近海及海岸湿地生态修复面积的大幅增加（见表 9 – 12），整体建设水平形势渐好。随着 2012 年 10 月国家海洋局印发实施《关于建立渤海海洋生态红线制度的若干意见》和配套的《渤海海洋生态红线划定技术指南》，天津市于 2014 年正式划定海洋生态红线区。将大神堂牡蛎礁国家级海洋特别保护区、汉沽重要渔业海域等共计 219.79 平方公里海域，以及天津大神堂和大港滨海湿地 18.63 公里自然岸线划定为天津市海洋生态红线区。红线区划定后，天津市明确了自然岸线保有率、红线区面积、水质达标、入海污染物减排等控制指标，并建立了集视频监控、地理信息、环境监测评价等功能于一体的海洋生态红线区管理信息系统，大大提升了天津海洋生态红线区的监管能力。近年来，天津市海洋环境状况逐渐改善，海洋生态建设初见成效。

表 9 – 12 天津市各项指标原始数据

指标	2010 年	2011 年	2012 年	2013 年	2014 年
健康类海洋生态监控区（个）	5	5	5	5	5

续表

指标	2010 年	2011 年	2012 年	2013 年	2014 年
海洋类型自然保护区面积（平方公里）	359	359	359	359	359
沿海地区污染废水治理项目数（项）	34	35	20	13	9
近海及海岸湿地生态修复面积（万公顷）	58.1	58.1	58.1	104.0	104.3

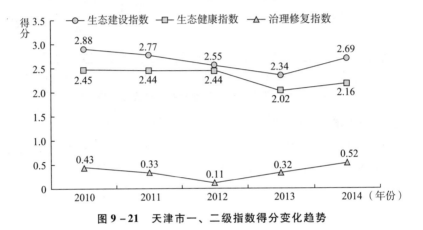

图 9 – 21　天津市一、二级指数得分变化趋势

（四）山东省

如图 9 – 22 所示，山东省海洋生态建设指数得分在 2012 年达到顶峰，2010～2012 年大幅度上升，2012 年后出现大幅下降，甚至 2014 年的得分较 2010 年还低，发展形势不容乐观。其中，对海洋生态建设指数变化轨迹影响最大的是二级指标治理修复指数，其发展状况与生态建设指数轨迹基本同步；二级指标生态健康指数得分趋势也基本与生态建设指数得分相呼应，只是变动幅度相对较小。海洋经济大省山东省早在 1991 年就提出建设"海上山东"的目标。该省十分重视海洋资源养护工作，实施《山东省渔业资源修复行动增殖站管理暂行办法》。为了确保山东省海洋生态文明建设走在全国前列，由省委政策研究室牵头，省海洋与渔业厅、省财政厅、省发展和改革委组成课题组，开展了"加快推进海洋生态文明建设"的课题研究，广泛听取了各地关于海洋生态文明建设的意见和建议，形成了相关研究报告。明确了海洋生态文明建设的主要目标是：海洋开发格局进一步优化、海洋资源利用更加高效、近岸生态环境趋于好转、生态文明制度体系基本确立、管理能力和水平明显提高。到 2020 年，海洋开发与生态保护更趋协

调，海洋生态系统服务功能得到有效维护。海洋生态文明价值观念得到广泛树立和推行，海洋生态文明建设水平与海洋强省建设目标相适应。山东省生态建设各项指标原始数据见表9-13。

表9-13 山东省各项指标原始数据

指标	2010年	2011年	2012年	2013年	2014年
健康类海洋生态监控区（个）	5	5	5	5	5
海洋类型自然保护区面积（平方公里）	5350	4074	5537	5543	5755
沿海地区污染废水治理项目数（项）	177	258	220	106	19
近海及海岸湿地生态修复面积（万公顷）	1210.9	1210.9	1210.9	729.0	728.5

图9-22 山东省一、二级指数得分变化趋势

（五）江苏省

如图9-23所示，2010～2014年，江苏省的海洋生态建设指数得分呈现扁"M"形的发展轨迹，于2011年和2013年出现两个高分点，得分间距在2分上下浮动，生态建设水平相对良好稳定。其中，二级指标治理修复指数得分相对较高，贡献度较大；二级指标生态健康指数得分水平不高，且保持平稳发展特点。由表9-14分析可得，2012～2014年海洋类型自然保护区面积的减少使得生态健康指数得分有所下降，同时2013年沿海地区污染废水治理项目数和近海及海岸湿地生态修复面积的增加使得江苏省治理修复指数得分有所提升。江苏省海洋与渔业局会商省发展和改革委员会启动了该省海洋环境保护与生态建设规划（下文简称《规划》）工作。从2007年5月起，省海洋与渔业局先后组织在南通、盐城、连云港三市分别

召开了《规划》编制工作座谈会，在认真听取沿海市县发展和改革委、海洋与渔业、环保、水利、海事、开发区管委会等相关涉海部门与单位关于当前及未来在海洋开发、利用中的意见和建议，目前《规划》已经成形为《江苏沿海地区环境保护和生态建设规划（2009—2020年）》。

表 9 – 14　江苏省各项指标原始数据

指标	2010 年	2011 年	2012 年	2013 年	2014 年
健康类海洋生态监控区（个）	5	5	5	5	5
海洋类型自然保护区面积（平方公里）	833	833	724	724	724
沿海地区污染废水治理项目数（项）	174	353	158	174	44
近海及海岸湿地生态修复面积（万公顷）	843.5	843.5	843.5	1088.0	1087.5

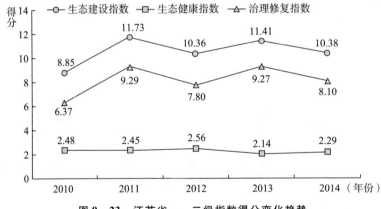

图 9 – 23　江苏省一、二级指数得分变化趋势

（六）上海市

如图 9 – 24 所示，上海市海洋生态建设指数得分相对不高，但总体保持着稳步提升的态势。2011 年得分出现回落，之后的三年分数上升速度明显，但由于二级指标生态健康指数得分不高，治理修复指数得分基数小，整体而言，其海洋生态建设成效十分不显著。其中，最需要注意的是，海洋生态健康的维护工作。上海位于我国大陆海岸线中部、长江入海口，依托独特的区位优势和海洋资源，海洋经济已经成为上海市经济发展新的增长点。发展上海海洋事业、建设海洋生态文明，既是贯彻、对接和服务"建设海洋强国"战略的责任，也是上海拓展发展空间、促进产业转型、维护生态环境以及保障城市安全的必然选择。"十三五"期间，上海海洋工作将以

《国家海洋局海洋生态文明建设实施方案》为指导，认真贯彻落实各项工作要求和措施，坚持海陆统筹，加强部门合作，全面推进上海海洋生态文明建设，努力建成与国家海洋强国战略和上海全球城市定位相适应，海洋经济发达、海洋科技领先、海洋环境友好、海洋管理先进的海洋事业体系。上海市生态建设指数各项指标原始数据见表 9 – 15。

表 9 – 15 上海市各项指标原始数据

指标	2010 年	2011 年	2012 年	2013 年	2014 年
健康类海洋生态监控区（个）	3	3	3	3	3
海洋类型自然保护区面积（平方公里）	941	941	941	941	941
沿海地区污染废水治理项目数（项）	56	29	41	28	28
近海及海岸湿地生态修复面积（万公顷）	305.4	305.4	305.4	387.0	386.6

图 9 – 24 上海市一、二级指数得分变化趋势

（七）浙江省

如图 9 – 25 所示，2010 ~ 2012 年，浙江省的一级指标海洋生态建设指数得分基本保持平稳，于 2013 年出现小幅上涨后继续持平，波动非常小。其中，对生态建设指数得分贡献度最大的是治理修复指数得分，二级指标生态健康指数得分非常低，且没有发生增长的迹象。浙江省提出，到 2010 年海洋经济增加值占全省 GDP 的比重达到 10%，"基本建成海洋经济强省"，2020 年则"全面建成海洋经济强省"。浙江省是陆域小省、海洋大省，海洋生态是全省生态文明建设的重要组成部分。为进一步推动海洋生态文明建设，该省根据《中共中央国务院关于加快推进生态文明建设的意见》和《国家海

洋局海洋生态文明建设实施方案》等文件精神，结合实际情况，就加强推进海洋生态文明建设提出了一个指导性意见。加强海洋工程环境监控，严格生态环境评价，加大对海水质量、沉积物和有害赤潮的监测，完善海陆统筹、区域联动的海洋污染治理机制。开展蓝色海湾整治行动，以提升海湾生态环境治理和功能为核心，打造"蓝色海湾"和"千里黄金海岸带"，将海洋环境污染整治与海洋生态保护修复相结合。浙江省生态建设指数各项指标原始数据见表9－16。

表9－16　浙江省各项指标原始数据

指标	2010 年	2011 年	2012 年	2013 年	2014 年
健康类海洋生态监控区（个）	3	3	3	3	3
海洋类型自然保护区面积（平方公里）	1356	691	691	721	726
沿海地区污染废水治理项目数（项）	404	362	207	286	115
近海及海岸湿地生态修复面积（万公顷）	574.3	574.3	574.3	693.0	692.5

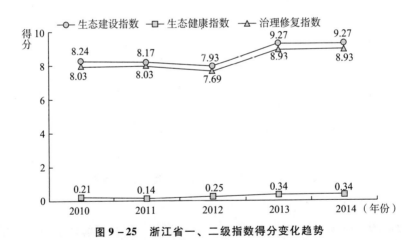

图9－25　浙江省一、二级指数得分变化趋势

（八）福建省

如图9－26所示，福建省一级指标海洋生态建设指数得分最高处在2010年，在之后的四年里，得分始终在6分左右，趋于平稳。二级指标治理修复指数得分的发展走势与生态建设指数得分轨迹基本一致，二级指标生态健康指数得分五年间只有细微浮动。可见，福建省的海洋生态建设工作侧重在治理修复方面，生态健康保护与治理一直保持相当的力度。近年

来，福建省实施了《福建省水污染防治行动计划工作方案》、《国家海洋局海洋生态文明建设实施方案》、福建省海洋生态保护红线制度，树立海洋国土空间、绿色循环低碳发展、城乡宜居环境、生态文明保护四个理念，纵深推进"美丽福建、美丽海洋"建设，逐步实现人海和谐的海洋生态文明目标。福建省生态建设指数各项指标原始数据见表9－17。

表 9－17　福建省各项指标原始数据

指标	2010 年	2011 年	2012 年	2013 年	2014 年
健康类海洋生态监控区（个）	5	5	5	5	5
海洋类型自然保护区面积（平方公里）	197	1018	692	1089	1089
沿海地区污染废水治理项目数（项）	349	127	102	94	28
近海及海岸湿地生态修复面积（万公顷）	370.6	370.6	370.6	576.0	575.6

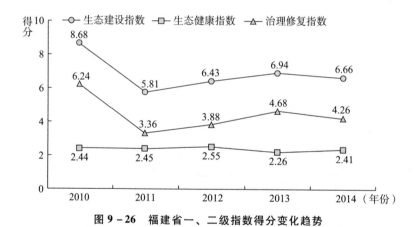

图 9－26　福建省一、二级指数得分变化趋势

（九）广西壮族自治区

如图9－27所示，2010～2012年，广西壮族自治区一级指标海洋生态建设指数得分持续小幅增长，在后两年出现了大幅度降低，整体生态建设的测评得分下降了近3分，工程建设形势不容乐观。其中，二级指标生态健康指数得分相对居中，且浮动不大；治理修复指数得分则出现了与生态建设指数变化趋势相符的波动状况。2007年，广西壮族自治区海洋与渔业厅会同自治区环保厅编制印发了《广西壮族自治区海洋环境保护规划》，后续开展了《广西海洋生态保护与建设规划》《广西生态监控区建设规划》《广西海洋生态文明建设规划》的编制工作，2014年启动修编了《广西壮族自

治区海洋环境保护规划》，系统开展海洋生态环境保护工作，同年 2 月，广西壮族自治区首部海洋地方法规《广西壮族自治区海洋环境保护条例》正式施行，该条例的出台标志着广西壮族自治区海洋生态环境保护工作进入一个新阶段。近年来，广西壮族自治区结合推进边海经济带建设的发展战略，大力推进海洋生态文明建设、强化海洋管理、着力加大执法力度，以促进海洋经济的发展，服务国家发展战略。广西壮族自治区生态建设指数各项指标原始数据见表 9–18。

表 9–18　广西壮族自治区各项指标原始数据

指标	2010 年	2011 年	2012 年	2013 年	2014 年
健康类海洋生态监控区（个）	7.5	7.5	7.5	8.75	7.5
海洋类型自然保护区面积（平方公里）	110	460	460	110	110
沿海地区污染废水治理项目数（项）	104	105	92	53	5
近海及海岸湿地生态修复面积（万公顷）	348.4	348.4	348.4	259.0	259

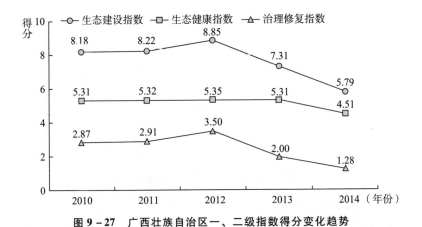

图 9–27　广西壮族自治区一、二级指数得分变化趋势

（十）广东省

如图 9–28 所示，广东省的海洋生态建设指数得分在 2011 年出现了一个最高分，但在此之后，分数持续走低，相比其他省（区、市）而言，分数依然相当喜人，可见，广东省生态建设的水平一直保持良好。广东省在 2002 年提出建设"海洋经济强省"，要在全国率先建立"蓝色产业带"。在加强海洋经济建设的同时，广东省的生态建设也在稳步进行。2012 年，广东省海洋与渔业局根据该省经济和发展需要，按照海域资源、生态环境等自然属性和区

位特点，科学编制了《广东海洋功能区划（2011—2020年)》，科学合理确定各类海域功能，并由国家海洋局组织的专家评审通过，国务院审批通过。每年根据《广东省海洋与渔业环境监测工作方案》，完成近岸海域环境状况监视监测工作，推进海洋生态文明示范区和海洋环保体系建设。2016年，广东省海洋局印发了《广东省海洋生态文明建设行动计划（2016—2020年)》，到2020年，完成10个海岛的生态修复，80%的有居民海岛固体废弃物和污水得到有效处置，全省新增红树林1000公顷，新增海草床100公顷。大力推进海洋生态文明建设，促进人海和谐、海洋事业的可持续发展。广东省生态建设指数各项指标原始数据见表9-19。

表9-19 广东省各项指标原始数据

指标	2010年	2011年	2012年	2013年	2014年
健康类海洋生态监控区（个）	5	5.83	6.67	6.67	5
海洋类型自然保护区面积（平方公里）	5491	419874	4031	3820	3820
沿海地区污染废水治理项目数（项）	296	287	185	184	111
近海及海岸湿地生态修复面积（万公顷）	1017.8	1017.8	1017.8	815.0	815.1

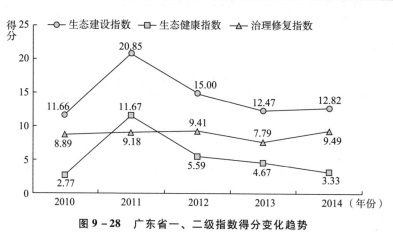

图9-28 广东省一、二级指数得分变化趋势

（十一）海南省

如图9-29所示，海南省的一级指标海洋生态建设指数得分在2011年

跌入低谷，此后的三年回升到与 2010 年持平的水平。其中，二级指标生态健康指数的波动趋势对其海洋生态建设指数测评的影响最大，另一个二级指标治理修复指数得分始终停留在低于 1 分的局面。如前文所述，海南省的治理修复测评结果处于 11 个省（区、市）中的末端位置，继续大力开发建设力度。海南省提出"以海带陆、依海兴琼，建设海洋经济强省"的发展战略，2020 年实现海洋经济总量翻三番的目标，在全省 GDP 的比重超过 30%。《海南省珊瑚礁保护规定》《海南省海洋环境保护规定》为更好地实施海洋生态保护和建设工作奠定了政策基础。海南三亚珊瑚礁国家级自然保护区、海南大洲岛国家级自然保护区，在全国组织的国家级自然保护区管理评估中获得良好级别，生态状况总体保持较好。三亚珊瑚礁国家级自然保护区是 1990 年批建的，包括亚龙湾、东西瑁洲 2 个海上片区和由大东海、小东海、鹿回头湾 3 个海湾组成的沿岸片区，1993 年国家海洋局批复建区方案面积为 8500 公顷，主要保护对象为珊瑚礁生态系统及海洋生物多样性，丰富和构成了三亚滨海景区的生态内涵。大洲岛海洋生态国家级自然保护区是 1990 年批建的，保护区位于海南省万宁市东南部，距乌场港约 6 海里，总面积 7000 公顷，其中陆域面积 420 公顷，海域面积 6580 公顷，主要保护对象是珍稀鸟类金丝燕和海岛海洋生态系统。大洲岛及周围海域奇特的环境构成了一个完整的、平衡的海岛海洋生态系统，是生物多样性显著地区，这种基本保持着原始状态的热带海岛海洋生态系统在我国非常稀少，具有很高的保护价值。海南省生态建设指数各项指标原始数据见表 9 - 20。

表 9 - 20　海南省各项指标原始数据

指标	2010 年	2011 年	2012 年	2013 年	2014 年
健康类海洋生态监控区（个）	6.67	6.67	6.67	6.67	8.33
海洋类型自然保护区面积（平方公里）	134054	24997	24997	24997	24727
沿海地区污染废水治理项目数（项）	10	21	21	2	0
近海及海岸湿地生态修复面积（万公顷）	190	190	190	202	201.7

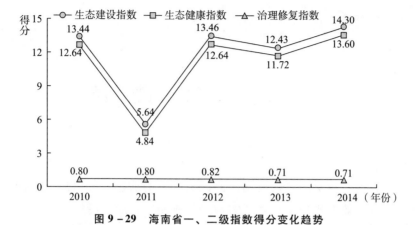

图 9 - 29 海南省一、二级指数得分变化趋势

第十章　蓝色指数测算

沿海地区海洋发展必须以准确的区域评价为前提，开展沿海地区海洋发展评价的有效方式是指标体系的构建与应用，它应是沿海地区海洋发展规划的重要组成部分，也是度量一个地区、一个部门海洋发展进程的重要手段。蓝色指数是指在准确定位沿海地区海洋发展内涵的基础上，借鉴相关指数测算的基本原理和方法，对指标体系各级指数进行计算，从而得到反映沿海地区海洋发展程度的指数，进而从动态与静态、分类与综合的角度，以定量分析、模型评价为主，以定性分析为辅，对沿海地区海洋发展水平进行细致分析。

一　蓝色指数测算

计算沿海地区蓝色指数，首先要确定各准则层指标的权重，根据经济发展指数、社会进步指数、政治建设指数、生态建设指数在蓝色指数计算中的重要性，得到上述各指数的权重分别为 0.36、0.24、0.15、0.25。第六章至第九章的内容中已经求出 2010～2014 年沿海各地区一级指标经济发展指数、社会进步指数、政治建设指数、生态建设指数的得分，根据公式 (10-1)，用算数求和的方法得出沿海 11 个省（区、市）2010～2014 年的蓝色指数得分，计算结果见表 10-1。

$$L = Q_1 + Q_2 + Q_3 + Q_4 \qquad (10-1)$$

其中，L 表示某一地区某一年的蓝色指数得分，Q_1、Q_2、Q_3、Q_4 分别表示某一地区在某一年中的经济发展指数、政治建设指数、社会进步指数、生态建设指数的得分。

表 10 - 1　蓝色指数得分及排名

地区	2010 年		2011 年		2012 年		2013 年		2014 年	
	得分	排名	得分	排名	得分	排名	得分	排名	得分	排名
辽宁省	36.95	7	39.73	7	35.43	9	38.38	8	40.31	7
河北省	17.75	11	23.31	11	18.59	11	17.03	11	25.67	11
天津市	47.02	3	42.56	5	42.65	4	41.08	7	42.46	5
山东省	46.75	4	51.98	2	55.69	2	46.70	4	52.80	2
江苏省	37.48	6	42.64	4	40.37	7	37.16	9	39.89	8
上海市	48.25	2	43.67	3	47.44	3	48.87	2	45.46	3
浙江省	36.87	8	39.77	6	42.37	6	42.72	6	40.83	6
福建省	37.67	5	38.38	8	40.06	8	43.03	5	44.93	4
广西壮族自治区	27.09	10	29.34	10	33.13	10	30.64	10	30.81	10
广东省	53.87	1	61.05	1	56.28	1	52.28	1	58.05	1
海南省	35.91	9	33.03	9	42.53	5	47.48	3	38.20	9

235

二　动态分析

通过对表 10 - 1 的分析，可以发现广东省、上海市和山东省的蓝色指数得分相对其他沿海省（区、市）具有较为明显的优势。其中，2010～2014年广东省的蓝色指数得分基本保持在 50～60 分，领先于山东省和上海市，总体上呈现波动上升趋势。山东省的蓝色指数得分的变化趋势与广东省相似，但略低于广东省。上海市的蓝色指数得分波动幅度不大，总体上呈现稳定发展趋势，如图 10 - 1 所示。

广东省、上海市和山东省的蓝色指数排名在沿海地区一直处于前列，在第 1～4 名波动。其中，广东省在 2010～2014 年遥遥领先，一直稳居第 1 名的位置。上海市一直在第 2 名和第 3 名之间波动变化，呈现比较稳定的发展趋势。山东省在第 2 名与第 4 名之间波动变化，2010 年处于第 4 名的位置，2014 年上升至第 2 名，如图 10 - 2 所示。

辽宁省、天津市、江苏省、浙江省、福建省和海南省的蓝色指数得分在沿海地区中处于中游水平，总体上呈现稳定发展趋势。其中，辽宁省的蓝色指数得分有升有降，总体上呈现稳定发展趋势。天津市的蓝色指数得分在

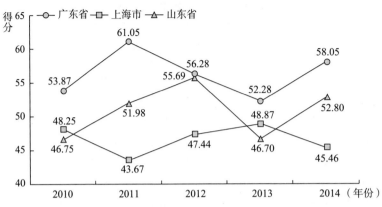

图 10 - 1　广东省、上海市、山东省蓝色指数得分变化趋势

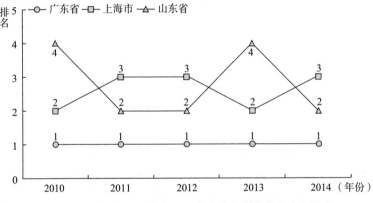

图 10 - 2　广东省、上海市、山东省蓝色指数排名变化趋势

2010～2011 年出现了一次较大幅度的下降，之后呈现稳定发展趋势。江苏省的蓝色指数得分有升有降，总体上看，变化幅度不大。浙江省在 2010～2013 年一直呈现上升趋势，但在 2013～2014 年呈现较小幅度的下降趋势，总体上看，呈现小幅上升趋势。福建省一直保持稳定上升趋势。海南省的蓝色指数得分变化幅度较大，2010～2011 年呈现小幅下降趋势，2011～2013 年呈现大幅上升趋势，2013～2014 年又呈现大幅下降趋势，如图 10 - 3 所示。

辽宁省、天津市、江苏省、浙江省、福建省和海南省的排名在沿海省（区、市）中一直处于中游水平。辽宁省的排名变化幅度不大，在第 7～9 名波动，其中，2010 年、2011 年和 2014 年都位于第 7 名的位置。天津市的排名变化幅度较大，2010 年排在第 3 位，2013 年排在第 7 位，总体上呈现

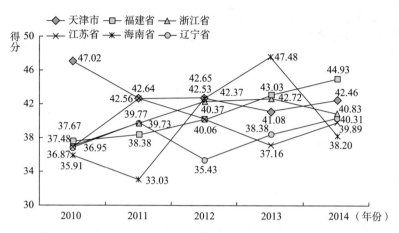

**图 10 - 3　天津市、福建省、浙江省、江苏省、海南省、辽宁省
蓝色指数得分变化趋势**

下降趋势。江苏省的排名变化幅度也较大，高至第 4 名，低至第 9 名。浙江省在 2010 年处于第 8 名的位置，在 2011 ~ 2014 年一直保持在第 6 名的位置。福建省的排名呈现先下降后上升的趋势。海南省的排名相对来说变化幅度较大，2010 年和 2011 年都排在第 9 名，2012 年和 2013 年分别上升至第 5 名和第 3 名，2014 年又下降至第 9 名，如图 10 - 4 所示。

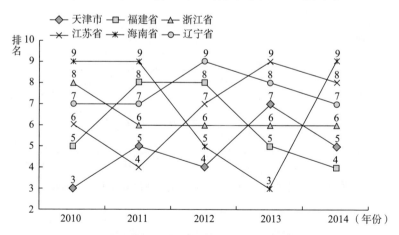

**图 10 - 4　天津市、福建省、浙江省、江苏省、海南省、辽宁省
蓝色指数排名变化趋势**

河北省和广西壮族自治区的蓝色指数得分在沿海地区中处于较低水平。其中，河北省的蓝色指数得分最低，基本上在 17 ~ 25 分变化，有升有降，

但总体上呈现上升趋势。广西壮族自治区的蓝色指数得分变化趋势比较平缓，呈现平稳发展态势，如图 10 – 5 所示。

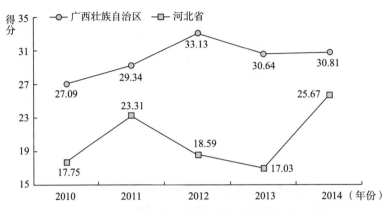

图 10 – 5　广西壮族自治区、河北省蓝色指数得分变化趋势

河北省和广西壮族自治区的排名在沿海地区处于较低水平。河北省在 2010～2014 年一直保持在第 11 名的位置，广西壮族自治区一直保持在第 10 名的位置，这两个省份排名比较靠后，且比较稳定，如图 10 – 6 所示。

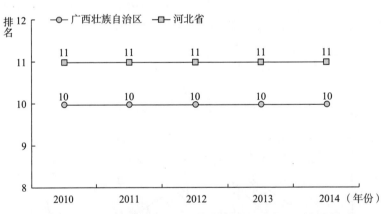

图 10 – 6　广西壮族自治区、河北省蓝色指数排名变化趋势

三　综合发展水平解读

新时期的海洋发展是涉及生产方式、生活方式和价值观念的新选择，作为一种新发展理念，通过引导和调整，建设有序的海洋发展运行机制，积极改善和优化人海关系。沿海地区应服从、服务于国家总体发展战略，也要满足区域自身的发展要求。基于此，蓝色指数得分必须能够全面系统地反映和体现沿海地区海洋发展水平的现实状况。

（一）辽宁省

辽宁省的蓝色指数得分在沿海地区处于中等水平，指数得分区间为 [35.43，40.31]，波动幅度较小。根据图 10-7 分析可知，辽宁省在 2010~2014 年蓝色指数一级指标中，得分最高的是经济发展指数，其次是社会进步指数，政治建设指数和生态建设指数得分相当，各部分发展不均衡。经济发展指数得分在 2010~2014 年波动较大，最高分为 19.93 分，地区排名第 3 位；社会进步指数相对稳定，得分在 10 分上下波动，地区排名保持在第 7 位；政治建设指数得分在 2010~2013 年持续下降，甚至总体低于生态建设指数得分，直至 2014 年又有所回升；生态建设指数得分在 2011~2014 年一直保持持续增长的良好势头，但 2012 年后增长变缓。蓝色指数、社会进步指数、政治建设指数、生态建设指数在 2010~2014 年的地区排名见图 10-8。

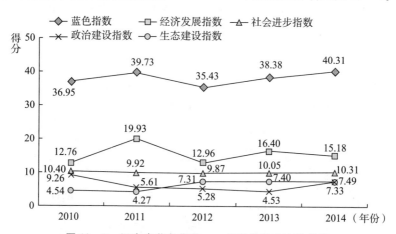

图 10-7 辽宁省蓝色指数、一级指数得分变化趋势

（二）河北省

河北省蓝色指数得分在沿海地区排名靠后，属于较低水平。根据图 10-9 分析可知，河北省在 2010~2014 年的蓝色指数得分波动幅度较大，得分区间为 [17.03，25.67]。在蓝色指数的一级指标中，河北省得分最高的是经济发展指数，最低的是社会进步指数。经济发展指数得分在 2011~2013 年呈下降趋势，在 2010~2011 年和 2013~2014 年呈上升趋势，2014 年指数得分最

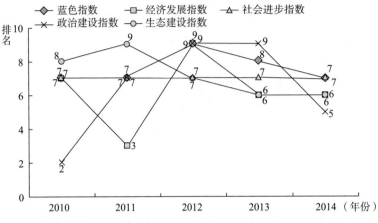

图 10 - 8　辽宁省蓝色指数、一级指数排名变化趋势

高，为 12.66 分，地区排名第 9 位（见图 10 - 10）。社会进步指数得分在 2010 年之后一直在 2 分以下，地区排名也一直是第 10 名。2010～2013 年政治建设指数得分和生态建设指数得分基本持平，但 2013 年后政治建设指数得分提升近一倍，跃居沿海地区第 2 位。河北省应该在社会进步、生态建设方面加倍努力。

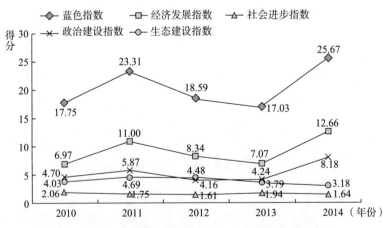

图 10 - 9　河北省蓝色指数、一级指数得分变化趋势

（三）天津市

天津市蓝色指数得分在沿海地区处于中等水平。从图 10 - 11 观察可知，天津市在 2010～2014 年的蓝色指数得分均在 40 分以上，最高分是 2010 年的

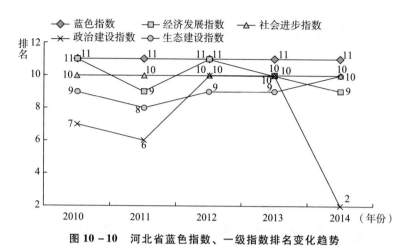

图 10 - 10 河北省蓝色指数、一级指数排名变化趋势

47.02 分，地区排名第 3 位（见图 10 - 12），最低分为 41.08 分，分值波动较小。在蓝色指数一级指标中，得分由高到低依次为经济发展指数、社会进步指数、政治建设指数、生态建设指数。其中，经济发展指数在 2010~2014 年的得分均在 20 分以上，对蓝色指数的贡献最大；社会进步指数得分区间为 [12.05，14.10]，变化不大，基本位于沿海地区第 4~6 位；政治建设指数和生态建设指数得分差距较小，但是生态建设指数基本徘徊在第 10~11 位，政治建设指数排名最高为第 7 位。

图 10 - 11 天津市蓝色指数、一级指数得分变化趋势

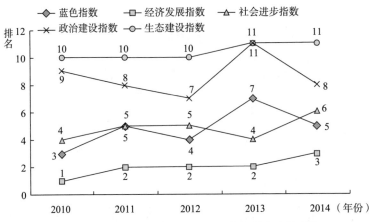

图 10 – 12　天津市蓝色指数、一级指数排名变化趋势

（四）山东省

山东省的蓝色指数得分区间为 ［46.70，52.80］，2010~2012 年一直保持上升趋势，2013 年出现大幅度下降，2014 年又出现较大幅度回升，波动幅度较大，但在沿海地区蓝色指数得分中处于较高水平，如图 10 – 13 所示。山东省蓝色指数的排名在第 2~4 位变化，在沿海地区处于中上游水平，如图 10 – 14 所示。2010~2014 年山东省蓝色指数的一级指标中，经济发展指数、社会进步指数、生态建设指数的得分差距较小，三者发展相对均衡，但远高于政治建设指数得分。从各个指数 2010~2014 年的走势来看，山东省蓝色指数主要受生态建设指数得分影响较大，二者变化趋势相近。另外，除经济发展指数外，山东省其他指数地区排名基本在前 5 名（见图 10 – 14）。

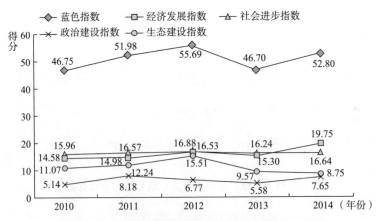

图 10 – 13　山东省蓝色指数、一级指数得分变化趋势

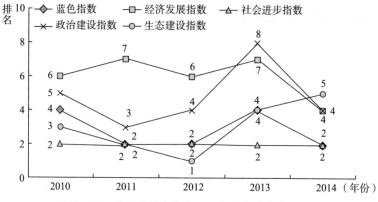

图 10 – 14　山东省蓝色指数、一级指数排名变化趋势

（五）江苏省

江苏省蓝色指数得分在沿海地区处于中等水平。根据图 10 – 15 分析得知，江苏省蓝色指数得分区间为［37.16，42.64］，波动较大，地区排名也从第 4 位跌至第 9 位（见图 10 – 16）。在江苏省蓝色指数一级指标中，社会进步指数得分最高，且都在 14 分以上，地区排名保持在第 3 位；经济发展指数得分总体略低于生态建设指数得分，但与政治建设指数得分差距较大。2010～2014 年，江苏省经济发展指数由第 9 名落至第 11 名，进步缓慢；政治建设指数得分变化幅度较小，增速相对其他地区来说较慢，所以地区排名由 2011 年最高第 5 位降落至 2014 年的第 9 位。另外，经济发展指数得分在 2013 年的大幅减少对蓝色指数得分影响较大，二者变化趋势一致。

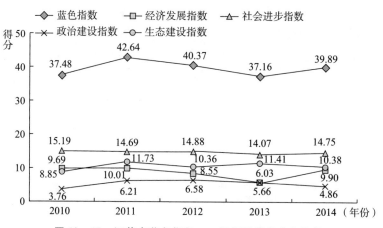

图 10 – 15　江苏省蓝色指数、一级指数得分变化趋势

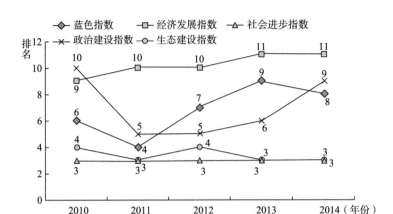

图 10 – 16　江苏省蓝色指数、一级指数排名变化趋势

（六）上海市

上海市蓝色指数得分在沿海地区属于较高水平。根据图 10 – 17 分析可知，上海市在 2010～2014 年的蓝色指数得分区间为［43.67，48.87］，波动幅度较小，但在沿海地区遥遥领先，一直保持在前 3 名的位置（见图 10 – 18）。上海市蓝色指数一级指标之间得分差距明显，由高到低依次是社会进步指数、经济发展指数、政治建设指数、生态建设指数。其中社会进步指数排名在沿海地区遥遥领先，一直保持在第 1 名的位置；经济发展指数得分区间为［14.45，19.24］，波动幅度较大，其地区排名最高为第 3 位，最低为第 7 位；政治建设指数得分变化幅度较小，增速相对其他地区较慢，排名在第 4～9 位变化，波动较大；生态建设指数是上海市明显的短板，得分最高才为 3.52 分，2014 年地区排名第 9 位。

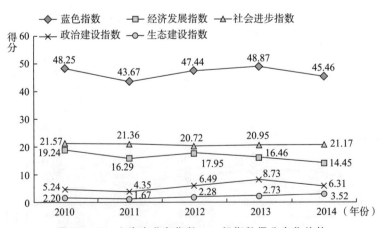

图 10 – 17　上海市蓝色指数、一级指数得分变化趋势

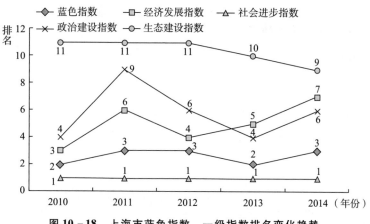

图 10 - 18　上海市蓝色指数、一级指数排名变化趋势

（七）浙江省

浙江省的蓝色指数得分在沿海地区处于中等水平。根据图 10 - 19 分析可知，浙江省蓝色指数在 2010 ~ 2014 年的得分区间为 ［36.87，42.72］，2010 ~ 2013 年保持小幅上升趋势，2014 年出现小幅下降，总体发展比较平缓。浙江省的蓝色指数排名在 2010 年位于第 8 名，2011 ~ 2014 年一直保持在第 6 名的位置，处于中游水平（见图 10 - 20）。在浙江省蓝色指数一级指标中，经济发展指数和社会进步指数得分接近，且都在 10 分以上，但是在地区排名上经济发展指数较社会进步指数低。政治建设指数得分在 2011 ~ 2013 年大幅提升，2013 年达至最高水平 8.92 分，地区排名第 2 位。生态建设指数得分最高为 9.27 分，地区排名最高为第 4 位。

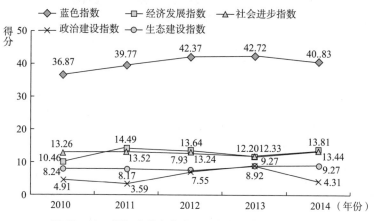

图 10 - 19　浙江省蓝色指数、一级指数得分变化趋势

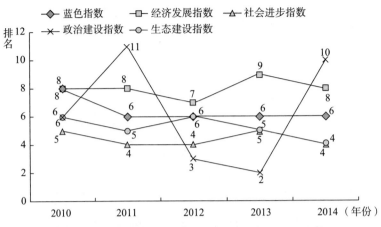

图 10 - 20 浙江省蓝色指数、一级指数排名变化趋势

（八）福建省

福建省蓝色指数得分在沿海地区处于中等水平。根据图 10 - 21 分析可知，福建省在 2010～2014 年的蓝色指数得分保持持续增长的良好态势，由 37.67 分增至 44.93 分，地区排名升至第 4 位。在蓝色指数一级指标中，福建省的经济发展指数得分基本保持稳中有升的趋势，遥遥领先，2014 年跃居沿海地区第 1 位。其余三个一级指数均低于 10 分，变化缓慢，排名基本在第 5 名以后，社会进步指数则是连续五年保持第 8 名的位置。值得一提的是，福建省政治建设指数得分在 2012 年升至最高 9.27 分，地区排名第 1 位。2010～2014 年福建省蓝色指数、一级指数排名变化趋势见图 10 - 22。

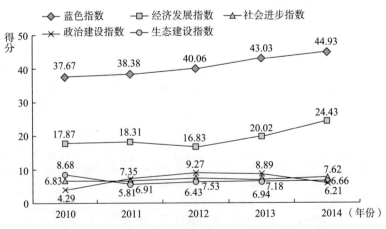

图 10 - 21 福建省蓝色指数、一级指数得分变化趋势

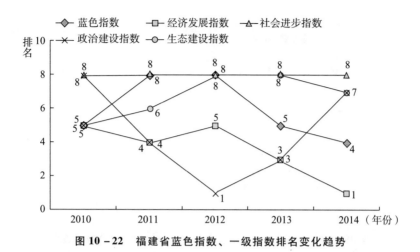

图 10 - 22　福建省蓝色指数、一级指数排名变化趋势

（九）广西壮族自治区

　　广西壮族自治区的蓝色指数得分在沿海地区发展相对落后。由图 10 - 23 分析可知，广西壮族自治区在 2010 ~ 2014 年的蓝色指数得分呈现先上升后下降的趋势，得分区间为［27.09，33.13］，变化幅度不大，蓝色指数排名一直保持在第 10 名，在沿海地区处于下游水平（见图 10 - 24）。在蓝色指数一级指标中，社会进步指数得分最低，基本为 4 ~ 5 分，2010 ~ 2014 年地区排名均为第 9 位。2011 年，广西壮族自治区经济发展指数、政治建设指数、生态建设指数得分最为接近，但之后开始逐渐拉开差距。经济发展指数得分增长较快，最高升至 13.59 分，地区排名第 8 位；生态建设指数得分次之，地区最高排名为第 4 位；政治建设指数得分变化较小，但是排名变化幅度较大，最高为第 2 位，最低为第 8 位。

（十）广东省

　　广东省的蓝色指数得分在沿海地区中发展水平较高，一直保持在 50 分以上，有升有降，高至 2011 年的 61.05 分，低至 2013 年的 52.28 分，如图 10 - 25 所示。广东省的蓝色指数排名在 2010 ~ 2014 年一直保持在第 1 名的位置，如图 10 - 26 所示。在蓝色指数的一级指标中，较其他大部分地区来讲，广东省各一级指标的指数得分差距较小，发展相对均衡，基本保持在 10 分以上。其中，经济发展指数在 2010 ~ 2014 年保持稳中有升的趋势，2014 年跃居沿海地区第 2 位；社会进步指数基本保持在 11 分以上，2014 年增至 12.22 分，地区排名由第 6 位升至第 5 位；政治建设指数在各一级指标

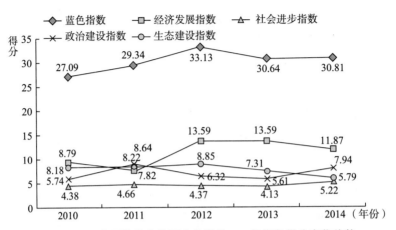

图 10 – 23　广西壮族自治区蓝色指数、一级指数得分变化趋势

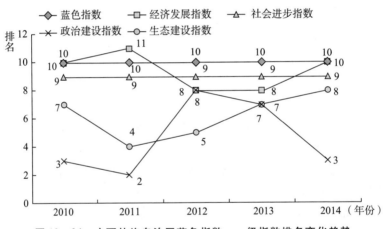

图 10 – 24　广西壮族自治区蓝色指数、一级指数排名变化趋势

中总体得分最低，但地区排名靠前，2012 年排名第 2 位，其余年份为第 1 位；生态建设指数得分呈现先升后降的趋势，地区排名在第 1 ~ 2 位。

（十一）海南省

海南省蓝色指数得分在沿海地区处于中等水平。根据图 10 – 27 分析可知，海南省在 2010 ~ 2014 年的蓝色指数得分区间为 ［33.03，47.48］，有较大幅度波动，地区排名最高为第 3 位，最低为第 9 位（见图 10 – 28）。在蓝色指数一级指标中，经济发展指数优势明显，2010 ~ 2013 年呈上升趋势，且地区排名保持在前两名，但 2014 年得分降低，降落至第 5 名；其次是生态建设指数，除在 2011 年得分大幅下降、地区排名第 7 位之外，其余年份

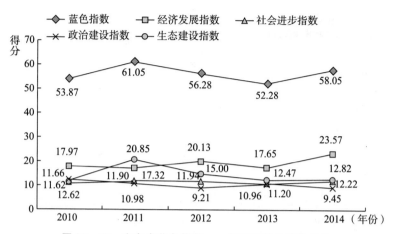

图 10-25 广东省蓝色指数、一级指数得分变化趋势

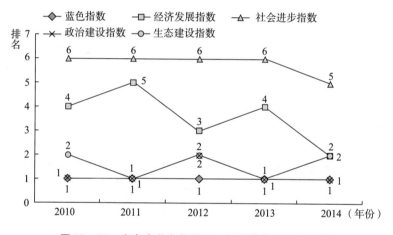

图 10-26 广东省蓝色指数、一级指数排名变化趋势

注：广东省蓝色指数、政治建设指数、生态建设指数在 2010~2014 年排名变化趋势有部分重合，其中蓝色指数得分在五年中的排名均为第 1 位，政治建设指数在 2012 年排名第 2 位，其余年份为第 1 位，生态建设指数在 2010~2014 年的排名依次为第 2、第 1、第 2、第 1、第 2 位。

得分保持在 12 分以上，地区排名在前 3 位；再次是政治建设指数，2013 年指数得分最高为 6.93 分，地区排名第 5 位，其余年份则排名靠后；最后是社会进步指数，指数得分不足 2 分，地区排名在所测年份中一直处于最后位置，是海南省蓝色指数发展的重大阻碍。

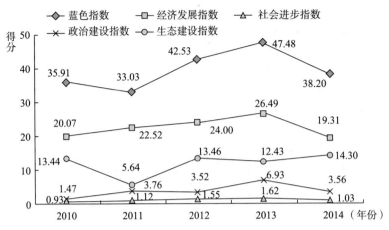

图 10 - 27　海南省蓝色指数、一级指数得分变化趋势

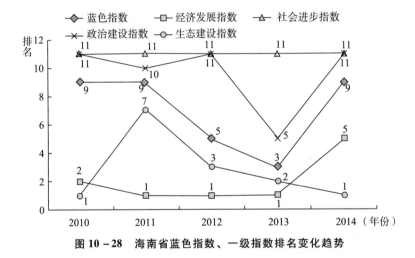

图 10 - 28　海南省蓝色指数、一级指数排名变化趋势

四　矛盾、趋势及政策建议

（一）基本矛盾

第一，海洋经济发展与海洋发展的矛盾。沿海地区海洋发展的根本矛盾是海洋经济发展与环境治理、海洋经济发展与系统性发展之间的矛盾。具体表现为，一是产业转型升级任务艰巨。经济发展方式仍然较为粗放，重发展、轻生态的情况仍然存在。海洋经济总量相对偏小，海洋二、三产业比重偏小，产业层次不高。海洋旅游、海洋运输等产业集聚效应尚未发挥，短期内将面临更加严峻的要素制约和融资难题。二是海洋生态环境问题依然突出。伴随着海洋经济的快速发展，各类涉海行业对海域、海岛、海岸带开发、利用的广度和深度不断拓展，致使部分海域的海洋资源受到损害，破坏了海洋生态原有平衡，导致自然岸线不断缩短、部分岸线受到损害、沙滩遭到侵蚀、部分海岛受损、局部海域生态质量下降、海洋资源配置效率不高等。三是四大子系统复合建设推进措施不力。四大子系统在建设中不可能齐头并进，要根据沿海地区自身的实际阶段，有所侧重地发展，重点发展优势的系统，进而带动其他子系统的发展。在海洋发展过程中，对复合系统的建设重点不突出，复合建设推进措施不力，不能发挥好优势系统的带动作用，必须借鉴某些成功建设的做法，合理利用复合系统优势资源，在经济建设成功基础之上，进而推进沿海地区海洋系统发展。

第二，制度整体性与示范区建设的矛盾。沿海地区以海洋为中心形成了复杂的复合发展系统，海洋发展必须与内陆发展协调，形成以海陆统筹、河海同治为特色的海洋发展格局，且海洋发展涉及不同主体，利益关系复杂，涉及经济外部性和公平性问题。为此，海洋发展的系统性决定必须从整体性制度保障维度，全面揭示海洋发展过程中面临的利益协调和导向的制约及作用过程和机制。具体来说，与顶层设计相应的海洋发展中长期规划、统一的建设考评办法、环境评估办法及具体的执行细则等还未形成。海洋资源有偿使用的制度、海洋产业政策和相关配套制度仍存在不足。财税、价格、土地、金融、行政管理等各项改革相互协同配合的难度较大。沿海地区协同机制、经济区和生态区建设等跨区域合作发展问题亟须进一步统筹资源、协调各方利益。区域发展不协调，区域间的交流合作较少，未能形成海洋发展的聚集区或"示范带"。

第三，海洋生态文明意识缺乏与海洋发展的矛盾。"一个社会的价值观决定了这个社会的发展模式和路径方向。"[1] 当前，海洋生态环境日益恶化的关键因素是公众缺乏海洋生态环境保护意识。海洋生态文明建设已延展到文化建设层面，而作为关注生态文化发展的一种尝试，如何引导全社会形成推进海洋生态文明建设的巨大合力，仍然任重道远。一是海洋生态文明建设的社会参与机制不健全。公众对海洋生态文明的认知度不高，对海

---

[1] 陈杰、胡澜：《中国特色社会主义生态文明建设的实现路径》，《学理论》2018 年第 1 期。

洋生态文化的研究、教育、宣传以及对海洋科技的探索尚未引起足够的重视，多采用自上而下的动员方式，参与人员规模不大。二是部分企业经营者和公众缺乏社会责任意识，缺乏绿色生活消费观，用环境污染换取企业效益的现象时有发生，环保社会组织的发展程度与海洋生态文明建设需求不协调。三是依然面临技术、人才转型能力不足问题。相对于海洋环保基础设施建设等"硬任务"来说，海洋人才培养"做起来次要"的现象还不同程度的存在，一方面是"比以往都更为重要"的海洋人才需求增加，另一方面是一些海洋重点领域的人才相对缺乏，亟须进入"量增"的发展阶段。排污管控以及环境监测需要很高的技术支持，一些地区的环境预警系统没有建立和完善，预测、应急措施的决策信息支持系统等的效用仍未得到发挥。

（二）发展趋势

第一，顶层设计为海洋发展提供原动力。国家决策和国家动员是各地各部门判断中央施政方针和工作重点的重要依据。这成为 30 多年来国家主导发展模式的一种常态，从设立经济特区到各地的生态文明建设，无不是国家通过协调现有资源，将政治决定施及整个治域执行力的杰出成果。沿海地区理应在顶层设计规定的目标框架下，不断发掘符合区域特点的建设新思路。当前，总的来说呈现中央统一部署和沿海地区积极探索创新多样性并存的态势，沿海地区应深刻领会中央对海洋发展的总要求，准确把握创新的关键所在，深入分析已有工作存在的不足。

第二，信息革命和经济发展新常态为海洋发展提供了良好的外部环境。当今社会进入了第六次信息革命新阶段，信息革命的深入将推动社会生产向绿色低碳产业转变，推动人们的消费观念向网络消费、低碳消费等方式转变。新一轮信息革命为海洋生态文明建设提供了技术支撑的可能。纵观世界主要国家积极制定把握此次信息革命的经济建设战略规划：美国推行了"绿色产业革命"，日本试图发展低碳、新能源等产业，欧盟则提出"2020 智慧、可持续和包容性增长"战略。沿海地区也迎来了利用信息技术推进海洋经济发展的良机；经济发展进入新常态，逐步改变了以往 GDP 至上的价值观念，更加自觉地推动海洋经济技术创新成为实施创新驱动战略的重要内容。

第三，海洋生态文明示范区数量增加助推辐射范围延展。海洋生态文明示范区从 2013 年的 12 家国家级示范区，到 2015 年的 24 家，再到 2020年规划建设达到 40 家，无疑大大增强了海洋生态文明建设的力量。这就意味着，海洋生态文明建设将把目光着眼于生态城市群的建设，未来海洋生态文明建设是各行政区域和生态区域合作联动的整体系统性建设。"确立区域统筹协调的经济发展与生态优化的共同体意识，通过体制和机制的不断创新，建立多元联动的区域生态合作治理机制，采取区域生态合作治理行动，才能推动生态文明建设不断取得实效。"① 因此应该加大区域合作力度，探索发挥海洋生态文明示范带动效应新路径，提升全国海洋生态文明总体水平。

（三）政策建议

海洋发展的优化路径是以海洋发展内涵理解为基础，针对现实的考量和回应，准确把握阶段性特征，深入分析海洋发展的机遇和挑战而得出。当前，海洋发展具有鲜明的系统性和综合性，需构架"以制定建设规划为主体推动经济建设内容调整，以创新制度体系为主体推动海洋管理机制完善，以营造海洋生态文化氛围为主体推动社会生产生活方式转变，以注重分享公平为主体为海洋发展丰富内涵"② 的建设框架，给海洋发展带来新的活力。

1. 制定海洋发展建设规划，为"海洋品牌"引领方向

科学路径设计的关键是选择和长效。总体而言，沿海地区海洋发展方兴未艾，因此，宏观上亟须制定具有普遍意义的建设规划，明晰建设指导思想、基本原则、阶段目标及主要任务。

一是更新理念。沿海地区应注重地区体验及自主性建设，进一步强化引领作用。以"系统海洋发展"为导向，根据沿海地区经济社会发展状况，制定海洋发展建设总体思路，确定分阶段的目标和任务，科学布局海洋发展的生产空间、生活空间和生态空间。二是目标指向。发展目标是对发展内容具体可操作性的系统规划框架，既应关注海洋经济发展转型、海洋环境保护等基础性目标，又应关注规范生产、生活可持续行为的制度建设等"软环境"目标，既注重量化目标，又注重效用目标。需设计符合不同建设内容的专项规划，满足多向度的建设需求。要突出海洋特色，聚焦问题与差距，以"项目化"为主体形式，实现重点突破，以此带动全面发展。三

---

① 方世南：《区域生态合作治理是生态文明建设的重要途径》，《学习论坛》2009 年第 4 期。

② 张一：《海洋生态文明示范区建设：内涵、问题及优化路径》，《中国海洋大学学报》（社会科学版）2016 年第 4 期。

是原则秉持。首先，加快发展方式转型步伐，为海洋发展提供物质保障。海洋发展问题本质上是海洋经济发展方式的问题。因此，必须从海洋经济发展方式转型上寻找突破口。将"创新"理念融入产业发展，抓住移动互联网等新技术带来的发展机遇，依据海洋资源禀赋和生态承载力，科学优化产业结构，明确各海洋经济功能区的定位及开发引导。其次，强化海洋生态保护，为海洋发展夯实基础。海洋综合环境是海洋生态文明建设的自然平台，海洋资源环境实践越深入，海洋生态文明建设的成效就越明显、越持久。强化海洋生态保护是海洋生态文明建设的攻坚方向，加强海洋环境的综合治理，加快推进重点领域环境保护和治理，确保主要生态环境指标继续位居全国前列。

毋庸置疑，海洋发展并非没有愿景和动力，只有深刻理解愿景的宏图规划和动力的真实能量，才能更好地建设海洋。如果已经规划的愿景存在某种"先天缺憾"，那么再强大的动力建设的海洋发展也将带着先天的不健全。因此，在规划愿景和审视愿景时必须考量愿景的当前紧迫性与长远战略性的统一、民主化与科学化的统一、稳定性与可变性的统一、国内形势与国际潮流的统一，从而尽量减少和避免海洋发展质量愿景规划的先天不足，否则不仅贻误时机、浪费海洋资源，而且因先天的不足引发海洋发展质量难以预估的风险与挑战。然而，仅仅一份愿景规划而没有与之匹配的动力资源，那再美好的愿景也只是空中楼阁。提升海洋发展质量的动力资源难以完全齐备，也难以时刻满载能量，因而如何不断开发和提供动力资源是海洋发展的重中之重，也是当务之急。这需要持续从思想的信念作用、政府的行政能力、民众的首创精神、舆论的宣传力量等方面挖掘提升海洋发展的动力资源。与此同时，尤要重视化解在海洋发展中出现的阻力问题，在弄清阻力来源和成因的基础上提出有针对性的化解之策，消阻力于无形，变阻力为动力，确保海洋发展的进度与质量。

2. 构建完备的制度体系，为海洋发展增添动力

海洋发展水平的提升是在制度的保障和制约下取得的。当海洋发展的绩效提升到了一个"质的飞跃"的阶段，制度本来的保障力和制约力将面临考验，因为制度体系的存在具有一定的阶段性和现实性，现行制度体系将与绩效出现一定程度的不协同，当这种不协同长期存在于海洋发展中，则绩效的取得与分配将游离于正常的建设体系之外，诱发海洋发展种种不健康的因素，侵蚀理应属于人民和社会的财富。因而，制度体系本身必须

与时俱进，在社会发展中不断创新、完善，继续为海洋发展保驾护航。沿海地区需着力破解海洋发展的体制机制制约，加快构建有利于海洋发展利益协调、利益导向的制度体系。当前，应解决的主要矛盾是：陆海、河海、海海分治矛盾；沿海行政区域间的用海与环境保护矛盾；海洋管理部门、产业部门和地方政府分而治之的问题；现行法律法规、规章的统一性，以及完善法律法规体系等问题。应针对这些问题从职能权限转变、管理体制机制改革、法律法规完善、合作机制调整、经验推广机制创新等方面设计符合海洋发展特点的制度体系。

一是用最严密的法治来开发海洋。海洋实践是一种具备公益性质的行为，其过程也亟须规范涉海群体的生产、生活行为，必须依靠法制来加以支持。为此，必须加强法制建设，加强海洋重点领域立法，通过强有力的司法保障，使海洋发展法制化、制度化。二是建立政府主导的统筹协调联动机制。建立健全海洋工作领导组织体系，妥善处理各涉海部门、各级政府间的利益格局，组织协调、调度重要工作，协调解决跨部门、跨地区的重大事项，进一步推进自上而下的海陆一体的海洋发展工作机制。三是建立合作交流机制。"海洋发展要突出创新、示范引领。"① 海洋发展不仅仅要突出地域的广延性，更要发挥集聚效应，达成建设成果的"共赢扩散"，进一步拓展海洋发展领域，进而在整体上提升海洋发展水平。应创建合作交流平台，着重分享海洋生态保护、海洋制度体系、海洋产业转型升级等领域的成果经验，实现发展红利共享，优势互补。四是建立健全评估体系。对海洋发展进行较为客观的评估，对于提升海洋发展水平具有重要意义。当前，建立健全综合层面的，能够开展全过程、长期性的评估体系，构建能够全面反映建设水平的评级指标体系是重点内容。发挥评估的比较功能，以横向比较为主、纵向比较为辅的形式，对海洋发展水平进行分析评价，明确地位及排名，比较不同发展水平的差异，助其正确选择发展重点领域。发挥评估的测量功能，客观科学反映整体及各建设内容的现状水平，对海洋发展有一个条理化、精确化的认识。发挥评估预警功能，对海洋发展做出预测，厘清其演变规律和特点，识别问题及原因，以利于政府决策的正确性和高效性。五是建立奖惩基础上的考核机制。强化政府主导责任，要

---

① 张一：《海洋生态文明示范区建设：内涵、问题及优化路径》，《中国海洋大学学报》（社会科学版）2016 年第 4 期。

把海洋资源成本 GDP 的比值作为约束性考核指标，如进一步建立完善海洋环保责任考核制度，将环境质量等海洋生态文明指标纳入领导干部综合考核评价体系和离任审计范围，将海洋开发各项任务的完成情况与财政转移支付、生态文明建设补助等资金安排挂钩，与各类评先创优挂钩。

3. 营造海洋生态文化，为海洋发展凝聚共识

"培育海洋生态文明意识，树立海洋生态文明理念"是《关于开展"海洋生态文明示范区"建设工作的意见》中提出的海洋生态文明建设重点任务。随着海洋经济的发展，海洋生态文化建设将更加被关注，尤其是树立海洋生态文明理念、树立海洋生态伦理价值观等社会软实力方面。海洋生态文明建设是一个庞大的社会系统工程，需要凝结全社会的文明共识。将海洋生态伦理价值观纳入社会建设中，让海洋生态文明理念融入全社会，是海洋生态文明建设的主要标志。一是加大海洋生态文明宣传、教育力度。以"主题活动"为载体，发挥媒介传播作用，加强对基本政策、法律法规、典型做法的宣传教育，普及海洋生态环境科普知识，扩大社会影响力。二是拓展社会参与渠道。强化企业的主体意识和公民自律、监督意识。充分利用社会资源，发挥环保社会组织的中介作用。加大生态环境等信息公开力度，保障公民的知情权，形成多渠道对话机制，广泛听取公众意见。三是实施科技兴海战略，提升海洋生态文明建设的科技支撑。重点提高示范区在海洋高新技术领域的地位，实现海洋科技开发能力与转换能力的跨越式发展，重点突破海洋科技人才培养与激励、海洋科技成果转化和融资等制度瓶颈，重点加强海洋生态保护区建设、海洋环境动态监管等能力建设。积极构建政、企、社、学合作交流平台，开展海洋生态文明理论研究。促进文化和科技的融合，推动海洋文化传播和传承，构建以海洋影视传媒、海洋旅游娱乐为主的文化产业体系。

4. 注重分享公平，为海洋发展丰富内涵

要使每一位参与海洋发展的建设者均能分享到海洋发展的成果和荣誉，注重完善涉海就业机制，落实积极就业政策，利用海洋经济发展加大就业需求，解决就业矛盾，发展经济带动就业需求，逐步提高人民收入水平，改善人民生活环境和条件，以政府投入为主，加大涉海教育投入，扩大全民海洋教育范围，以提高素质为目标，完善教学体系，提高沿海地区人民总体素质。不能仅仅狭隘地把物质报酬当作建设者唯一的回报。做人的尊严、同城的归属感和劳动的成就感，这些精神上的给予能使来自五湖四海

的建设者感到沿海地区的和睦和自身的价值。但是，公平是不能绝对化的，必须考虑社会现实原本就存在的不公平现象。在海洋发展过程中营造公平的机制、公平的环境，使每一位社会成员均能享受到社会发展的进步成果。对不完全具备或丧失建设能力者，以制度的方式给予特定的照顾分享；对因各种因素的限制，在建设中只有微劳和苦劳的人群，给予其适当的倾斜分享，使之感到没有被忽略和遗忘，激发他们以更高的建设热情为海洋发展建设做出更大贡献；对于"无劳"人群，可考虑在一定程度上进行鼓励分享，本着教育和团结的目的，树立他们对海洋发展的信心，并以已取得的海洋发展成就鼓舞他们参与到社会建设中。如此，以现实条件下最大程度的公平将社会阶层中每一份积极的力量团结到社会建设中，为和谐社会的构建和海洋的发展提供服务。

257

尊重海洋发展建设者的创新方式。经验方式与创新方式符合中国式问题解决的需要。海洋发展的建设与提升同样需要将经验方式与创新方式并举。经验方式是为了确保海洋发展的建设力度不至于超出社会可以承受的程度，以求逐步稳妥地推进海洋发展进程，因为，在社会建设的成果没有完全显现并惠及全社会时，人们对海洋发展的心理认识是复杂的和微妙的，经验方式可以安抚人们观望和猜疑的心理，使社会始终保持对海洋发展的接受和乐观情绪。然而，海洋发展不能囿于经验方式。思维僵化、囿于经验，不仅不利于海洋发展建设和提升的需要，反而可能被海洋发展有微词和抵触情绪的人们找到否认经验方式的借口，并以此质疑和否定海洋发展以往的成就。更重要的是，海洋发展固有的发展性与进步性要求人们必须以创新思维和创新智慧面对建设过程中可能出现的新问题和新挑战。没有创新的能力和勇气就不具备担当海洋发展建设的重任。但创新不是为所欲为，必须恪守海洋发展建设的基本原则和本质要求。唯有如此，才能有效提升海洋发展。

参考文献

1. 著作

[1] 陈可文:《中国海洋经济学》,海洋出版社,2003。

[2] 陈学雷:《海洋开发与管理》,科学出版社,2000。

[3] 崔凤:《海洋发展与沿海社会变迁》,社会科学文献出版社,2015。

[4] 崔凤:《海洋与社会——海洋社会学初探》,黑龙江人民出版社,2007。

[5] 崔凤、宋宁而、陈涛、唐建国:《海洋社会学的建构——基本概念与体系框架》,社会科学文献出版社,2014。

[6] 崔凤、唐国建:《海洋与社会协调发展战略》,海洋出版社,2014。

[7] 黄鹄等:《广西海岸环境脆弱性研究》,海洋出版社,2005。

[8] 蒋铁民、王志远:《环渤海区域海洋经济可持续发展研究》,海洋出版社,2000。

[9] 鹿守本、艾万铸:《海岸带综合管理》,海洋出版社,2001。

[10] 帅学明:《海洋综合管理概论》,经济科学出版社,2009。

[11] 孙斌、李颖:《海洋经济学》,哈尔滨工程大学出版社,2005。

[12] 孙斌、徐志斌:《海洋经济学》,青岛出版社,2000。

[13] 孙斌、徐志斌:《海洋经济学》,山东教育出版社,2004。

[14] 王诗成:《蓝色的挑战》,海洋出版社,2004。

[15] 殷克东:《中国沿海地区海洋强省(市)综合实力评估》,人民出版社,2013。

[16] 殷克东、方胜民:《海洋强国指标体系》,经济科学出版社,2008。

[17] 于大江:《近海资源保护与可持续利用》,海洋出版社,2001。

[18] 俞家庆主编《教育管理辞典》,海南出版社,2005。

[19] 张德贤:《海洋经济可持续发展理论基础》,青岛海洋大学出版社,2000。

[20] 郑敬高:《海洋行政管理》,青岛海洋大学出版社,2002。

［21］ 朱晓东、李扬帆、吴小根、邹欣庆、王爱军编著《海洋资源概论》，高等教育出版社，2005。

2. 论文

［1］ 白福臣：《中国沿海地区海洋科技竞争力综合评价研究》，《科技管理研究》2009 年第 6 期。

［2］ 白福臣、贾宝林：《近年国内海洋资源可持续利用研究述评》，《渔业现代化》2011 年第 3 期。

［3］ 蔡静等：《海洋经济与环境发展的主要成分分析》，《海洋环境科学》2007 年第 2 期。

［4］ 曹忠祥：《我国海洋战略资源开发现状及利用前景》，《中国经贸导论》2012 年第 6 期。

［5］ 陈墀成、邓翠华：《论生态文明建设社会目的的统一性——兼谈主体生态责任的建构》，《哈尔滨工业大学学报》（社会科学版）2012 年第 3 期。

［6］ 陈国生、叶向东：《海洋资源可持续发展与对策》，《海洋开发与管理》2009 年第 9 期。

［7］ 陈吉余等：《上海促进海洋产业与可持续发展的建议》，《海洋开发与管理》2002 年第 9 期。

［8］ 陈杰、胡澜：《中国特色社会主义生态文明建设的实现路径》，《学理论》2018 年第 1 期。

［9］ 陈可馨、陈家刚：《我国海岛资源的可持续利用》，《天津师范大学学报》（自然科学版）2002 年第 1 期。

［10］ 陈克亮、王金坑：《我国区域海洋功能恢复的基本对策和措施》，《海洋开发与管理》2010 年第 1 期。

［11］ 陈卫等：《基于 Delphi 法和 AHP 法的群体决策研究及应用》，《计算机工程》2003 年第 5 期。

［12］ 陈玉娟、苏为华：《浙江省区域科技实力动态评价》，《科技管理研究》2011 年第 9 期。

［13］ 崔凤：《海洋发展对沿海社会变迁的影响——一个研究框架》，《中国海洋大学学报》（社会科学版）2009 年第 3 期。

［14］ 崔凤、张一：《沿海地区海洋发展综合评价指标体系构建意义及其定位》，《湘潭大学学报》（哲学社会科学版）2015 年第 5 期。

[15] 崔木花等：《我国海洋矿产资源的现状浅析》，《海洋开发与管理》2005年第5期。

[16] 崔旺来、李百齐：《海洋经济时代政府管理角色定位》，《中国行政管理》2009年第12期。

[17] 戴宏伟、安娜：《资源与环境约束下浙江省海洋经济可持续发展的演化博弈分析》，《北方经济》2012年第12期。

[18] 狄乾斌、徐东升：《海洋经济可持续发展的系统特征分析》，《海洋开发与管理》2011年第1期。

[19] 杜运玲：《河北省海洋经济发展对策》，《河北理工大学学报》（社会科学版）2009年第5期。

[20] 段晓峰、许学工：《海洋资源开发利用综合效益的地区差异评估》，《北京大学学报》（自然科学版）2009年第6期。

[21] 方平等：《我国海洋资源现状与管理对策》，《海洋开发与管理》2010年第3期。

[22] 方世南：《区域生态合作治理是生态文明建设的重要途径》，《学习论坛》2009年第4期。

[23] 付在毅、许学工、林辉平、王宪礼：《辽河三角洲湿地区域生态风险评价》，《生态学报》2009年第3期。

[24] 高艳：《我国海洋事务管理问题分析与对策研究》，《中国海洋大学学报》（社会科学版）2012年第4期。

[25] 高战朝、曹英志：《联合国有关海洋综合管理的论述》，《海洋信息》2003年第2期。

[26] 顾波军、阳立军：《循环经济模式下浙江海洋经济发展路径研究》，《海洋开发与管理》2009年第8期。

[27] 顾海兵、余翔：《我国区域工业竞争力的测定与评价——我国十大沿海城市工业的广义竞争力实证比较研究》，《学术研究》2007年第3期。

[28] 郭微、李雪铭：《我国沿海城市生态系统适宜度分析》，《海洋开发与管理》2009年第9期。

[29] 韩立民、都晓岩：《海洋产业布局若干理论问题研究》，《中国海洋大学学报》（社会科学版）2007年第3期。

[30] 韩立民、刘晓：《试论海洋科技进步对海洋开发的推动作用》，《海洋开发与管理》2008年第2期。

［31］江丽鑫：《我国沿海地区海洋科技比较分析》，《科技信息》2011 年第 17 期。

［32］姜国建等：《沿海生态城市建设指标体系探讨》，《海洋科学》2005 年第 6 期。

［33］金建君等：《海岸带可持续发展及其指标体系研究——以辽宁省海岸带部分城市为例》，《海洋通报》2001 年第 1 期。

［34］金永明：《论中国海洋强国战略的内涵与法律制度》，《南洋问题研究》2014 年第 1 期。

［35］鞠芳辉、杜晓燕：《中国沿海城市科技竞争力评价的实证研究》，《管理科学》2003 年第 3 期。

［36］李百齐：《我国海洋经济可持续发展的几点思考》，《探索与争鸣》2007 年第 7 期。

［37］李金克、王广成：《海岛可持续发展评价指标的建立与探讨》，《海洋环境与科学》2004 年第 1 期。

［38］李双建、徐丛春：《论海洋的战略地位和现代海洋发展观》，《经济研究导刊》2012 年第 27 期。

［39］李晓光等：《蓝色经济区域城市海洋产业竞争力评价研究》，《山东社会科学》2002 年第 2 期。

［40］李晓曼、马海军：《新疆地区和谐社会系统评价指标体系设立的几个问题》，《新疆广播电视大学学报》2009 年第 13 期。

［41］李志献、李敦祥：《广西海洋经济发展的区域比较》，《农村经济与科技》2010 年第 9 期。

［42］林千红、洪华生：《构建海洋综合管理机制的框架》，《发展研究》2005 年第 9 期。

［43］杏涛等：《海岸带生态安全响应力评估方法初探》，《海洋环境科学》2007 年第 4 期。

［44］刘保强：《马克思人的需要本质思想再探索》，《学理论》2017 年第 2 期。

［45］刘霏：《改革开放以来中国的海洋战略思想》，《社会纵横》2012 年第 6 期。

［46］刘康、霍军：《海岸带承载力的影响因素与评估指标体系初探》，《中国海洋大学》（社会科学版）2008 年第 4 期。

261

[47] 刘康、霍军：《海岸带承载力影响因素与评估指标体系初探》，《中国海洋大学学报》（自然科学版）2008 年第 4 期。

[48] 刘明：《区域海洋经济可持续发展能力评价指标体系的构建》，《经济与管理》2008 年第 3 期。

[49] 刘修德：《建设海洋经济强省的思考》，《发展研究》2006 年第 11 期。

[50] 楼锡淳、里弼东：《海洋发现史简述》，《海洋测绘》1999 年第 2 期。

[51] 路文海等：《沿海地区海洋生态健康评价研究》，《海洋通报》2013 年第 5 期。

[52] 吕彩霞：《海域使用制度与海洋综合管理》，《海洋开发与管理》2000 年第 1 期。

[53] 马英杰等：《海洋综合管理的理论与实践》，《海洋开发与管理》2001 年第 2 期。

[54] 马志荣：《海洋资源开发与管理：21 世纪中国应对策略探讨》，《科技管理研究》2006 年第 3 期。

[55] 马志荣、徐以国：《实施广东海洋科技创新战略分析与对策研究》，《科技管理研究》2009 年第 7 期。

[56] 苗丽娟等：《海洋生态环境承载力评价指标体系研究》，《海洋环境科学》2006 年第 3 期。

[57] 邵贵兰、梁晓：《蓝色经济区建设中的海洋战略资源开发研究》，《中国渔业经济》2010 年第 3 期。

[58] 石莉：《美国对沿海级海洋进行空间规划管理》，《国土资源情报》2011 年第 12 期。

[59] 宋军继：《山东半岛蓝色经济区陆海统筹发展对策研究》，《东岳论丛》2011 年第 12 期。

[60] 孙吉亭：《论我国海洋资源可持续利用的基本内涵与意义》，《海洋开发与管理》2000 年第 4 期。

[61] 孙群力：《山东省海洋经济发展的思考与建议》，《宏观经济管理》2007 年第 4 期。

[62] 孙松：《我国海洋资源的合理开发与保护》，《中国科学院院刊》2013 年第 2 期。

[63] 孙悦民：《中国海洋资源开发现状及对策》，《海洋信息》2009 年第 3 期。

［64］ 王波、潘树红：《山东海洋经济发展条件的综合评价》，《海洋开发与管理》2005 年第 4 期。

［65］ 王殿吕：《海洋经济增长与海洋可持续发展统筹问题》，《海洋开发与管理》2008 年第 5 期。

［66］ 王宏广：《创造新技术革命机遇》，《瞭望》2009 年第 1 期。

［67］ 王黎明、毛汗英：《我国沿海地区可持续发展能力的定量研究》，《地理研究》2000 年第 2 期。

［68］ 王历荣：《关于中国海洋战略问题的若干思考》，《海洋信息》2011 年第 4 期。

［69］ 王玉广等：《海岸带开发活动的环境效应评价方法和指标体系初探》，《海岸工程》2006 年第 4 期。

［70］ 王泽宇等：《我国沿海地区海洋产业结构优化水平综合评价》，《海洋开发与管理》2014 年第 2 期。

［71］ 王峥等：《海岸带资源开发利用的环境影响经济评价研究》，《环境科学与管理》2007 年第 4 期。

［72］ 吴凯等：《海洋产业结构优化与海洋经济的可持续发展》，《海洋开发与管理》2006 年第 6 期。

［73］ 伍业锋、施平：《中国沿海地区海洋科技竞争力分析与排名》，《上海经济研究》2006 年第 2 期。

［74］ 杨道建等：《江苏省区域竞争力实证研究》，《科技管理研究》2010 年第 22 期。

［75］ 杨河清、吴江：《区域人才竞争力评价指标体系构建的几点思考》，《人口与经济》2006 年第 7 期。

［76］ 叶属峰、房建孟：《长江三角洲海洋生态建设与区域海洋经济可持续发展》，《海洋环境科学》2006 年第 25 期。

［77］ 殷克东、王晓玲：《中国海洋产业竞争力评价的联合决策测度模型》，《经济研究参考》2010 年第 28 期。

［78］ 曾刚：《我国生态文明建设的理论与方法初探——以上海崇明生态岛建设为例》，《中国城市研究》2014 年第 12 期。

［79］ 张莉：《国外海洋开发态势及对中国的启示》，《国际技术经济研究》2006 年第 4 期。

［80］ 张名亮等：《浅论江苏新海洋型工业理论基本特征》，《海洋开发与管

理》2011 年第 1 期。

[81] 张潇:《基于 SWOT 分析的辽宁海洋经济可持续发展研究》,《海洋开发与管理》2009 年第 1 期。

[82] 张耀光、崔立军:《辽海区域海洋经济布局机理与可持续发展研究》,《地理研究》2007 年第 3 期。

[83] 张一:《海洋生态文明示范区建设:内涵、问题及优化路径》,《中国海洋大学学报》(社会科学版)2016 年第 4 期。

[84] 张朕:《论知识经济环境下企业人力资源培训的新理念》,《中国国际财经》2017 年第 6 期。

[85] 赵玉川、胡富梅:《中国可持续发展指标体系建立的原则及结构》,《中国人口·资源与环境》1997 年第 4 期。

[86] 郑敬高:《海洋管理与海洋行政管理》,《青岛海洋大学学报》(社会科学版)2001 年第 4 期。

[87] 郑敬高、范菲菲:《论海洋管理中的政府职能及其配置》,《中国海洋大学学报》(社会科学版)2012 年第 2 期。

[88] 朱庆芳:《社会发展指标体系的建立与应用》,《中国人口·资源与环境》1995 年第 2 期。

3. 学位论文及其他

[1] 高乐华:《我国海洋生态经济系统协调发展测度与优化机制研究》,博士学位论文,中国海洋大学,2012。

[2] 华政:《弘扬生态文明 建设美丽海洋——访海洋生态文明建设专家》,《人民日报》2015 年 6 月 8 日。

[3] 栾金昶:《城市经济社会发展评价体系研究》,博士学位论文,大连理工大学,2009。

[4] 王海萍:《区域社会发展质量评价与时空分异特征研究》,博士学位论文,南昌大学,2012。

[5] 熊鹰:《湖南省生态安全综合评价研究》,博士学位论文,湖南大学,2008。

附录1　18个全国海洋生态监控区分布

序号	生态监控区	所在地	面积（平方公里）	主要生态系统类型
1	双台子河口	辽宁	3000	河口
2	锦州湾	辽宁	650	海湾
3	滦河口—北戴河	河北	900	河口
4	渤海湾	天津	3000	海湾
5	莱州湾	山东	3770	海湾
6	黄河口	山东	2600	河口
7	苏北浅滩	江苏	3090	湿地
8	长江口	上海	13688	河口
9	杭州湾	上海、浙江	5000	海湾
10	乐清湾	浙江	464	海湾
11	闽东沿岸	福建	5063	海湾
12	大亚湾	广东	1200	海湾
13	珠江口	广东	3980	河口
14	雷州半岛西南海岸	广东	1150	珊瑚礁
15	广西北海	广西	120	珊瑚礁、红树林、海草床
16	北仑河口	广西	150	红树林
17	海南东海岸	海南	3750	珊瑚礁、海草床
18	西沙珊瑚礁	海南	400	珊瑚礁

附录2 地方级海洋自然保护区

保护区名称	所在地省（市、县）	面积（平方公里）	保护对象	批准时间
辽宁绥中原生砂质海岸和生物多样性自然保护区	辽宁绥中	2077	原生砂质海岸和海洋生态系统	1996 年
大连海王九岛海洋生态自然保护区	辽宁大连	21.43	海滨地貌、海岸景观和海洋鸟类	2000 年
大连老偏岛海洋生态自然保护区	辽宁大连	15.8	海洋生物及其海洋生态系统、喀斯特和海蚀地貌景观	2000 年
黄骅古贝壳堤自然保护区	河北黄骅	1.17	古贝壳堤、贝壳沙及区内植被	1998 年
乐亭石臼坨诸岛海洋自然保护区	河北乐亭	37.75	动植物资源及鸟类	2002 年
山东庙岛群岛海洋自然保护区	山东长岛	8756	鸟类、暖温带海岛生态系统	1991 年
荣成成山头海洋生态自然保护区	山东荣成	3000	海岸地貌、潟湖生态系统	1991 年
青岛大公岛海岛生态系统自然保护区	山东青岛	16	鸟类、海洋生物资源及栖息繁殖环境	1993 年
千里岩海岛生态系统自然保护区	山东烟台	18.23	长绿阔叶林、鸟类	2002 年
山东无棣贝壳堤与湿地自然保护区	山东无棣	804.8	贝壳滩脊——湿地	2002 年
金山三岛海洋生态自然保护区	上海	4000	海洋生态系统及海岛中亚热带植被	1993 年
五峙山鸟岛海洋自然保护区	浙江舟山	4.7	海鸟	2001 年
东山珊瑚礁海洋自然保护区	福建东山	35.7	珊瑚及海洋生物	1997 年

保护区名称	所在地省 （市、县）	面积 （平方公里）	保护对象	批准时间
磷枪石岛珊瑚礁海洋自然保护区	海南儋州	131	珊瑚礁及海洋生态环境	1992 年
花场湾红树林地方级自然保护区	海南澄迈	1.5	红树林生态系统	1995 年
辽东湾湿地海洋自然保护区	辽宁盘锦	800	湿地生态系鸟类、斑海豹等珍稀动物	1991 年
宁波海洋遗迹保护区	浙江宁波	4.56	古海塘及海防遗迹	1989 年
崇明东滩湿地自然保护区	上海崇明	49	海洋湿地生态系	2002 年
厦门海洋珍稀生物自然保护区	福建厦门	63	文昌鱼及生态系统	1991 年
钦州湾茅尾海红树林自然保护区	广西钦州	200	红树林、滨海沼泽、自然景观	2005 年

附录3　国家级海洋自然保护区

保护区名称	所在地省（市、县）	面积（平方公里）	保护对象	批准机关时间	主管部门
昌黎黄金海岸自然保护区	河北昌黎	30000	自然景观及临近海域、文昌鱼等	国务院1990年	国家海洋局
天津古海岸与湿地自然保护区	天津	99000	贝壳堤、牡蛎滩古海岸遗迹及湿地生态系统	国务院1992年	国家海洋局
南麂列岛海洋自然保护区	浙江平阳	20106	岛屿及海域生态系统、贝藻类	国务院1990年	国家海洋局
深沪弯海底古森林遗迹自然保护区	福建晋江	3100	海底古森林、牡蛎礁遗迹	国务院1992年	国家海洋局
山口红树林生态自然保护区	广西合浦	8000	红树林生态系统	国务院1990年	国家海洋局
北仑河口自然保护区	广西东兴	2680	红树林生态系统	国务院2000年	国家海洋局
大洲岛海洋生态自然保护区	海南万宁	7000	岛屿及海域生态系统、金丝燕	国务院1990年	国家海洋局
三亚珊瑚礁自然保护区	海南三亚	8500	珊瑚礁生态系统	国务院1990年	国家海洋局

附录4 2010～2014年我国海洋生态监控区基本情况

生态监控区	所在地	面积（平方公里）	主要生态系统类型	2010年	2011年	2012年	2013年	2014年
双台子河口	辽宁省	3000	河口	亚健康		亚健康	亚健康	亚健康
锦州湾	辽宁省	650	海湾	不健康		不健康	不健康	不健康
滦河口—北戴河	河北省	900	河口	亚健康		亚健康	亚健康	亚健康
渤海湾	天津市	3000	海湾	亚健康		亚健康	亚健康	亚健康
莱州湾	山东省	3770	海湾	亚健康		亚健康	亚健康	亚健康
黄河口	山东省	2600	河口	亚健康		亚健康	亚健康	亚健康
苏北浅滩	江苏省	15400	滩涂湿地	亚健康		亚健康	亚健康	亚健康
长江口	上海市	13668	河口	亚健康		亚健康	亚健康	亚健康
杭州湾	上海市、浙江省	5000	海湾	不健康	2010年和2012年的得分均值	不健康	不健康	不健康
乐清湾	浙江省	464	海湾	亚健康		亚健康	亚健康	亚健康
闽东沿岸	福建省	5063	海湾	亚健康		亚健康	亚健康	亚健康
广西北海	广西	120	珊瑚礁	健康		健康	健康	亚健康
广西北海	广西	120	红树林	健康		健康	健康	健康
广西北海	广西	120	海草床	亚健康		亚健康	亚健康	亚健康
北仑河口	广西壮族自治区	150	红树林	亚健康		亚健康	健康	健康
大亚湾	广东省	1200	海湾	亚健康		亚健康	亚健康	亚健康
珠江口	广东省	3980	河口	亚健康		亚健康	亚健康	亚健康
雷州半岛西南沿岸	广东省	1150	珊瑚礁	亚健康		健康	健康	亚健康
海南东海岸	海南省	3750	珊瑚礁	亚健康		亚健康	亚健康	健康
海南东海岸	海南省	3750	海草床	健康		健康	健康	健康
西沙珊瑚礁	海南省	400	珊瑚礁	亚健康		亚健康	亚健康	亚健康

后　记

　　中央精神和现实考量都要求沿海地区重新审视海洋发展的基本内涵，定位海洋发展的基本情况，探寻海洋发展的规律。所以，开展关于沿海地区海洋发展综合评价研究，形成系统理论和支撑体系，是沿海地区海洋发展研究中不可回避的基础性问题。鉴于在测度方面已形成成熟的研究方法，方法已不再是关键问题，本书在追溯沿海地区海洋发展思想渊源的基础上，综合时间、领域和影响三个维度，探讨了海洋发展的内涵，为相关综合评价提供理论支持。

　　评价的关键是数据的可获得性及能否长期开展评价，本书也想破解以往研究中具体指标数目过多、概念生涩、计算复杂等导致的指标应用中存在的种种问题。为使指标体系具有可操作性，本书注重考察被评价区域的自然环境特点和社会经济发展等状况，考虑指标数据的可得性、统计口径的变化、可量化性及保密性，以期简明清晰地构建具体指标体系。当然，文献和资料的缺乏，也是造成拙著完成时间较长的关键因素。此外，我们还计划每年发布"沿海地区海洋发展蓝色指数报告"，在动态中反映沿海地区海洋发展的程度，协调具体指标性质、内容和目标值，不断进行校正和检验。

　　本书的目的，是从综合层面出发，对沿海地区海洋发展进行较为全面、客观的评价，进而揭示沿海地区在海洋发展中所处的地位以及未来发展趋势，反映海洋发展过程中所面临的矛盾和问题，分析其成因，并据此提出有效的调控对策，从而为地区管理者和建设者提供科学的决策素材。

　　本书是在教育部人文社会科学重点研究基地——中国海洋大学海洋发展研究院自设项目"蓝色指数研究——沿海地区海洋发展综合评价指标体系的构建与应用"结项报告的基础上，经改写与完善完成的。在本书的研究和写作过程中，特别感谢我们的学生黄艺、申娴娴、龚梦玲、郭仕炀、孙艳等，他们在本书资料的收集整理、数据分析和文稿校对等方面付出了许多时间和劳动。

当然，"海洋发展"本身还是一个正在"发展"的概念，本书的内容还有许多可以讨论的地方，书中还有许多不尽如人意的地方，恳请各位同仁能够给予更多的指正，希望拙著能起到探索性的作用，以盼更多的学者参与到海洋社会学的研究队伍中来。

崔 凤 张 一

2019 年 5 月 13 日

图书在版编目（CIP）数据

蓝色指数：沿海地区海洋发展综合评价指标体系的
构建与应用 / 崔凤，张一著. -- 北京：社会科学文献
出版社，2019.6

（海洋与环境社会学文库）

ISBN 978 - 7 - 5201 - 4617 - 3

Ⅰ.①蓝… Ⅱ.①崔… ②张… Ⅲ.①沿海 - 地区 -
海洋开发 - 综合评价 - 评价指标 - 研究 - 中国　Ⅳ.
①P74

中国版本图书馆 CIP 数据核字（2019）第 059225 号

海洋与环境社会学文库

蓝色指数
　　——沿海地区海洋发展综合评价指标体系的构建与应用

著　　者／崔　凤　张　一

出 版 人／谢寿光
责任编辑／赵　娜
文稿编辑／王红平

出　　　版／社会科学文献出版社·群学出版分社（010）59366453
　　　　　　地址：北京市北三环中路甲 29 号院华龙大厦　邮编：100029
　　　　　　网址：www.ssap.com.cn
发　　　行／市场营销中心（010）59367081　　59367083
印　　　装／三河市尚艺印装有限公司

规　　　格／开　本：787mm×1092mm　1/16
　　　　　　印　张：17.5　字　数：294 千字
版　　　次／2019 年 6 月第 1 版　2019 年 6 月第 1 次印刷
书　　　号／ISBN 978 - 7 - 5201 - 4617 - 3
定　　　价／89.00 元